DAS TOR 3

Hard Science Fiction

Das Portal nach Xibalbá
Buch 3

BRANDON Q. MORRIS

TIMO LEIBIG

BRANDON Q.
MORRIS
HARD SCIENCE FICTION

Brandon Q. Morris / Timo Leibig

Sieglgut 51, 94034 Passau

hardsf.de, brandon@hardsf.de

Lektorat: Alexandra Gentara

Covergestaltung: Jelena Gajic

Bestellung und Vertrieb: Nova MD GmbH, Vachendorf

Druck: Custom Printing, Warszawa

Brandon Q. Morris und das zugehörige Logo sind beim DPMA
eingetragene Warenzeichen des Autors.

Das Tor 3

New York, 30. Juni 2024

DEM PROFESSOR RINNT SCHWEISS ÜBER DIE STIRN. UNTER Brooke Montgomerys Blick benetzt er sich die Lippen. »Meinen Sie das ernst?«

»Ja.«

Sein Adamsapfel hüpft. »Ein Portal in eine andere Welt?« Dann schüttelt er entschieden den Kopf. »Darüber hat Mister Drake kein Wort verloren. Er erzählte mir, dass er sich den Parasiten beim Cenotentauchen in Mexiko eingefangen habe.«

Das hat er wohl allen glaubhaft weisgemacht. Brooke mustert Professor Tabarinsky mit bohrendem Blick. Ihre Stimme ist frei von Emotionen, als sie fragt: »Und Sie haben keinen Verdacht geschöpft?«

»Nein! Um Gottes willen. Wenn ich gewusst hätte, dass Mister Drake sich mit einem *Alien* infiziert hat, hätte ich ihn doch nicht behandelt!«

»Aber Sie haben ihn behandelt. Mehrfach, wie wir wissen. Sie haben die wurmähnlichen Auswüchse aus seinem Gesicht operativ entfernt.«

»Das ist korrekt. Es war eher ein schönheitschirurgischer Eingriff. Ich wollte ihm auch helfen. Er mag wie ein reicher Schnösel wirken, aber er ist ein netter Kerl.« Der Professor seufzt. »Leider sind die Würmer immer wieder nachgewachsen. Das war ... unschön.«

»Und dann wollten Sie einen neuen Weg des Genom-Editings einschlagen.«

»Korrekt. Das war allerdings Mister Drakes Idee, um nicht seine Lorbeeren zu ernten. Eine sehr gute Idee. Wir gingen als Letztes davon aus, dass sich der Befall in seiner DNA eingenistet haben musste, weshalb die Würmer immer wieder nachwuchsen. Ich war mir auch sicher, dass ich bei jeder Operation alles entfernt hatte. Das Gewebe war doch sichtbar von menschlicher Haut zu unterscheiden.« Er erschaudert. »Das sieht unter dem neuen Gesichtspunkt natürlich ganz anders aus. Eine außerirdische Lebensform. Unglaublich!«

»Sie schweifen ab.«

»Ach ja. Wir waren bei der DNA. Auf jeden Fall könnten wir mit CRISPR/cas eine individuelle Gentherapie für Mister Drake entwickeln, um den Befall zu eliminieren. So zumindest der Plan. Dann dürfte das Zeug nicht mehr nachwachsen. Leider ist Mister Drake dann urplötzlich verschwunden. Ich hatte seitdem keinen Kontakt mehr zu ihm.«

Weil er wieder auf Xibalbá war und danach uns in die Arme gelaufen ist. Brooke ballt unterm Tisch die Fäuste. Zum Glück haben sie ihn bei der Rückkehr erwischt. Sie erinnert sich noch gut daran, wie sein Kumpel Eddi als Erster aus dem Loch auftauchte ... und wie später das Wesen um sie herumflatterte ...

»Sie sehen aus, als wüssten sie etwas.«

Brooke fährt aus ihren Erinnerungen hoch. »Er ist immer noch nicht aufgetaucht, Mister Tabarinsky«, brummt sie.

»Aber wir sind dran, ihn zu finden. Es soll jedoch nicht um Tyler Drake gehen, sondern um Sie und Ihre Beteiligung an der Aktion.«

Wieder glänzt Schweiß auf seiner Stirn. »Ich sage doch, ich wusste von nichts! Ich dachte wirklich, er hätte sich beim Tauchen infiziert. Ich meine, die Wahrscheinlichkeit dafür ist ja gegeben. In Mexiko, besonders in Yucatan, wo Mister

Drake laut eigenen Angaben unterwegs war, gibt es noch Tausende unentdeckte Höhlen und Cenoten. Wenn ich an die geothermischen Aktivitäten der letzten Jahrzehnte denke, kann sich dort jederzeit das Gestein verschieben und Zugänge zu bisher verschlossenen und unentdeckten Systemen öffnen. Ich habe also seine Geschichte nicht in Frage gestellt. Sie war durchaus glaubhaft.«

»Aber trotzdem haben Sie den ungewöhnlichen Befall nicht gemeldet. Sie wissen, dass Sie das hätten tun müssen. Es geht hier um die nationale Sicherheit.« *Und vielleicht sogar um die globale ...*

Wieder meint Brooke, dieses seltsame Rascheln des Flügelschlags des Aliens zu hören. Eiskalte Finger streichen ihr die Wirbelsäule hinab.

Professor Tabarinsky verzieht den Mund. »Ja, ich hätte das melden können. Das ist korrekt. Auch so war das eine spannende Entdeckung. Mister Drake bat mich nur, ihm etwas Zeit zu geben.«

»Und diese Zeit hat er vermutlich entsprechend honoriert?«

»Ist das eine Frage?«

»Ja.«

Der Professor nickt, antwortet aber nicht. *So schlau ist er dann doch.* Brooke sieht die Antwort aber auch so in seinen Augen. Und irgendwie kann sie es ihm gar nicht übelnehmen. Nüchtern betrachtet ist Drakes Geschichte, die er aufgetischt hat, tatsächlich nicht so abwegig. *Weniger abwegig als die Wahrheit.*

Brooke kann es immer noch nicht glauben. Ein Portal auf einem unbekannten Exoplaneten. Da klingt die Fassung der Maya, dass es ein Tor zur Unterwelt sein soll, irgendwie glaubhafter.

»Nun gut.« Sie seufzt. »Sie haben ihm also geglaubt und die Wurmfortsätze operativ entfernt.«

»Korrekt.«

»Was geschah mit dem entfernten Material?«

»Das wissen Sie doch längst. Wir haben es biochemisch

analysieren lassen – und dann vernichtet. Die Ergebnisse der Analysen liegen Ihnen sicher vor. Ich denke mal, dass Sie das Labor unter die Lupe genommen haben.«

Mit beidem hat er recht, aber Brooke versteht von den Berichten nur Bahnhof. Sie ist weder Chemikerin noch Biologin, sondern Agentin bei der CIA. Ihr Metier ist es, Menschen aufzuspüren und Geheimnisse aus ihnen herauszukitzeln. Professor Tabarinsky hingegen war von Anfang an kooperativ, um seine Karriere nicht zu gefährden, sodass sie eigentlich keine Handhabe gegen ihn haben. Sie kann ihm höchstens vorwerfen, fahrlässig gehandelt zu haben, aber daraus wird kein Strick. Ihr ist klar, dass sie ihn offiziell nicht mehr lange festhalten kann. Aber was ist seit dem Fund des Tors noch offiziell und normal? Sie weiß gar nicht, wie viele Stunden sie seitdem in einem Bett verbracht hat. Gefühlt keine mehr. Ihr Schlaf beschränkt sich auf Minuten in irgendwelchen Warteräumen, in Taxis, in Limousinen und in Flugzeugen. Letztere Minuten sind ihr am liebsten, denn dort kann sie am besten schlafen.

Trotzdem ist sie nicht müde, als sie dem Professor zunickt. »Die Untersuchungen und Berichte haben wir. Wie alles sichergestellte Material.«

»Na, dann ist ja alles gut.« Der Professor faltet die Hände über dem Tisch zusammen. »Wie lange wollen Sie mich eigentlich noch festhalten? Ich hatte schon mehrfach um meinen Anwalt gebeten. Sie wissen selbst, dass Sie hier grenzwertig handeln.«

Brooke mustert den Professor lange Sekunden, bevor sie fragt: »Haben Sie sonst noch irgendwelche Aufzeichnungen oder Notizen? Oder haben Sie noch andere Mitarbeiter oder Mitmenschen informiert?«

»Nein. Die Listen habe ich doch schon Ihrem Kollegen gegeben. Ich verstehe ja, dass plötzlich alles in einem anderen Licht erscheint und vermutlich geheim gehalten werden muss, aber ich versichere – gern auch eidesstattlich –, dass alle meine Angaben korrekt sind. Und dass ich schweigen werde. Ich unterschreibe Ihnen alles, wenn Sie wollen. Ich beteilige mich auch gern an weiteren Untersuchungen. Ich bin vermutlich der Einzige, der mit dieser ... Alienbiomasse Erfahrung hat. Das kann von Vorteil sein.«

Womit er sogar recht hat. Brooke hat nur andere Order von ihrem Chef bekommen. Gänzlich andere. Trotzdem nickt sie.»Ich diskutiere Ihren Vorschlag mit meinen Vorgesetzten, Mister Tabarinsky. Zuvor haben wir aber tatsächlich einige Unterlagen zu unterschreiben.« Die Mappe liegt schon seit Beginn des Gesprächs bedeutungsschwer zwischen ihnen auf dem Tisch in dem fensterlosen Verhörraum. Brooke schlägt sie auf. Ein Kugelschreiber steckt säuberlich neben den Dokumenten.

Sie schiebt beides dem Professor entgegen.

Der zieht die Mappe zu sich heran und überfliegt das obere Blatt. Es ist eine eidesstattliche Erklärung, dass alle seine Aussagen der Wahrheit entsprechen.

Noch bevor er es zur Gänze gelesen hat, nickt er eifrig, zieht den Kugelschreiber hervor, drückt mit dem Daumen die Mine heraus und unterschreibt schwungvoll die Unterlagen. Alle entsprechenden Dokumente sind mit einem roten Kreuz idiotensicher vorbereitet.

Es sind sehr viele Unterschriften, die der Professor zu leisten hat. Brookes Chef geht kein rechtliches Risiko ein. Generell keines. Bei ihm ist alles tausendprozentig.

Endlich ist der Professor mit dem Unterzeichnen fertig. Immer noch glänzt Schweiß auf seiner Stirn.»Das wäre dann ja geschafft.« Er schiebt ihr die Mappe zurück.»Ich hoffe, damit wäre alles geklärt.«

»Ja«, entgegnet sie.»Damit haben wir alle Formalitäten erledigt.« Sie zieht die Mappe zu sich heran, geht nochmals alle Seiten durch und nickt zufrieden.»Jetzt warten wir nur noch auf einen Kollegen. Der wird Sie dann hinausbringen.«

Der Professor wirkt erleichtert und nickt dankbar. Er verschränkt sogar die Arme vor der Brust und lehnt sich zurück.

Brooke hingegen senkt den Blick.

Es gibt Dinge an ihrem Job, die sie hasst, und das

Gespräch mit Professor Tabarinsky gehört dazu. Sie wussten vorher schon mit neunundneunzigprozentiger Wahrscheinlichkeit, dass er niemanden mehr informiert hat. Sie hatten alle seine Räumlichkeiten – privat wie geschäftlich – durchsucht und entsprechendes Material konfisziert. Jedes Detail war dreifach überprüft worden. Das Gespräch war nur der Abschluss und die tausend Prozent ihres Chefs.

Als der Professor hörbar schneller atmet, hebt Brooke den Blick. Der Mann schwitzt nun, als würde er einen Marathon absolvieren. Sein ganzer Kragen schimmert schon feucht. Ein paar Tropfen sammeln sich sogar an seiner Nasenspitze.

»Warm ist es hier, oder?«, fragt er krächzend, wobei er an seinem Kragen herumzerrt.

Brooke zuckt mit den Achseln. »Geht so.« Sie senkt wieder den Blick, weil sie es nicht erträgt.

Die Geräusche sind schon heftig genug. Sie lauscht, wie der Professor immer härter atmet. Er räuspert sich auch mehrmals und beginnt dann sogar zu husten. Die Atemzüge dazwischen kommen pfeifend.

Schließlich fragt er: »Haben Sie ... *argh* ... vielleicht ein Glas Wasser für mich? Bitte. Mir ist ganz ... komisch.«

Als Brooke weder den Blick hebt, noch reagiert, begreift er endlich, was vor sich geht.

»Nein!«, krächzt er und springt auf. »Nein! *Argh* ... Sie ... Sie haben mich ...« Er würgt und ringt nach Atem. »Vergif...« Seine Hände patschen auf die Tischplatte, aber weiter kommt er nicht, denn seine Beine geben unter ihm nach. Er kracht stöhnend zu Boden und bleibt dort liegen.

Brooke atmet tief durch und erhebt sich. Kurz mustert sie den Professor, der zuckend daliegt und mit den Händen an seinem Hals herumfingert. Die Haut ist rot und sieht geschwollen aus. Spucke und Schaum stehen dem Mann auf den Lippen.

»Sorry«, sagt sie kaum hörbar und wartet die letzten Sekunden ab, bis es vorbei ist. Schließlich sinkt sie neben dem leblosen Professor in die Hocke und fühlt an seinem Hals nach Puls – und findet keinen.

Damit ist ihr Job erledigt. Sie schnappt sich die Mappe vom Tisch, tritt an die Tür und klopft viermal leise. Ein bulliger CIA-Agent öffnet ihr und lässt sie hinaus. Er selbst verschwindet im Zimmer, um sich um den Rest zu kümmern.

Offiziell wird es heißen, dass Professor Tabarinsky in seinem Büro einen Herzinfarkt erlitt und daran verstarb.

Bei ihnen wird er nie gewesen sein.

Genauso wie alle anderen, die Tyler Drake in sein kleines Geheimnis eingeweiht hat. Professor Tabarinsky war nur der Anfang.

ZEITGLEICH BETRITT ETHAN SHAW, BROOKE MONTGOMERYS Chef, in Yucatán das Zelt, das sie unweit des Cenotenzugangs zu Chac Mool aufgebaut haben. Die Luft ist so voller Wasser, dass Tropfen von der Zeltplane rinnen. Regnen tut es aber nicht.

Ethan hofft, dass es auch noch die nächsten Stunden so bleiben wird. Der Wetterbericht meldet glücklicherweise keinen Niederschlag, was für Ethans nächsten Schritt verdammt wichtig ist. Er hat endlich vor, sich das Portal in der Cenote aus der Nähe anzusehen. Da er keinerlei Erfahrung mit Tauchen, geschweige denn mit Cenotentauchen, hat, hat er in den letzten Tagen einen Hardcore-Intensiv-Tauchkurs absolviert. Dazu hat er extra Tauchlehrer von den Marines einfliegen lassen. Es war harte Schule, aber Ethan fühlt sich nun dem Tauchgang gewachsen. Nur das Wetter sollte eben mitspielen; Regen und Unwetter wären problematisch, da Chac Mool mit dem Meer verbunden ist und es so zu heftigen Strömungen kommen kann. Auch Regenwasser, das in die Höhlen fließt, kann für entsprechende Verwirbelungen sorgen und einem Anfänger den Tauchgang unnötig erschweren, ja, ihn sogar lebensgefährlich werden lassen.

Es ist auch kein leichter Weg bis zum Portal. Über eine Stunde geht es durch die Höhlen, mit einigen engen bis sehr engen Passagen.

Aber Ethan hat keine Angst. Er ist kein Sesselfurzer, der ständig hinter einem Schreibtisch sitzt, sondern er ist gern vorne mit dabei. Und jetzt will er es auch wissen. Er will das Portal mit eigenen Augen sehen und spüren. Bilder hat er genug gesehen in den letzten Wochen. Sie haben die Höhle vollständig abgeriegelt, kartografiert und untersucht. Mehrere Teams waren drin und haben alle möglichen Gerätschaften hineingebracht. Da den Zugang bisher überwiegend die Taucher der Marines erledigten, waren noch nicht so viele Leute von ihnen vor Ort. Das meiste läuft über Videokommunikation.

Ethan hatte auch schon die Idee diskutiert, die Höhle trockenzulegen und so den Zugang zu erleichtern, aber das Unterfangen war wegen des karstigen und porösen Gesteins hochkomplex. Eine eigene Taskforce arbeitet daran, die auch Überlegungen anstellt, einen Zugang von oben anzulegen, zu bohren oder zu graben, aber da niemand die Funktionsweise des Tors kennt, will man sich nicht ans Gestein wagen. Ethan will das auch nicht. Die Analysen der Umgebung sind besorgniserregend. Es kann jederzeit zu Erdverwerfungen und Einstürzen der Höhlen kommen. Ein weiterer Grund, warum gutes Wetter auf lange Sicht wünschenswert ist.

Was man sonst auf den Videos sieht, ist auch nicht gerade hilfreich, sondern überaus unspektakulär. Ein kreisrunder Schacht mit Steineinfassung, in dem in der Tiefe ein paar seltsame Gräser und Blätter wachsen. Die haben das Interesse der Biochemiker im Team geweckt, denn die Wahrscheinlichkeit ist hoch, dass es sich hierbei schon um außerirdische Flora handelt. Möglicherweise sogar um eine Hybridbildung zwischen irdischen und außerirdischen Gewächsen. Analysen der Biomasse, auch im Abgleich mit den Analysen von Tyler Drakes entfernten Würmern, laufen, aber die Ergebnisse stehen noch aus.

Das Interessanteste in der Cenote neben dem Tor ist vermutlich das alte Maya-Relief, das sie mit einem 3D-Scanner und zig hochauflösenden Aufnahmen mittlerweile abgebildet haben. Sie haben sogar einen Historiker involviert, um eine Analyse des Kunstwerks durchzuführen. Sie vermuten, dass es sich um Darstellungen von Xibalbá handelt. *Besser gesagt des Exoplaneten*, korrigiert er sich in der Cenote in Gedanken.

Er verspürt einen Anflug von Ärger, denn all ihre Arbeit wäre um so vieles einfacher, würden die Gefangenen reden. Aber sie schweigen. Weder Tyler Drake noch Eduard Jones noch Adriana Flores Ramírez und ihr Bruder Diego haben seit der Festnahme groß gesprochen.

Tyler Drake hat sie aber auch noch instruiert, der Mistkerl. »Kein Wort!«, hat er ihnen nach dem Verschwinden des Aliens zugeraunt. »Kein Wort ohne meine Anwältin Margaret Sullivan.«

Über die Anwältin hat sich Ethan ein Profil erstellen lassen: Sie ist New Yorkerin, hochdekoriert und mit fast sechzig Jahren überaus berufserfahren. Sie betreibt eine Staranwaltskanzlei in Manhattan, und sie ist definitiv eine harte Nuss.

Kontaktieren konnte sie aber glücklicherweise noch niemand. Ethan ist überzeugt, dass dann die Probleme erst richtig losgehen. Je länger er die vier Gefangenen isoliert, desto besser ist es für alle Beteiligten. Besonders fürchtet er, dass Margaret Sullivan an die Presse gehen könnte. Das würde Tyler Drake ähnlich sehen. Als Held und Abenteurer dastehen, während die CIA mal wieder den schwarzen Peter zieht. Aber nicht mit Ethan!

Er hofft endlich auf Feedback von Brooke, die sich in New York um den Professor kümmert und dort entsprechende Nachforschungen in seinem Auftrag anstellt. Er hofft, dass sie über die externen Kontakte der Gefangenen ein Druckmittel erzeugen können, um endlich einen der vier zum Reden zu bringen. Ethan hat auch schon einen Plan, wo er einhaken will. Aber jetzt geht es erst mal ans Tauchen.

Das Team, das mit ihm reingehen wird, wartet bereits auf ihn. Die ehemaligen Kampftaucher stehen am Rand des Zelts bei der Ausrüstung und haben ihre Tauchanzüge schon übergestreift. Sein Tauchguide, ein kräftiger Bursche mit breitem

Stiernacken und kurzgeschorenem Militärschnitt entdeckt ihn und winkt ihn zu sich.

»Mister Shaw! Da sind Sie ja endlich.«

Ethan schüttelt dem ehemaligen Soldaten die grobschlächtige Hand. »Ja, hier bin ich endlich. Ist viel zu tun. Ich muss auch noch ein kurzes Gespräch führen, bevor wir aufbrechen können.«

Der Marine nickt. »Wir warten auf Sie und sind einsatzbereit. Wenn Sie den Befehl geben, können wir rein.«

Ethan nickt dankbar und geht in die andere Ecke des Zelts zu einem Techniker, von dem er sich vorab noch eine Freigabe holen möchte.

Ein Team an Forschern untersucht das Portal rund um die Uhr über die installierten Sensoren, die sowohl seismische als auch elektromagnetische Impulse registrieren. Als die Gefangenen durchs Portal gekommen sind und von Xibalbá zurückkehrten, kam es bei jedem Lebewesen zu einem elektromagnetischen Impuls. Ein Zusammenhang wird zumindest vermutet.

Leider hat es seitdem keine Impulse mehr gegeben. Das Portal scheint geschlossen zu sein. Und das ist seine nächste Baustelle.

Er hat keine Ahnung, wie man es aktivieren kann. Auch darüber schweigen Drake und seine Kompagnons. Bliebe noch Ethans Kontakt, von dem sie die Infos über den zweiten Besuch auf Xibalbá überhaupt bekommen haben, aber auch der scheint nicht zu wissen, wie das Portal aktiviert werden kann. Zumindest hat er dazu kein Wort verloren, ja, nicht einmal eine Andeutung gemacht, und bei so viel Geldgier erwartet Ethan, dass der Kontakt eine solche Information in Geld ummünzt, wenn er die Information hätte.

Sie müssen es also im Notfall auf eigene Faust herausfinden, was sich als schwierig erweisen könnte.

Zu Beginn hatten sie die Cenote mit einem Tauchroboter untersucht, aber nicht einmal das Portal gefunden. Der Roboter stöberte neben Schädeln und Mayarelikten nur einen mehrere hundert Meter tiefen Schacht auf, der einfach endet. Wie ein Bohrloch im Gestein.

Die Sensoren messen zwar, dass es innerhalb der Röhre um einige Grad wärmer wird, aber ansonsten ist nichts festzustellen – wenn man von den Pflanzen absieht. Wie es hier zu einem Übergang in eine andere Welt kommen soll, ist ihnen allen schleierhaft. Die Techniker haben natürlich verschiedene Theorien diskutiert, aber für Ethan war das nur nerdiger Kauderwelsch.

Er will keine Theorien und Annahmen hören, sondern Fakten. Und jetzt wird er sich das vermeintliche Tor selbst ansehen, um sich ein eigenes Bild zu machen. Zum Techniker gewandt fragt er: »Gibt es noch irgendwelche neuen Erkenntnisse, bevor wir reingehen?«

»Nein, es gab keine auffälligen Aktivitäten.«

»Und unauffällige?«

»Auch nicht. Alles ist ruhig. Es kam zu keinerlei Vorkommnissen.«

Ethan mustert für einen Moment die Diagramme und Zahlen auf den Monitoren des Technikers. »Sind Sie ganz sicher, dass der Tauchgang sicher ist?«, hört er sich dann doch fragen.

Der Kerl zuckt mit den Schultern. »So sicher, wie wir nur sein können. Von mir haben Sie Ihre Freigabe, Mister Shaw.«

»Na, dann. Danke.« Ethan atmet durch. Ein wenig Aufregung verspürt er nun doch, was aber nicht überraschend ist. Bisher ist er noch nie über eine Stunde in eine Cenote abgetaucht. Sie haben ein paar Übungen in einem Unterwasserparcours absolviert, in dem auch Enge simuliert werden kann, aber dort wusste er die ganze Zeit, wo er sich befindet und dass im Notfall jemand helfen würde. Heute ist das anders. Aber ein wenig Aufregung darf auch sein. Was wäre das Leben ohne Aufregung?

Ethan tritt wieder zu den Marines und nickt in die Runde. »Wir haben die Freigabe. Alle Messwerte sind im grünen Bereich. Es kam zu keinerlei Auffälligkeiten. Wir können also rein.«

»Sehr gut.« Der Tauchguide reibt sich die Hände. »Dann legen Sie mal Ihre Ausrüstung an und dann geht's los.«

Ethan nickt, tritt hinter einen Sichtschutz und beginnt sich dort umzuziehen. Er legt seine verschwitzte Anzughose ab und das feuchte Hemd. Oben auf seinen Klamottenberg legt er zuletzt sein Handy und seinen Schlüssel. Als er sich gerade in den Tauchanzug zwängt, klingelt sein Mobiltelefon. Ihm entfährt ein Fluch, aber er hebt natürlich ab.

Es ist Brooke. »Auftrag erledigt«, gibt sie durch.

»Sehr schön«, entgegnet Ethan. »Gab es Komplikationen?«

»Nein, alles verlief nach Plan. Wir sind bereits mit den Aufräumarbeiten beschäftigt.«

»Sehr gut. Ich habe weitere Orders für Sie.«

Er meint, sie leise seufzen zu hören, aber er ist sich nicht sicher.

»Sehr gern«, sagt sie schließlich entschieden. »Was darf ich als Nächstes tun?«

Druck machen. Ethan sagt es aber nicht, sondern sieht sich um. Ob jemand sein Gespräch belauscht? Da zu viele Leute anwesend sind, tritt er über einen Seitenausgang aus dem Zelt und vorbei an den Wachen, die dort stehen. Der Dschungel ist dunkel und voller Geräusche, als er sich ein paar Meter zwischen das Dickicht wagt. Es tropft überall um ihn herum und irgendwo krächzen Vögel.

»Wir brauchen endlich etwas, um das Schweigen zu brechen«, raunt er ins Telefon. »Uns läuft die Zeit davon. Ich kann die anderen Behörden nicht ewig hinhalten.«

»Gibt es immer noch keine Anzeichen von dem Ding?«

Ethan schüttelt den Kopf und sagt: »Nein. Es ist und bleibt spurlos verschwunden. Jetzt gleich werde ich einen Tauchgang zum Portal durchführen. Wir sind gerade am Aufbrechen.«

»Erhoffen Sie sich viel davon?«

Ethan stößt ein Brummen aus. »Ich weiß nicht, was ich mir erhoffen soll, aber ich möchte zumindest ein Gefühl dafür bekommen, ein Gespür. Aber oberste Priorität wäre, dass die vier endlich reden. Eine oder einer reicht mir.«

»Sie kennen meine Meinung«, entgegnet sie trocken.

»Jaja, ich weiß. Sie würden mit der Mexikanerin und dem Bruder anfangen. Hier Druck erzeugen. Das läuft aber nicht. Ich habe es in ihren Augen gesehen. Die beiden sind zu verschworen, die lassen sich nicht erpressen. Vergessen Sie es. Das sind keine Amerikaner.«

»Was haben Sie dann vor?«

»Eduard Jones Freundin.«

»Fatima Aslan?«

»Korrekt. Fokussieren Sie sich auf sie.«

»Ergibt das Sinn? Wir sind uns sicher, dass sie nichts weiß.«

»Es geht auch nicht ums Wissen, Brooke. Es geht darum, dass sie ein Öffner sein könnte für Eduard Jones Mund.«

Brooke Montgomery schweigt am anderen Ende der Leitung. Das gefällt Ethan an ihr. Sie durchdenkt die Begebenheiten, bevor sie eine Antwort gibt.

»Okay«, sagt sie schließlich. »Dann kümmere ich mich nun um die Bäckerin.«

»Sehr schön. Sie haben freie Hand. Wichtig ist nur, dass Mister Jones am Ende sein Schweigen bricht.«

»Verstanden. Ich kümmere mich.«

»Danke.« Ethan legt auf, und für einen Moment streift sein Blick nochmals in den dunklen Dschungel, wo irgendwo das Flugalien verschwunden ist. Die nächste Baustelle. Die wichtigste Baustelle, an der er aber nichts tun kann.

Ihm bleibt nur: Informationen sammeln und sich selbst ein Bild machen. Also geht er die wenigen Meter zum Zelt zurück, hebt die Plane und tritt ein.

Dann verstaut er seine Habseligkeiten in einem der Spinde, sperrt ab und gesellt sich endlich tauchbereit zu den Soldaten.

ALS BROOKE DEN LADEN BETRITT, BIMMELT EIN GLÖCKCHEN über der Tür. Es ist so altbacken, dass es schon wieder cool ist. Neugierig sieht sie sich um, auch wenn sie die Inneneinrichtung schon von Tyler Drakes Observation kennt. Aus der Nähe wirkt alles noch liebevoller eingerichtet. Die Möbel und die Theke bestehen aus warmen Naturhölzern. Die Farben der Wände sind hell und erdig und mit Minttönen kombiniert. Pflanzen wachsen auf Regalen und geben der Bäckerei einen natürlichen Eindruck. Einige Bilder in goldenen Rahmen verschaffen zusätzlich eine Erhabenheit, dass Brooke sofort die Backwaren als edel und exklusiv empfindet.

Sie sehen aber auch gut aus, besonders die Baklava. Die Pistazienkrümel leuchten regelrecht, und der Zuckersirup lässt die Köstlichkeiten glänzen.

»Hi«, sagt die Zielperson hinter der Theke. Fatima Aslan lächelt freundlich, auch wenn sie müde wirkt. Brooke wundert das nicht; ihr Partner ist einfach verschwunden und hat nichts mehr von sich hören lassen.

»Hi«, entgegnet auch Brooke und tritt an die Theke. »Ich hätte gern einen Chai Latte – und ein Baklava.«

»Sehr gern.« Aslan macht sich sofort an ihre Bestellung. »Bleiben Sie hier oder nehmen Sie beides mit?«

»Ich esse und trinke hier.« Brooke stellt sich an die kleine Bar, genau dorthin, wo Tyler Drake gestanden und mit Eduard Jones gesprochen hatte. Ansonsten ist der Laden leer, aber es ist auch keine typische Kaffeezeit – und sie keine typische Kundin.

Die Zielperson bringt schließlich das Baklava auf einem kleinen Teller, ebenso den Chai Latte. Prächtig sieht beides aus, und Brooke bekommt sogar Appetit.

»Bitteschön«, flötet Aslan. »Wenn Sie noch was brauchen, dann melden Sie sich.«

Brooke hebt schon die Hand.

»Ja?«

»Haben Sie einen Moment für mich?«

»Klar. Worum geht es?«

»Um Eduard Jones.«

Die Türkin verharrt mitten in der Bewegung, während ihre Augen riesengroß werden. »Was ist mit ihm? Geht es ihm gut? Wer ... wer sind Sie?«

Brooke hebt beschwichtigend beide Hände. »Ganz ruhig. Mister Jones geht es gut.«

Aslans Augen werden noch größer. Ihre Finger halten sich an der Theke fest. »Wirklich? Wo steckt er? Er ... Er ...«

Tränen schimmern in ihren Augenwinkel, aber sie bricht den Satz ab.

Brooke mustert die Zielperson lange Sekunden, bevor sie sagt: »Mister Jones steckt in Mexiko fest.«

»In Mexiko? Dann ist er also doch auf diese Expedition mit diesem Drake.«

»Ja, das ist er. Leider gibt es ein paar Schwierigkeiten.«

Pure Sorge tritt auf Aslans Gesicht. »Welcher Art?«

»Das würde jetzt zu weit führen, aber wir sind dran, sie zu lösen. Ich bin im Auftrag von Mister Drake hier, um Sie zu informieren. Und um zu fragen, ob Sie mit nach Mexiko kommen wollen.«

»Nach Mexiko? Äh ... ja. Wann?«

»Sobald wie möglich. Wie viel Vorlauf brauchen Sie? Wie ich sehe, sind Sie die Inhaberin dieser wunderschönen Bäckerei.«

Stolz huscht über Aslans Gesicht. »Ja, das bin ich. Und ja ... ich kann heute Abend weg.«

»Sehr schön. Dann packen Sie bitte Klamotten für einige Tage ein. Kleidung für Mexiko. Und wir brauchen Ihren Pass. Soll ich Sie hier abholen lassen?«

Aslan nickt sofort. »Zwanzig Uhr?«

Brooke lächelt einnehmend. »Das passt. Falls noch etwas ist, können Sie mich hier kontaktieren.« Sie legt eine schlichte, wunderbar gefälschte Visitenkarte auf den Tisch. *Drake Enterprises* steht darauf. Darunter nur ihre Nummer.

Aslan studiert kurz die Karte, dann seufzt sie. »Und Eddi geht es wirklich gut? Was ist denn passiert?«

Brooke schürzt die Lippen. »Er wurde festgenommen.«

»Wie bitte?«

»Wie alle Mitglieder der Expedition. Der Hauptgrund, warum sich niemand bei Ihnen gemeldet hat.«

Es ist interessant zu beobachten, wie der Türkin die Farbe aus dem Gesicht weicht. »Wieso wurden sie festgenommen?«

Brooke seufzt theatralisch. »Fragen Sie das die mexikanischen Behörden. Aktuell wissen wir noch nicht viel. Möglicherweise haben Drake und Jones etwas gefunden, das die Mexikaner nicht veröffentlichen wollen. Es hat uns jede Menge Arbeit gekostet, sie überhaupt seit der Festnahme aufzuspüren.«

Aslan schlägt sich die Hände vor den Mund. Dahinter stößt sie hervor: »Das klingt ja furchtbar.«

»Ja, aber es ist nichts, was sich nicht lösen ließe.«

»Und was kann ich bei der Sache tun?«

»Erst mal nur mitkommen. Wenn ich richtig informiert wurde, sind Sie die Lebensgefährtin von Eduard Jones. Eine solche Verbindung kann durchaus hilfreich im Kontakt mit den mexikanischen Behörden werden. Aber machen Sie sich jetzt keinen Kopf. Ich informiere Sie, sobald wir im Flugzeug sitzen.« Brooke zwinkert der Türkin aufbauend zu, schiebt sich das letzte Stück des köstlichen Baklavas in den Mund und spült es mit dem Chai Latte hinunter. Dann verlässt sie nickend die Bäckerei und ruft nochmals: »Zwanzig Uhr hier!«

Fatima Aslan nickt nur und bleibt sichtlich ratlos und aufgewühlt zurück – genau so, wie Brooke sie haben will.

Mexiko, 30. Juni 2025

T YLERS W ELT BESTEHT AUS EINER SURRENDEN G LÜHBIRNE.
Er vermutet, dass sie vierzig oder sechzig Watt hat. Und er
kann nicht glauben, dass es selbst im Jahr 2045 in Mexiko
noch echte, surrende Glühbirnen gibt.

Aber da hängt sie vor ihm an einem nackten Kabel aus
der Decke in seiner Zelle. Die ist winzig, vielleicht drei mal
drei Meter groß. Nackter, fleckiger Beton. In einer Ecke zeigt
sich Schimmel. Der Boden besteht ebenfalls aus Beton.
Fenster gibt es keine, Tyler hat nicht mal einen Tisch. Nur
eine Pritsche und eine Toilette mit Waschbecken.

Tyler stört das aber nicht. Immer wenn jemand von der
CIA zu ihm zu Besuch kommt und ihn fragt, ob er endlich
reden will, senkt er einfach den Blick und sieht zu Boden.
Dann gehen sie wieder. Anfangs war ein etwa 50-jähriger
Herr bei ihm, eindeutig ein Vorgesetzter, der sich als Ethan
vorstellte und versuchte, ihn zum Reden zu bringen. Erst
appellierte Ethan an Tylers Vernunft, dann wurde er mit
jedem Besuch lauter und lauter, bis er ihm alles Mögliche
androhte.

Bewusstseinserweiternde Drogen. Schlafentzug. Essensent-
zug. Folter. Folter der anderen.

Aber Tyler hat einfach geschwiegen. Schweigen ist sein Gold. Die Zeit arbeitet für ihn. Zumindest hofft er das.

Er erinnert sich noch gut an die Unterhaltung mit dem Wasserwesen, dem Gott der Maya, Itzamná, wie sie ihn nannten.

Ihm oder ihr hat Tyler überzeugend klargemacht, dass die größte Gefahr von den Menschen ausgeht. Von ihrer Gier, ihrem Expansionswillen, ihrem Unterwerfungswillen. Damals hat er Itzamná geraten, das Portal umgehend hinter ihnen zu verschließen. Endgültig und unwiederbringlich. Er erinnert sich noch, dass Itzamná meinte, sie würden darüber beraten, was auch immer das heißen mag. Er hofft nur, dass sie nicht zu lange und das Falsche beraten und das Tor am Ende offenbleibt.

Dann würde sich diese Farce von Gefangenschaft nie von selbst erledigen. Wenn Ethan nämlich feststellt, dass es kein Portal mehr gibt und sie nichts haben, außer einem Schacht im Gestein, würde er vielleicht von ihnen ablassen und sie gehen lassen. Was will er auch dann mit der Wahrheit?

Es gäbe keine Beweise, außer dem Alien. Aber selbst wenn das gefunden und darüber berichtet wird, könnte es auch irgendein seltsames Wesen aus einer der Höhlen sein, wo es sich unbemerkt entwickelte. Niemand wird glauben, dass Tyler Drake über ein Maya-Portal auf einem Exoplaneten war, in der Unterwelt Xibalbá, und dort mit Itzamná, dem Gott der Maya, plauderte. Ohne entsprechende Beweise wird man die Geschichte als Fantastereien abtun. Und selbst Beweise wie die DNA-Analysen seiner Wurmfortsätze und die Pflanzen im Schacht sind fragwürdig. Man kann sie aus jedem Blickwinkel so oder so beurteilen. Sicher werden es einige glauben. Es gibt immer noch Menschen, die glauben, dass die Erde eine Scheibe ist, trotz aller Beweise, dass sie das nicht ist. Aber die breite Masse wird die Geschichte als Humbug abtun. Ein paar Abenteurer werden Chac Mool vermutlich heimsuchen, hinpilgern und das Portal suchen, aber es nicht finden, wenn Itzamná und seine Freunde das Richtige entscheiden und aktiv werden.

Das ist Tylers größte Sorge. Denn wenn sie es nicht tun, besteht die Gefahr, dass Ethan und seine Leute das Portal doch noch irgendwie öffnen können. Irgendwann wird irgendjemand sprechen. Er hat ihnen zwar eingeimpft, dass sie ohne seine Anwältin kein Wort sagen sollen, aber Tyler kennt die Geschichten der CIA. Wenn es um einen fremden Planeten geht, um möglicherweise unerschöpfliche Ressourcen, um Geld und Macht, weiß er, dass Menschen weit gehen werden, sehr weit. Würden sie Diego foltern, um Adriana zum Sprechen zu bringen? Oder andersherum? Oder würden sie versuchen, Eddi zum Reden zu bringen über seine Fatima?

Tyler ist in dieser Hinsicht zumindest froh, dass er keine Connections hat, keine Verbindungen, keine Liebsten, mit denen er erpressbar ist. Bei den anderen ist er nicht sicher, aber noch glaubt er nicht, dass die CIA einen solchen Schritt gehen wird. Es ist ein großer Schritt – selbst für den Geheimdienst.

Aber mit jedem Tag wächst das Risiko, denn eines sind die Menschen nicht: geduldig.

Tyler blinzelt in das Licht der Glühbirne. Sein Gesicht bleibt dabei regungslos. In Gedanken versenkt er sich wieder nach Xibalbá, in den Schlund des Leviathans, in die Farben und die flirrenden Lichter. Dort, wo er seinen Frieden gefunden hat. Und dort, im Frieden, bleibt ihm nur: zu hoffen und zu warten.

WÄHREND TYLER HOFFT UND WARTET, TIGERT EDDI IN seiner Zelle auf und ab.

In der Diagonale ist der Boden bereits eine Spur heller. Kilometer hat Eddi bereits auf diesen drei mal drei Metern Zelle abgespult. Es macht ihn schier wahnsinnig, eingesperrt zu sein. Eddi hätte auch nie geglaubt, dass er einmal in Mexiko in irgendeinem Gefängnis enden würde. Wobei Gefängnis schon fraglich ist. Er weiß nicht einmal, wohin sie ihn und die anderen gebracht haben.

Man hat sie direkt nach der Gefangennahme separiert, seitdem hat er niemanden mehr gesehen. Er erinnert sich nur an Tylers letzte Worte. »Sagt nichts ohne meine Anwältin Margaret Sullivan.«

Eddi schnaubt bei der Erinnerung. Wo ist denn Tylers Star-Anwältin? Bisher war niemand bei ihm, der sich als Margaret Sullivan vorgestellt hat. Überhaupt war niemand bei ihm, außer ein paar Mitarbeitern der CIA, um ihm Essen zu bringen oder ihn mit Fragen zu löchern. Fragen, die er bisher nicht beantwortet hat, aber Eddi weiß, dass er sie irgendwann beantworten wird. Seine Geduld ist am Ende. Seine Nerven liegen blank.

Nachts oder dann, wenn er schläft, denn er hat keine Ahnung, wann es Tag und wann es Nacht ist, träumt er von seiner Zelle. Von Betonwänden, die sich ihm annähern, die heranrutschen, ihm die Luft zum Atmen nehmen, ihn zerquetschen.

Manchmal wachsen Fäden aus der Pritsche und winden sich um seine Arme, um seine Knöchel, seine Brust und schließlich um seinen Hals, um ihn zu erwürgen.

Manchmal explodiert die Glühbirne und die Splitter bohren sich wie Nadelstiche in seine Augen und nehmen ihm das Sehvermögen.

In anderen Nächten quellen Fäkalien aus der Toilette. Es spritzt und blubbert und die Scheiße kommt direkt heraus. Sie läuft über und füllt erbarmungslos seine Zelle, bis er nicht mehr stehen kann, bis ihm die Scheiße in die Nase quillt und er daran ersticken muss.

Manchmal kommen in den Nächten auch Käfer zu ihm, die unter der Tür hereinkrabbeln. Erst einer, dann zwei, dann vier, dann acht, dann sechzehn. Es werden immer mehr, schwarze Massen an Chitin, die krabbelnd und klickernd sein Gefängnis auffüllen und ihm schließlich in Mund und Nase dringen.

Eddi ist klar, dass er langsam verrückt wird. Ewig wird er es nicht mehr durchhalten. Es ist die Isolation und die Gefangenschaft. Diese Enge, kein Tageslicht, nichts zu tun, außer in den eigenen Gedanken gefangen zu sein.

Er versteht, warum Tyler geraten hat, dass sie nichts ohne einen Anwalt sagen sollen. Aber wie lange kann er es noch durchhalten? Tage? Wochen? Sicherlich keine Monate mehr. Herrgott, er weiß nicht einmal mehr, wie lange er schon hier ist ...

Er verschiebt die düsteren Gedanken und denkt an seine Fatima, sein Licht, sein Leben, sein Lächeln.

Er hat nie geglaubt, dass ein Mensch ihm solche Freude ins Herz bringen könnte. Eddi war zwar schon immer ein Gesellschaftsmensch, aber immer einer, der Freude an seinen Hobbys gefunden hat und so ein erfülltes Leben führte.

Fatima hat allerdings alles verändert, seine Fatima, seine große Liebe.

Beim Gedanken an sie muss er lächeln und gleichzeitig weinen. Er bleibt stehen und sinkt auf seine Pritsche. Dicke Tränen quellen ihm aus den Augen, rinnen über seine bärtige Wange. In dem Gestrüpp von Bart verschwinden die Tränen, bis sie an seinem Kinn aus dem Bart tropfen und die hellgraue Gefängnishose dunkelgrau sprenkeln.

Ein Schluchzer kommt über Eddis Lippen. Er ballt die Hände zu Fäusten und schlägt sich damit auf die Oberschenkel.

Es ist so ungerecht! Da wollte er nur noch eine letzte Expedition zu ihrem gemeinsamen Wohl durchführen. Eine Expedition! Und dann kommt er auch noch lebend und heil aus Xibalbá zurück, hat den ganzen Wahnsinn überstanden, um von der CIA festgenommen und eingesperrt zu werden. Diese Wichser.

Wie es Fatima wohl geht? Ob sie überhaupt etwas von ihm gehört hat? Vermutlich nicht. Er war damals mit Tyler auf Hals über Kopf aufgebrochen, um der CIA nicht schon im Vorfeld in die Arme zu laufen. Vermutlich sitzt Fatima in ihrer Bäckerei und versteht die Welt nicht mehr. Wohin ist ihr Eddi? Warum ist er einfach wortlos abgehauen? Hat er eine andere?

Nein, nein, das denkt sie nicht. Er hat ihr von Tyler Drake erzählt, von seinem Wunsch nach der Expedition und seinen Überzeugungsversuchen. Und dann war Tyler auch in der Bäckerei gewesen. Fatima wird eins und eins kombinieren und begreifen, dass er womöglich mit Tyler Drake auf Expedition gegangen ist. Aber genauso wird sie sich fragen, warum er sich nicht verabschiedet hat, warum er sich nicht meldet und warum sie kein Lebenszeichen von ihm hört.

Seine gute, liebe Fatima. Hat sie ihn bereits vergessen und abgeschrieben oder sitzt sie zu Hause und zermartert sich das Hirn, was mit ihm passiert sein könnte?

Ein lautes Stöhnen entfährt Eddis Mund. Er wischt sich mit dem Handrücken die Tränen von den Wangen. Dann springt er wieder auf und beginnt, weitere Runden zu drehen.

Weitere Runden in der Diagonale von drei mal drei Metern.

Cancún, 30. Juni 2025

»Beto? Was machen wir denn nun mit der *chava* aus Zelle 8?«

Iktan erschrickt und klickt den Porno auf seinem Bildschirm weg. Pedro stört ihn aber auch immer in den unpassendsten Momenten.

»Primo, wie oft habe ich dir schon gesagt, dass du mich in der Arbeit nicht so anreden sollst?«

Es war ein Fehler gewesen, seinem Cousin den Job als Gefängniswärter zu besorgen. Seine Untergebenen warten nur auf ein Zeichen der Schwäche. Um ihre Achtung zu haben, helfen ihm weder der Titel des Licensiado noch die Jobbezeichnung des Direktors – er muss beweisen, dass er den Längsten hat. Und das untergräbt sein Cousin, wenn er ihn mit dem familiären Kosenamen anspricht.

»Señor Iktan Humberto Pérez Martínez, dürfte ich um Anweisungen bitten, wie mit Señorita Adriana Flores Ramírez zu verfahren ist? Der *gringo* von der CIA steht schon wieder am Einlass.« Pedro verbeugt sich dazu fast bis zum Boden. Iktan hat richtig Lust, ihn dafür auszupeitschen. Er öffnet die Schreibtisch-Schublade und betrachtet die zusammengefaltete Peitsche, die schon manchem unwilligen Verbrecher die Zunge gelockert hat. Sein Cousin nimmt nichts auf der Welt richtig ernst. Manchmal bewundert er ihn dafür, aber als sein Chef nervt es. Er wird ihn bei nächstbester Gelegenheit feuern müssen. Aber die Peitsche würden ihm seine spitzzüngigen Tanten übelnehmen. Davor hat er mehr Angst als vor den Kartellen. Iktan schließt die Lade wieder.

»Die *chava*. Das Mädchen«, holt ihn Pedro aus seinen Gedanken.

»Nichts da. Der Amerikaner hat hier gar nichts zu sagen. Die Señorita ist nicht zu sprechen.«

»Das wird der CIA-Mann nicht gern hören.«

Iktan lacht. Hier hat er das Sagen, nicht irgendein dahergelaufener Amerikaner, der ihm nicht einmal verraten will, worum es eigentlich geht. Er, Iktan, der Schlaue, wie es sein erster Vorname verheißt. Außerdem gefällt ihm die Frau. Sonst sitzen hier immer nur verhärmte Drogensüchtige oder runzlige Taschendiebinnen ein, die sich ihre schmale Rente aufbessern wollten. Er hatte sich gefreut, als man ihm die Leitung des Frauengefängnisses übertragen hatte, aber seitdem hat er so viele Pornos gesehen wie nie.

»Das ist mir vollkommen egal. Wir bringen sie hier viel eher zum Reden als diese schnieken Agenten mit den weißen Handschuhen.«

»Vermutlich befürchtet er genau das«, sagt Pedro.

»Ja, sie wollen uns für dumm verkaufen. Typisch. Sag dem Typen, dass er sich verpissen und erst am Sankt-Nimmerleins-Tag zurückkehren soll. Und dann holst du mir die *chava* her.«

»Nimm deine Finger von mir, sonst beisse ich dir die Schlagader durch und trinke dein Blut, bis du tot umfällst!«, schreit jemand im Flur.

Iktan grinst. Das ist sie. Adriana. Er mag ihren Namen, und dass sie sich zu wehren weiß, gefällt ihm. Sie ist keine Frau, die Sex einfach nur über sich ergehen lässt.

Die Tür seines Büros öffnet sich. Adriana kommt nach unten gebeugt hereingetorkelt. Pedro hält ihre Arme hinter ihrem Rücken fest. Er hat einen Kratzer auf der linken Wange.

»Die *puta* ist mich angegangen!«, ruft er.

»Na, na, wer wird denn so mit unseren Gästen umgehen?«, fragt Iktan. »Lass die Frau los. Sofort!«

Pedro gehorcht, wirft die Tür hinter sich zu, tritt vor seinen Schreibtisch und deutet auf den Riss. »Hier, das war sie!«, ruft er mit verzerrtem Gesicht.

»Lass dir in der Krankenstation ein Pflaster geben, und nun raus mit dir.«

Pedro stampft auf. Iktan runzelt die Stirn und sieht ihm direkt in die braunen Augen. Der Stier in ihm scharrt schon mit den Hufen, aber Pedro senkt den Kopf und verlässt murmelnd das Büro.

Iktan zeigt auf den Stuhl vor seinem Schreibtisch. »Entschuldigen Sie meinen Angestellten. Möchten Sie Beschwerde einlegen, Adriana?«

»Und ob ich das will! Der Bastard hat mir an die Brüste gegriffen!« Adriana atmet schwer und läuft auf und ab. Pedro, dieser Dummkopf. In diesem Zustand wird Adriana maximal unzugänglich sein. Und wer muss sie beruhigen? Er, der schlaue Iktan.

»Das ist völlig inakzeptabel«, sagt Iktan. »Der Mann braucht seinen Arbeitstag morgen gar nicht mehr anzutreten. Dabei hat er vier Kinder und eine schwerkranke Mutter und ist der einzige Versorger der Familie! Da sollte man doch annehmen, dass er motiviert ist, sich an die Regeln zu halten?«

Iktan schüttelt demonstrativ missbilligend den Kopf.

»Vier Kinder?«, fragt Adriana und bleibt stehen.

»Im Moment. Seine Frau ist wohl schwanger.«

»Ich … Könnten Sie ihm dann doch noch eine Chance geben? Ich möchte nicht, dass meinetwegen …«

»Aber Adriana, sexuelle Belästigung ist in diesen Räumen ein absolutes Tabu.«

»Vielleicht war es ja nicht so gemeint. Nein, bitte …«

»Wenn Sie darauf bestehen …« Iktan lächelt. »Er wird

aber auf jeden Fall eine Abmahnung erhalten. Ein weiteres Vorkommnis, und er ist raus.«

»Ja, danke, so ist mir wohler. Ich will nicht die Existenz einer Familie zerstören.«

»Das ehrt Sie.« Iktan greift nach dem Ordner mit Adrianas Daten und blättert ihn durch. Es liegt auch ein Nacktfoto darin, frontal aufgenommen. Das hatte sein Vorgänger eingeführt, und er hatte es nicht abgeschafft. Er grinst und dreht es auf das Motiv, damit es ihn nicht ablenkt. Dann liest er den biografischen Bogen.

»Adriana Dolores Flores Ramírez, geboren am 3. Juli 2019 in Puerto Aventuras, wohnhaft in Puerto Aventuras. Das sind Sie?«

»Das ist richtig.«

Adriana atmet nicht mehr so schwer. Iktan deutet noch einmal auf den Stuhl, und diesmal folgt sie der Einladung. Aus der Nähe weht ihr Körpergeruch herüber. Ihn stört die herbe Schweißnote nicht, im Gegenteil, aber Adriana wäre sicher froh, wenn sie einmal gründlich duschen und frische Kleidung anziehen könnte. Er macht sich eine gedankliche Notiz. Zuckerbrot und Peitsche haben bisher immer funktioniert.

»Sie sind nie groß rausgekommen aus unserem Bundesstaat, oder?«

»Ich war einmal im DF, als mein Vater dort gearbeitet hat.«

Distrito Federal, das ist die Bundeshauptstadt. Ein weiter Weg von Puerto Aventuras, aber auch nicht der Nabel der Welt.

»Ihre Mutter ist früh gestorben, sehe ich. Da waren Sie erst zwölf.«

»Dreizehn.«

»Und seitdem kümmern Sie sich hingebungsvoll um Ihren jüngeren Bruder, während Ihr Vater auf Baustellen im ganzen Land arbeitet.«

Als er ihren Bruder erwähnt, spannt sich Adriana sofort an. »Was ist mit Diego? Kann ich ihn bitte sprechen? Er ist noch minderjährig.«

»Keine Sorge. Wir haben ihn altersgerecht im *Reclusorio Juvenil del Caribe* untergebracht, wo er die bestmögliche Betreuung erhält.«

Iktan kennt den Jugendknast. Ein Aufenthalt dort ist … nicht schön, aber die – überwiegend – männlichen Jugendlichen haben es auch nicht anders verdient.

»Ich möchte Diego sehen, bitte.«

Adriana sieht ihn mit weit geöffneten Augen an, den Kopf leicht gesenkt. Der Bruder ist ihre Schwachstelle. Iktan rückt mit dem Sessel etwas nach hinten und zur Seite, sodass er das vergitterte Fenster sehen kann. Er tut, als würde er nach draußen schauen. Tatsächlich stellt er sich vor, wie er Adriana mit den Händen an den Fensterknauf bindet, um sie von hinten zu nehmen.

»Señor? Bitte«, sagt sie.

Iktan schluckt. Immer langsam. Er will hier auf keinen Fall einen Skandal. Sich einfach zu nehmen, was er will, ist keine Option. Es ist nicht mehr wie vor fünfzig Jahren. Die Medien, die Anwälte, die Opfer-Organisationen, decken so gern Fälle von Machtmissbrauch auf, dass ihm da nicht einmal der Schutz der *narcos* helfen kann. Er muss also eine geschäftliche Transaktion daraus machen.

»Ich bin ganz ehrlich, Adriana. Es ist schwer genug, Sie hier bei uns zu behalten. Erst vor ein paar Minuten war wieder ein Typ von der CIA hier und wollte ihren Kopf, also übertragen gesprochen. Die haben hier natürlich wenig zu sagen, aber sie kommen wieder, und dann werden sie die Unterstützung des Justizministeriums haben.«

»Sie wollen mich ausliefern? Das dürfen Sie nicht. Ich bin mexikanische Staatsbürgerin.«

»Natürlich sind Sie das. Ich setze mich sehr für Sie ein. Aber meine Macht ist begrenzt. Es wäre einfacher, wenn ich meinen Vorgesetzten sagen könnte, wie wertvoll Sie für unser Land sind. Wie nennen es diese CIA-Typen? Ein Asset. Sie sind ein Asset, oder nicht?«

Adriana sieht nach unten. Iktan erkennt, wenn jemand so

weit ist. Sie ist es nicht. Aber er hat Geduld. Die CIA will etwas von ihr wissen. Er nicht. Er will sie einfach nur ficken, mit ihrem Einverständnis, ganz egal, ob sie etwas zur Sache aussagt oder nicht.

»Ich habe keine Ahnung, was die CIA will«, sagt sie.

»Es geht wohl darum, was Sie bei der Chac Mool entdeckt haben«, versucht es Iktan.

»Nichts. Gar nichts. Ein harmloser Tauchgang mit einem Kunden.«

Der Gringo, den die CIA-Leute geschnappt haben. Das ist zwar auf mexikanischem Territorium geschehen, aber bei dem Mann haben sie nicht lange gefragt, bevor sie ihn abtransportiert haben. Offenbar ist er nicht das offene Buch, auf das sie gehofft haben, sonst würden sie jetzt nicht wegen Adriana bei ihm anklopfen.

Der Amerikaner muss ihr auch eingeschärft haben, nichts zu sagen. So ein Blödmann. Adriana tut ihm ein bisschen leid. Nichts zu sagen, das mag in Amerika funktionieren, aber hier führt es bloß dazu, dass dich irgendwann niemand mehr braucht. Hier ist es wichtig, mit den richtigen Menschen zu sprechen. Aber das wird er ihr schon noch beibringen.

»Wir wissen beide, dass das gelogen ist, Adriana. Das lebhafte Interesse der CIA ist der beste Beweis dafür. Ich bin auf Ihrer Seite, verstehen Sie? Es ist nicht illegal, in einer Höhle zu tauchen und dort irgendetwas zu entdecken. Sie könnten eine Heldin sein, wissen Sie?«

»Dafür bin ich ganz sicher nicht geeignet.« Adriana schüttelt den Kopf. Iktan seufzt.

»Wenn Sie mir nichts sagen, kann ich Ihnen nicht helfen. Spätestens morgen wird jemand mit einem Schreiben meiner Vorgesetzten hier erscheinen. Dann wird man Sie ausfliegen. Und ihr Bruder wird ganz allein hierbleiben.«

Wieder zuckt sie zusammen, als sie das Wort hört.

»Diego …«

Er spricht den Namen bloß aus, um ihre Reaktion zu verfolgen.

»Diego ist …«

Es ist phänomenal, wie stark sie reagiert. Das ist gut. Morgen wird sie vor dem Fenster stehen und er hinter ihr.

»Also, was ich sagen wollte – ich brauche Ihre Hilfe, um etwas für Sie und für Diego herausholen zu können. Als wertvolle Staatsbürger kann ich Ihnen beiden eine angemessene Behandlung garantieren. Ich spreche da von Einzelzellen, bevorzugten Einkaufsmöglichkeiten und so weiter.«

»Danke, Señor …«, Adrianas Blick fällt auf das Schild auf seinem Schreibtisch, »Pérez Martínez. Ich wäre sehr dankbar, wenn Sie sich um meinen Bruder kümmern könnten. Ich selbst brauche nichts.« Sie senkt den Blick wieder. »Ich würde Ihnen gern davon berichten, was ich in der Chac Mool gesehen habe. Allerdings fürchte ich, dass ich damit … Freunde in Bedrängnis bringen könnte.«

»Sie reden von den Gringos?« Iktan lacht. »Keine Sorge. Was immer Sie uns erzählen, wird die CIA als Allerletzte erfahren. Aus den Medien. Das kann ich Ihnen garantieren.«

»Darf ich es mir bis morgen überlegen?«, fragt Adriana leise, fast flüsternd.

Iktan reibt sich das Kinn. Sie will Zeit schinden, das ist verständlich. Aber seine Befürchtungen sind begründet. Er wird den CIA-Mann nicht für immer abwimmeln können. Bis morgen, das müsste klappen. Aber er wird sich nur darauf einlassen, wenn sie ihm auch etwas gibt. Vermutlich weiß Adriana sehr genau, was er wirklich will. Bei ihrem Aussehen bekommt sie solche Angebote bestimmt dauernd.

»Ja, okay. Ich denke, dass ich unsere amerikanischen Freunde bis morgen hinhalten kann.«

Adriana lächelt, und es sähe beinahe echt aus, wäre da nicht ihr Blick.

»Herzlichen Dank, Señor Pérez Martínez.«

Iktan beugt sich im Sessel nach vorn und schnüffelt. Adriana drückt die Arme fest an ihre Körperseiten. Jetzt muss sie ihre Vorauszahlung leisten.

»Ich gebe zu, dass die hygienischen Verhältnisse in unserer Einrichtung nicht optimal sind. Wir arbeiten an ihrer Verbesserung. Darf ich Sie bis dahin einladen, mein privates Badezimmer zu benutzen?« Er zeigt auf die Tür an der rechten Seite des Büros. Adriana rutscht auf dem Stuhl hin und her. »Es lässt sich von innen abschließen. Frische Handtücher finden Sie ebenfalls darin.«

Adriana schiebt die Hände unter die Schenkel. Sie scheint ihren Fluchtinstinkt zu unterdrücken. Dabei kann er ihr nicht helfen.

»Es ist nur ein Angebot«, sagt er und hofft, dass sie das richtig versteht.

»Danke, eine warme Dusche wäre wirklich nicht verkehrt«, sagt Adriana und steht auf. Mit schnellen Schritten erreicht sie das Badezimmer und verschwindet darin. *Jetzt will sie es hinter sich bringen.*

Iktan klappt seinen Computer wieder auf, und eine Frau stöhnt gerade einen gefakten Orgasmus. Er schließt das Video und wählt sich in das System der Überwachungskameras ein. Auf die beiden Augen in seinem Büro und seinem Bad hat nur er selbst Zugriff. Adriana ist gerade dabei, sich zu entkleiden.

»He, compa, komm her!«

Diego schüttelt den Kopf. Er kennt den Jungen nicht, der ihn so freundlich als Kumpel bezeichnet. Das war die erste Lektion im *Reclusorio*. Nur wer dich anschreit und mit Schimpfwörtern belegt, meint es ehrlich. Das gilt für die Mitinsassen genauso wie für die Wärter.

»Nun zier dich nicht so«, sagt der Junge. Er ist etwas kleiner als Diego. In einem fairen Kampf könnte er ihn besiegen. Aber so etwas gibt es hier nicht. Sobald er droht, zu verlieren, werden ihn seine Freunde beschützen. Das war die zweite Lektion. Aber immerhin hat Diego gezeigt, dass man ihn nicht einfach herumschubsen kann.

»Ich meine es ernst. Wir brauchen noch jemanden wie dich«, sagt der Junge.

Mist. Hoffentlich ist die Hofrunde bald vorbei. Als Neuzugang in Untersuchungshaft sitzt Diego in einer Einzelzelle ein. Aber eine Stunde frische Luft pro Tag sind vorgeschrieben. Er blickt zum Himmel. Die Sonne scheint nicht signifikant vorangekommen zu sein.

Der Junge steht auf. Zwei weitere Bewohner schließen sich ihm an. Einer hat eine gebrochene Nase wie bei einem uralten Boxer. Beide sind einen Kopf größer als der Junge. Das Trio nähert sich. Diego reckt sich und streckt den Rücken durch. Es sieht nicht so aus, als könnte er den Konflikt noch vermeiden.

»Ich sagte, du sollst herkommen«, sagt der Junge. »Wieso reagierst du nicht auf eine freundliche Einladung?«

»Wenn du etwas von mir willst, komm zu mir, ganz einfach. Ich habe meine Prinzipien.«

»Vielleicht sollte ich dich etwas über den Wert von Prinzipien lehren«, sagt der Junge und sieht erst zu seinem rechten Begleiter, dann zum linken. »Oder was meint ihr?«

»He, mosca!«, ruft ein Wärter, und der Junge dreht sich um.

Mosca, die Fliege. So heißt der eingebildete Junge also? Diego muss sich ein Lächeln verkneifen.

»Was ist denn? Ich führe hier bloß eine nette Unterhaltung.«

Die Wache hebt warnend den Taser. »Der ist zu wertvoll. Den darf niemand anfassen.«

Wertvoll? Diego greift sich an das rechte Ohrläppchen. Es ist bei dem Ringkampf gestern eingerissen. Seine Gegner hatten wohl nicht gewusst, dass er wertvoll ist. Oder nur sein Kopf hat einen gewissen Wert, nicht das Ohrläppchen.

Mosca dreht sich um. Für einen Moment deckt er dabei seinen linken Begleiter vor der Wache. Eine Faust fährt in Diegos seitlichen Bauchraum. Er revanchiert sich mit einem Aufwärtshaken mit der Faust in die Nierengegend des Gegners.

»Schlaf gut. Aber denk daran, du bist nirgends sicher, Süßer«, flüstert Mosca. Der Wächter kommt näher und das Trio dreht ab.

»Alles gut bei dir?«, fragt der Wärter.

»Alles prima. Bloß die Sonne ist etwas heiß.«

»He, José!«, ruft der Wärter über den Platz. »Komm, bring mal unseren Schatz hier in seine Zelle. Ihm ist warm.«

IN DER ZELLE STINKT ES. DER EIMER FÜR SEINE körperlichen Bedürfnisse ist zwar frisch geleert und ausgespült, aber nach soundso vielen Tonnen von Exkrementen, die er beherbergt hat, lässt sich ein Grundgestank nicht mehr wegputzen. Diego hat schon überlegt, ein Loch hineinzubohren, damit der Eimer endlich entsorgt wird, aber er befürchtet, dass er danach gar keinen Abort mehr hat – oder einen löchrigen. Er ist nicht sicher, was unangenehmer wäre.

Er kommt einfach nicht raus aus der Scheiße. Das ist symbolisch für sein Leben. Natürlich ist er daran ganz allein schuld. Nichts tut ihm mehr leid, als dass er seine Schwester mit hineingezogen hat. Aber würde er aus heutiger Sicht erneut so handeln? Diego nickt. Seine Mutter hätte durchaus noch leben können. Immerhin haben sie es geschafft, ihr Schicksal aufzuklären.

Der ist zu wertvoll, hatte die Wache gesagt. Bisher hat er davon nichts gemerkt. In den Augen seiner Mitinsassen macht ihn das zum Außenseiter, also zum Opfer. Wenn es verboten ist, ihn zu verprügeln, werden sie es erst recht versuchen. Und vermutlich hat die Fliege recht – auch nachts ist er nicht sicher. Da sind zwar alle eingeschlossen, aber es gibt sicher den einen oder anderen Wärter, der sich sein Gehalt etwas aufbessern lässt.

Diego steht von der unteren Liege des Doppelstockbettes auf und geht zu seinem Abort-Eimer. Auf dem Grund schwappt Urin. Er platziert den Eimer auf dem obersten Bett, wo er ihn etwas nach vorn lehnt. Dann nimmt er ein Regalbrett aus dem Schrank und stützt es oberhalb der Tür und auf der oberen Liege ab, und zwar so, dass der Eimer nur von dem Brett vor dem Umkippen bewahrt wird. Zum Test stellt sich Diego an die Tür. Wenn jemand die Klappe in der Mitte öffnet, passiert nichts. Bei einem Besuch eines Wärters ist es üblich, dass der erst über die Klappe prüft, wie es drinnen aussieht. Sollte allerdings jemand unangemeldet eindringen wollen, wird der Eimer scheppernd auf den Besucher herabstürzen.

Er legt sich hin. Seine Gedanken kreisen um das Wohlergehen seiner Schwester und die Erlebnisse auf Xibalbá. Diego grinst. Er ist einer der wenigen Menschen auf der Erde, die schon einen anderen Planeten besucht haben. Das kann ihm niemand mehr nehmen.

Mexiko, 30. Juni 2045

ETHAN HAT ES ZUM MAYA-TEMPEL GESCHAFFT. ER SCHWEBT vor dem Maya-Relikt und betrachtet es im Schein seiner Lampen. Er sieht die gewundenen Kringel, die wie stilisierte Wolken aussehen, er sieht das Wasser, die Wellen und die seltsamen Lebewesen. Sind das wirklich Darstellungen des Exoplaneten? Darstellungen der Unterwelt? Oder ist das alles nur Humbug?

Ethan lauscht in sich hinein und verspürt nichts, nur sein pochendes Herz, als ihm bewusst wird, dass er sich über eine Stunde entfernt vom Ausgangspunkt in einem Höhlensystem unter Wasser befindet. Aber er kann die keimende Aufregung wegdrücken.

Sein Tauchguide schwebt neben ihm und gestikuliert in die Tiefe. Dort warten gleich zwei Dinge: das Zelt und das Portal, oder besser gesagt: der Schacht. Ethan schaut in die entsprechende Richtung. Das Portal ist nicht zu übersehen, denn neben den aufgestellten Gerätschaften, die überall um den Schacht herum installiert wurden, sind zig LED-Scheinwerfer auf das Loch gerichtet. Überall glimmen und leuchten LEDs in bunten Farben. An manchen Stellen blinkt es auch rhythmisch.

Von seinem Standpunkt aus sieht er dennoch nur ein

dunkleres Loch mit einer schmalen Ummauerung.

Trotzdem wird es erst zum Zelt gehen. Dabei handelt es sich um eine mit Luft gefüllte Kuppel. Die Grundfläche beträgt etwa vier mal vier Meter. Die Höhe schätzt Ethan auf stolze sechs Meter. Das Zelt ist an dicken Gurten am Boden neben dem Tempel befestigt und schwebt in etwa drei Metern Höhe über dem Untergrund.

Ethan nickt seinem Tauchguide zu und schwimmt mit kräftigen Flossenbewegungen tiefer hinab zum Zelt. Gleichzeitig lässt er an der Tarierweste etwas Luft ab, um das Sinken zu erleichtern. So muss er nicht gegen den Auftrieb der Weste arbeiten.

Überhaupt klappt das Tauchen ganz gut, und Ethan erreicht das Zelt nach wenigen Sekunden. Sie schwimmen an die Unterseite und tauchen direkt darunter, um dann aufzutauchen.

Gluckernd durchstoßen sie die künstlich erzeugte Oberfläche. Ein grünes Licht indiziert, dass genug Sauerstoff in der Kuppel ist, und so nehmen Ethan und sein Guide die Masken ab.

»Gute Leistung«, lobt der Guide. »Sie machen das erstklassig.«

»Danke, danke«, sagt Ethan und sieht sich weiter um. »Es geht hier ja schneller voran als erwartet.«

»Ja, meine Jungs sind tüchtig. Wir haben auch schon Material für das zweite Zelt in die Höhle geschafft.« Ethan weiß, dass sie damit eine zweite Kuppel direkt über dem Schacht aufbauen wollen, um noch zielgerichteter Untersuchungen durchführen zu können. Das wabenförmige Zelt, in dem sie sich gerade befinden, soll als Zwischenstation und Art Sozialraum dienen, damit sich die Taucher ausruhen können.

»Eine direkte Luftzufuhr wäre noch das Sahnehäubchen«, sagt der Guide. »Dann bräuchten wir nicht den ganzen Sauerstoff per Flaschen herunterbringen und könnten uneingeschränkt arbeiten.«

»Da sagen Sie mir nichts Neues. Kollegen sind dran, eine Lösung zu finden, um entsprechende Rohre oder Schläuche zu verlegen. Aber machen Sie sich nicht zu viele Hoffnungen. Es wird dauern. Sie kennen die Gesteinsanalysen.«

»Leider. Alles ziemlich porös und instabil. Können wir nur hoffen, dass es nicht zu einem Erdbeben kommt.«

Ethan mustert den ehemaligen Kampftaucher grimmig. »Wenn das ein Spaß gewesen sein soll, ist er gründlich missglückt.«

Der Tauchguide grinst. »Es war kein Spaß, Mister Shaw. Sie kennen die Gefahren. Die Region hier war immer wieder von Erdbeben betroffen.«

Das weiß Ethan. Auch das stand im letzten Bericht zur Bodenbeschaffenheit.

»Es wird jetzt keine Erdbeben geben«, brummt er.

Der Guide wird ernst. »Hoffen wir es. Ich möchte ungern in dieser Tiefe unter Tonnen von Gestein sein, wenn es passiert. Aber gerade dann wären flexible Luftschläuche mit Frischluftzufuhr Gold wert.«

Ethan seufzt. »Ich weiß, dass wir das bräuchten. Sie brauchen es mir nicht ständig an den Kopf zu werfen.«

»Ach, das schadet nichts. Ich betone es einfach gern gegenüber Entscheidern. Hat nichts mit Ihnen persönlich zu tun, Mister Shaw. Es dauert nur manchmal lange, bis solche Infos in den oberen Etagen von Behörden ankommen.«

Ethan nickt wissend, denn wo der Guide recht hat, hat er recht. Aber mehr will er zu dem Thema auch nicht mehr sagen. Er sieht sich nochmals kurz in der Kuppel um, doch es ist nur ein leeres Zelt mit ein paar Messgeräten und Sensoren. Ethan will etwas ganz anderes sehen: Er will endlich zum Portal.

Entsprechend zeigt er in die Tiefe, zieht sich die Maske über, prüft deren Sitz und taucht dann nach dem Okay des Guides ab.

Innerhalb weniger Sekunden erreicht er den Rand des Schachts. Tatsächlich pocht sein Herz jetzt schneller, obwohl er weiß, was er sieht.

Die Taucher haben mehrere Lampen an einer Kette in den Schacht hinabgelassen, und so wird das Loch in der Tiefe ein wenig erhellt. Es sieht wie eine Lichterperlenkette aus, die sich in der Tiefe verliert.

Ethan weiß, dass es 216 Meter und ein paar Zentimeter sind. Von seinem Standpunkt aus sind die Pflanzen nicht zu erkennen und er wird sie auch nicht zu Gesicht bekommen, denn mit seinem Kenntnisstand und seiner Ausrüstung wird er nicht weiter als zehn Meter in das Loch hinabtauchen. Er weiß auch noch gar nicht, was er da soll, denn er sieht nur glatten, nackten Fels. Wie auf den Hunderten Bildern wirkt alles völlig unspektakulär. Es gibt nichts, was wie ein Schalter wirkt. Keine Mechanik, keine Elektrik, abgesehen von ihren installierten Gerätschaften. Da ist einfach nichts.

Und es ergibt auch keinen Sinn, denn wenn die Maya vor Jahrhunderten bereits Kontakt nach Xibalbá hatten, muss es ohne Elektrik funktioniert haben. Nur wie?

Sie haben einen Fachmann über Maya-Geschichte ausgequetscht, der ihnen von bestimmten Tagen im Maya-Kalender berichtete, an denen die Unterwelt offenstünde. Aber wissenschaftlich erklärbar ist auch das nicht. Warum sollte sich an bestimmten Tagen ein Steinloch öffnen? Wie? Physikalisch ist das für Ethan nicht verständlich.

Klar können Planetenkonstellationen in irgendeiner Wirkungsweise ihre Kraft entfalten, aber Stein bleibt Stein. Er berührt ihn sogar mit seinen Händen und streicht über die Einfassung. Es ist einfach nur nackter, beschissener Stein.

Ethan entscheidet, trotzdem in das Loch zu schwimmen. Er blickt hinab, gibt seinem Tauchguide das entsprechende Zeichen. Der gibt ihm das Okay, dann schiebt sich Ethan auch schon kopfüber in das Loch. Zwei schnelle Schläge mit den Beinen und er gleitet hinab. Mehr Kraft braucht er nicht. Langsam lässt er sich ausgleiten. Dabei betrachtet er die Wände, aber da ist nichts.

Als er endlich zum Stillstand kommt, sieht er sich weiter um und lässt die Enge auf sich wirken. Er spürt nichts. Keine Gefühle, keine Emotionen, keine Intuitionen. Es ist einfach nur ein verdammter Schacht und kein Portal in eine fremde Welt.

Ethan blickt noch einmal hinab zu den Lichtern, dann wendet er und schwimmt aus dem Loch heraus. Da sie noch genügend Luft im Tank haben, erkundet er auch noch den Rest der Höhle. Er sieht bleiche Schädel, die Architektur des Maya-Tempels, Steindurchgänge und ein paar in den Fels gekratzte Symbole. Aber egal, wie er es dreht und wendet, für ihn ist da nichts.

Für einen kurzen Moment fragt er sich, ob das alles nur Show war. Eine wunderbar erzählte Geschichte eines Abenteurers, um Aufmerksamkeit zu erregen.

Aber was hat es dann mit den Wurmfortsätzen in Tyler Drakes Gesicht auf sich? Hat er sich vielleicht doch hier mit irgendeinem Parasiten infiziert? Oder generell im Dschungel von Mexiko?

Ethan weiß es nicht. Er hat auch keine Ahnung, was die elektromagnetischen Impulse waren, die sie registriert haben. Und das Ding, das ihnen aus dem Tauchpanzer davonflatterte und entkam, war auch echt. Aber war es wirklich ein Außerirdischer? Es hätte ja auch irgendeine überdimensionierte Motte sein können. Oder ein überaus real wirkender Roboter, den Tyler Drake für ein Vermögen bauen ließ?

Für einen kurzen Moment zweifelt Ethan selbst an Xibalbá. Und in dem Moment des Zweifelns weiß er, dass er Belege braucht. Er braucht Gewissheit. Er braucht Fortschritt.

Sein ganzes Leben besteht immer aus Fortschritt, denn Stillstand bedeutet den Tod.

Ethan kommt nochmals der Kontakt in den Sinn, der ihnen vom zweiten Besuch auf Xibalbá erzählte. Gegen Geld, versteht sich, gegen jede Menge Geld.

Ethan entscheidet, dass er den Kontakt noch mal sprechen will. Er braucht Beweise, echte Beweise für Xibalbás Existenz. Und der beste Beweis wäre, wenn er selbst durch das Portal hindurchschreiten und die andere Welt mit eigenen Augen sehen könnte.

Ob der Kontakt ihm das ermöglichen kann?

Ethan hat keine Ahnung, aber er kann durchaus überzeugend sein. Sehr überzeugend.

Und mit dem Gedanken macht sich Ethan Shaw an den Rückweg aus dem Tempel.

Der schwarze Mittelklassewagen gleitet durch das nächtliche New York. Die Hausfassaden der Hochhäuser sind mit großformatigen LED-Reklamen versehen. In den letzten Jahren sind die Hausbesitzer dazu übergegangen, die Fassaden nicht mehr mit Stein oder Metall zu verkleiden, sondern man nimmt gleich spezielle Werbereklamen, um sich eine Schicht zu sparen.

Es ist wie eine Fahrt durchs Werbewunderland. Überall blitzen Bilder auf. Überdimensionierte Reklamen, die KI-gesteuert angezeigt werden, je nachdem, welche Menschen gerade in Sichtweite unterwegs sind und welche Interessen die KI als Schnittmenge ermitteln kann.

Brooke hat dazu einmal einen Bericht gelesen, dass über Gesichtserkennung die Werbefirmen sogar die Kauflaune ermitteln und entsprechend die Werbeaufrufe anpassen. Es ist die reine Reizüberflutung.

Brooke schließt die Augen, weil ihr Gehirn von den vielen Bildern schmerzt. Trotzdem bleibt die Wirkung der Reklamen irgendwie bestehen und hallt nach. Sie sieht noch in ihrem Geiste Werbung für Coca-Cola, für Budweiser, für irgendeinen Fitnesscoach und für irgendwelche hochmodernen Body-Modifications, bei denen man künstliche Haare implementieren lassen kann, die die Farbe wechseln können und ähnlichen lustigen Schnickschnack.

Brooke fragt sich, wohin die gesellschaftlichen Entwicklungen wohl noch führen werden. Wohin geht die Reise des Menschen? Die Grundbedürfnisse sind ja immer noch die gleichen wie vor Jahrtausenden: Es geht um Essen, Trinken, Schlafen, Wärme und ein Dach über dem Kopf. Daran hat sich nichts geändert, aber an der Individualisierung schon. Allein wenn sie durch New York spaziert, sieht sie so viele krasse Individuen, dass sie aus dem Starren nicht mehr herauskommt. Normale Menschen scheint es nicht mehr zu geben. Aber was ist schon noch normal im Jahr 2045? Sie, die als Agentin bei der CIA arbeitet? Sie, die Menschen beseitigt und vergiftet? Sie, die nun eine unbescholtene New Yorker Bürgerin, die sich wirklich reinhängt und einen Betrieb aufgebaut hat, missbrauchen soll?

Ein kurzer Kälteschauer fährt durch Brookes Körper, aber sie ignoriert es und reibt sich die Arme. Der Fahrer des schwarzen Wagens biegt an der nächsten Kreuzung ab und drosselt die Geschwindigkeit. Sie nähern sich Fatima Aslans Bäckerei.

Es ist 19:59 Uhr. Sie sind pünktlich, aber Brooke ist immer pünktlich.

Zu ihrer Freude ist auch Frau Aslan pünktlich. Sie steht vor der dunklen Fassade der Bäckerei und trägt Jeans, Pulli und eine offenstehende Jacke. Neben ihr steht ein schwarzer Rollkoffer mittlerer Größe, der mit bunten Aufklebern versehen ist. Es wirkt wie eine schicke Sammlung von Oldschool-Aufklebern, die man auf Reisen so in die Finger bekommt. Washington hier, Chicago da, ein paar NBA-Aufkleber einiger Teams und einige bunte Bildnisse mit türkischen Schriftzeichen, die Brooke nicht lesen kann.

Trotzdem versetzt ihr der Koffer der jungen Frau einen schmerzhaften Stich, aber auch den drückt sie weg. Sie macht nur ihren Job, und in ihrem Job ist kein Platz für Gefühle, schon gar nicht, wenn es um ein Portal in eine andere Welt geht.

Beim Gedanken an die Dimensionen, was das Tor bewirken könnte, wird ihr wieder schwindelig. Die Konsequenzen sind nicht erfassbar. Das Tor könnte alles verändern. Es könnte die gesamte Menschheit auf den Kopf stellen. Wenn Tyler Drake wirklich einen bewohnbaren Planeten gefunden hat, könnte das bedeuten, dass die Menschheit auswandern könnte! Sie könnten eine neue Welt besiedeln und das Problem der Klimaerwärmung und Zerstörung der Erde hinter sich lassen.

Brooke muss an die Pläne von Elon Musk mit seiner Marskolonisation denken. Der Multimilliardär ist immer noch dran, aber bisher hat sich nicht allzu viel in diese Richtung getan. Sie haben unbemannte Missionen zum Mars geschickt, aber bis eine Besiedelung des Mars wirklich möglich ist, werden noch Jahrzehnte vergehen – wenn sie es denn überhaupt schaffen.

Der Exoplanet scheint dagegen in greifbarer Nähe zu sein. Und wenn es Tyler Drake schon zweimal geschafft hat, den Planeten zu besuchen und lebend zurückzukommen, und das ohne spezielles Equipment, dann muss er bewohnbar sein.

Xibalbá, die Unterwelt.

Brooke schnaubt und überlegt, wie man das Image ändern könnte, denn wer will schon in der Hölle wohnen? Sicher niemand.

Aber es wäre angesichts der riesigen Werbetafeln an den Gebäuden nur eine Frage des richtigen Marketings. »Wandern Sie nach Xibalbá aus, in die schöne neue Welt.« Oder wie auch immer.

Der Fahrer bringt in dem Moment den Wagen direkt vor Fatima Aslan zum Stehen. Damit schieb Brooke ihre Gedankenspielereien zur Seite und steigt aus.

»Guten Abend, Miss Aslan. Ich sehe, Sie sind pünktlich.«

Die Türkin nickt. »Sie auch.«

Brooke lächelt und öffnet ihr die Tür zur Rücksitzbank. »Bitte steigen Sie doch ein. Wir wollen gleich los.«

Miss Aslan folgt ihrer Bitte, während Brooke den Koffer persönlich im Kofferraum verstaut und wieder einsteigt.

Der Wagen setzt sich umgehend in Bewegung, und sie fahren Richtung Flughafen los.

Miss Aslan ist eindeutig aufgeregt. Sie windet ihre Finger im Schoß und kratzt an ihren Fingernägeln herum.

Brooke ist das recht. Sie blickt kurz in ihr Handy, um sich zu vergewissern, ob Ethan nicht noch ein Update geschickt hat, aber von ihm kam nichts mehr. Also keine Planänderung. Das ist gut. Brooke hasst Planänderungen, da sie so ineffizient sind.

Sie schaltet ihr Handy ab und wendet sich endlich Fatima

Aslan zu. »So, jetzt bin ich ganz bei Ihnen. Schön, dass Sie so kurzfristig Zeit haben.«

»Für Eddi immer.«

Brooke lächelt. »Da kann sich Mister Jones glücklich schätzen, eine solche Partnerin gefunden zu haben.«

Aslan lässt das so stehen und mustert sie neugierig, bis sie fragt: »Ich habe Sie gar nicht nach Ihrem Namen gefragt.«

»Sie können mich Brooke nennen.«

Ein Nicken. »Fatima.«

»Schöner Name.« Brooke wird ernst. »Ich würde aber gern zu den wichtigen Themen kommen.«

»Ich auch. Also, wie ist der Stand?«

»Es ist so, dass Mister Jones, Mister Drake und eine Mexikanerin, die bei der Expedition dabei war, in der Nähe von Cancun in einer Einrichtung festgehalten werden.«

»*Einrichtung* hört sich ungut an?«

»Ist es auch. Es ist kein offizielles Gefängnis. Wir gehen vom mexikanischen Geheimdienst CISEN aus. Entsprechend haben wir uns an die CIA gewandt, damit die uns unterstützen.«

Fatimas dunkelbraune Augen treten weit hervor. »Geheimdienste ... Gott, wo ist Eddi da reingeraten?«

»Das ist die Preisfrage.«

»Wie kann das sein? Wenn Sie für Mister Drake arbeiten, müssen Sie doch wissen, was für eine Expedition er da unternommen hat.«

»Leider nein. Mister Drake hat aus seinen Expeditionen ein großes Geheimnis gemacht und alles selbst geplant. Wir wissen über unsere Nachforschungen seit seinem Verschwinden, dass sie nach Cancún flogen und von dort aus eine Cenote untersuchten. Was sie dort gefunden haben, dass sich sogar der mexikanische Geheimdienst einschaltet, ist uns noch ein Rätsel. Hat Eddi womöglich etwas erzählt?«

Fatima schüttelt den Kopf. »Er wollte eigentlich gar nicht mehr mitmachen. Drake muss ihm viel Geld geboten haben. Anders kann ich mir seine Teilnahme nicht erklären.«

Brooke nickt. »Ja, Drakes finanzielle Mittel sind ordentlich. Diese Info hilft uns nur nicht viel weiter.« Sie seufzt. »Er hat also überhaupt nicht erzählt, worum es geht? Auch nicht seit der letzten Expedition?«

»Kein Wort. Aber er war seitdem sehr nachdenklich. Er wollte eben mit den Expeditionen aufhören. Das hat er mehrfach wiederholt. Und jetzt das! Ich hoffe, Sie können überhaupt etwas tun!«

»Das können wir. Die Frage ist nur, wie wir strategisch ansetzen, und dabei kommt es drauf an, weshalb sie festgehalten werden.«

»Wie meinen Sie das?«

»Na ja, wenn sie festgehalten werden, damit sie etwas nicht verraten, müssen wir anders vorgehen, als wenn sie beispielsweise festgehalten werden, weil sie selbst etwas nicht verraten. Verstehen Sie?«

Fatima nickt in Zeitlupe. »Sie meinen, die haben etwas in der Cenote gefunden, was der Geheimdienst haben möchte?«

»Zum Beispiel. Tyler Drake ist ein Experte für Maya-Relikte. Er kann die Sprache der Maya sogar lesen und übersetzen. Vielleicht haben sie etwas gefunden, dessen Geheimnisse sich nur ihm erschließen – und ihrem Freund, da er dabei und entsprechend eingeweiht ist.«

Brooke sieht an der Reaktion, dass sie Miss Aslan in die richtige Richtung geschoben hat. Es ist oft das Gleiche: Man muss der Zielperson nur eine Idee einpflanzen, den Rest tut die Person selbst, indem ihre Phantasie losmarschiert. Vielleicht wird es mit Fatima Aslan gar nicht so kompliziert. *Das wäre ja mal wünschenswert.*

Und tatsächlich sagt die Türkin: »In dem Fall soll ich also Eddi zum Sprechen bewegen?«

Brooke lächelt. »Das wäre eine Option, denn dann können wir womöglich einen Deal aushandeln. Er plaudert, und dafür kommt die Gruppe frei.«

»Warum überzeugen Sie dann nicht Tyler Drake, dass er spricht?«

Brooke seufzt übertrieben schwermütig. »Ich schätze Herrn Drake sehr, aber er ist ein Geheimniskrämer. Er wird nicht sprechen, sondern bleibt lieber in Gefangenschaft sitzen. Daher baue ich eher auf Mister Jones.«

Fatimas Stirn legt sich in leichte Furchen. »Sie würden gegen Ihren Chef agieren?«

»Nein, Miss Aslan. Ich agiere nicht gegen Mister Drake, sondern im Sinne seines Wohlergehens. Er ist nur manchmal ... wie ein Junge, verstehen Sie?«

»Nicht ganz.«

»Nun, manchmal muss man Mister Drake vor sich selbst beschützen. Und dafür bin ich zuständig. Aber jetzt lassen sie uns erst mal nach Cancun fliegen und die Lage checken. Ich hoffe, dass meine Kollegen bis dahin mehr in Erfahrung gebracht haben. Dann können wir entscheiden, wie es weitergeht.« Brooke lächelt einnehmend und drückt Fatima Aslan kurz den Arm.

Es ist eine kleine Geste, aber eine, die Vertrauen und Nähe schafft. Es scheint auch zu funktionieren, denn die Türkin nickt und sagt seufzend: »Danke, Brooke. Danke für Ihre Unterstützung.«

»Sehr, sehr gern.«

Brooke schiebt einen zweiten Drücker hinterher, dann widmet sie sich geschäftig ihrem Handy.

Keine zwei Stunden später hebt der Privatjet Richtung Mexiko vom John F. Kennedy Airport ab.

Die untergehende Sonne taucht die Dächer Cancúns in flirrendes Flammenrot. Die Schatten zwischen den Häusern werden länger und länger. Während die Partys an den Strandmeilen beginnen, liegt der Südwesten der Stadt in Ruhe dar.

Im Außenbezirk glitzert die Sonne noch ein wenig länger, und ganz besonders in den Stacheldrahtrollen des Jugendgefängnisses *Reclusorio Juvenil del Caribe*. Ein hochtrabender Name für eine Jugendeinrichtung, in der das Sonnenglitzern das einzig Hübsche ist.

Unweit der Einrichtung verströmt eine Müllverbrennungs-anlage einen beständig säuerlich stechenden Geruch. Wenn der Wind vom Land her aufs Meer hinaus weht, erfüllt der Gestank die komplette Einrichtung. Wenn der Wind hingegen vom Meer her kommt, stinkt es nach Öl und Gummi. Auf der östlichen Seite der Einrichtung erstreckt sich nämlich eine Reifenfabrik über ein gewaltiges Areal.

Abgesehen von diesen drei Einrichtungen schmiegt sich an den Rand der Müllverbrennungsanlage ein Slum bestehend aus Wellblechhütten, in denen die Ärmsten der Armen hausen. Sie nutzen ausgemusterte Reifen als Sitzplätze und haben mit Müll von der Verwertungsanlage entsprechende Möbel gebaut. Es ist ein Armutszeugnis Mexikos und der ideale Ort, um sich zu verstecken.

Neu im Slum ist Adan. Er wird in Mexiko gesucht, weil er in Mexiko City einen Freund im Streit erstach. Von Mexiko City ist er geflohen und hat sich nun in Cancun niedergelas-sen, nur um festzustellen, dass er auch dort nicht sicher ist. In die Dörfer, in denen immer noch die Drogenkartelle das Sagen haben, hat er sich nicht gewagt, denn sein Freund, den er erstochen hat, war Dealer.

Also ist er nun hier im Slum, in den alten Baracken, in denen es nach verbranntem Müll und Gummi stinkt. Und nach noch mehr Dreck und Tod und Abschaum.

Adam hat es auch nur an den Rand des Slums geschafft. Weiter einzudringen, traut er sich nicht, denn er kennt die Standeskämpfe innerhalb des Slums noch nicht. Er hat jedoch eine winzige, heruntergekommene Hütte gefunden, die leer steht. Dort hat er die letzte Nacht verbracht und tagsüber versucht, etwas Essbares aufzutreiben. Viel erwischt hat er nicht. Sein Magen knurrt und gluckert und ist ganz aufgebläht.

Hunger ist Adan in den letzten Wochen seit seiner Flucht allerdings gewohnt. Er wird schlafen können. Er hat mehr Sorge, dass ihm nachts jemand die Kehle aufschlitzt. Aber mit dem Risiko wird er leben müssen.

Als endlich die Sonne über den Dächern Cancúns untergegangen ist, legt sich auch die Dunkelheit über den Slum. Adan späht aus seinem Versteck heraus in die schmale Gasse. In ein paar Baracken sieht er Lichter brennen. Es flackert mal hier, mal dort. Eine Gestalt huscht vorbei. Ansonsten scheint alles ruhig, wenn man vom Gebell der Hunde und dem gelegentlichen Stöhnen irgendwo abseits absieht.

Adan hat versucht, die Baracke von innen zu verriegeln, es aber nicht geschafft. Das Seil, mit dem er es probiert hat, war so porös, dass es beim kleinsten Ruck riss. Er wird also an die Tür gelehnt schlafen, um mitzukriegen, falls jemand bei ihm eindringen will.

Die Frage ist, ob das jemand möchte, denn es stinkt wirklich bestialisch in der Baracke. Irgendwo in der Nähe muss ein Tier verreckt sein, dessen Kadaver den Gestank verbreitet. Außerdem liegt ein Hauch von Knoblauch in der Luft, von dem Adan noch nicht weiß, ob er Hunger kriegen soll oder lieber kotzen möchte.

Adan entscheidet sich für keins von beiden, sondern schließt die Augen. Mit dem Rücken an die Tür gelehnt sitzt er da, hat die Arme um die Beine geschlungen und schlummert ein.

Dabei zucken seine Arme und Beine immer wieder unkontrolliert, und er selbst schreckt davon wieder hoch, nur um wieder einzuschlummern.

Schließlich fällt er sogar in eine Tiefschlafphase, nur um von einem seltsamen Windhauch im Gesicht hochzuschrecken.

»Was war das?«, murmelt er, als er mit klopfendem Herzen aufwacht und sich über das schweißnasse Gesicht streicht. Was hat ihn da bitte geweckt?

Verwirrt sieht er sich um, weil er den Eindruck hat, nicht mehr allein zu sein, aber die Baracke ist leer. Selbst in den Schatten kann sich niemand verstecken. Außerdem ist die Tür verschlossen.

»¡Dios mío!«, stößt er hervor. »Was für eine Scheiße!« Er fingert nach dem Becher mit dem aufgefangenen Trinkwasser, das er aus einem Brunnen geklaut hat, und will trinken, doch der Becher ist leer.

Das verwirrt ihn noch mehr. Hat er ihn im Schlaf umgestoßen?

Er flucht und fingert auf dem dreckigen Boden herum, aber dort ist alles trocken.

Plötzlich eine Bewegung rechts von ihm. Etwas raschelt wie trockenes Pergament. Wieder der Windhauch – und eine Gestalt.

»--- --- -- - -- -- - --- -- -- -«

Adan entfährt einen Schrei. Er greift sich in die Hose und findet das Feuerzeug. Es ist einer seiner wenigen Wertgegenstände. Er benutzt es nur im Notfall, um ein Licht zu haben.

Es ratscht unnatürlich laut, als er es aktiviert.

Adan wünscht, er hätte es nicht getan, denn er muss in einem Albtraum aufgewacht sein. Vor ihm erhebt sich eine menschengroße Gestalt, aber sie ist kein Mensch. Sie sieht aus wie eine riesige Motte. Die transparenten Flügel schimmern im Licht des Feuerzeugs, als wären sie von einem inneren Feuer erfüllt, und die kleine Flamme wird in dem riesigen Facettenauge tausendfach gebrochen.

Adan keucht, als das Wesen auf ihn zukommt.

»Nein!«, schreit er. »Bleib weg, du Teufel!«

Ultrahohe Geräusche dringen aus dem Kopf des Monsters.

»--- --- -- - -- -- - --- -- -- -«

Adan schreit, als insektenähnliche Klauen nach ihm greifen.

Da springt er endlich auf. Das Feuerzeug verliert er dabei, aber es ist ihm egal. Er kommt auf die Beine und reißt die Tür hinter sich auf, um in die schmalen Gassen des stinkenden Slums hinaus zu taumeln.

Irgendwo bellt wieder ein Köter, doch Adan ist es scheißegal.

Er rennt und rennt und blickt nur einmal zurück, aber die Tür zu seinem Verschlag steht einfach nur offen. Kein Wesen zeigt sich darin, doch Adan hat genug. Was auch immer er gerade gesehen hat, will er nie wieder sehen.

Er will auch nie wieder zurück.

Er weiß nicht mal, wohin er will, aber nicht in diese Hölle.

Also rennt er, und rennt und rennt, bis er den Slum mit seinen Schrecken hinter sich gelassen hat.

ALS DAS BELLEN DER HUNDE VERKLUNGEN IST UND SICH endlich wieder Stille über den Slum gelegt hat, tut sich doch etwas in der offenstehenden Tür von Adans Unterschlupf.

Ein schmaler Schatten erscheint im Schatten, verharrt sekundenlang in der Dunkelheit, bis er hinaus huscht und sich in die Lüfte erhebt.

Das Rascheln von Pergament ist dabei zu hören, ebenso ein hohles Surren.

Dann liegt auch der Slum wieder in Stille, während die Motte sich in die Dunkelheit erhebt und das Gelände der Reifenfabrik überfliegt.

Rot blinkende Lichter weisen ihr den Weg von Schornstein zu Schornstein. Der Geruch ist für die Motte furchtbar, aber sie hält ihn aus.

Sie umschwirrt die rund um die Uhr rauchenden Schornsteine und lässt sich schließlich am Rand auf einem Hausdach nieder.

In der Ferne erhellen Flutlichtstrahler ein unscheinbares Gebäude. Es ist vollständig umzäunt. Die Lichter glitzern in Stacheldrahtrollen.

Die Motte sitzt am Dachrand und beäugt aus ihren Facettenaugen die Fassaden. Vergitterte Fenster wirken für sie wie Löcher im Gestein. Dahinter nimmt sie Menschen wahr, und einen davon ganz besonders.

Der ist glücklicherweise noch da.

»--- --- -- - -- -- - --- -- -- -«, stößt die Motte aus, dann erhebt sie sich wieder in die Lüfte und verschwindet in der Dunkelheit.

Mexiko, 1. Juli 2045

BROOKE NIPPT AN IHREM KAFFEE, SCHWARZ UND OHNE Zucker, als Ethan zur Tür hereinpoltert. Ihr Chef sieht grimmig aus. Er hat die Hemdsärmel entschieden hochgekrempelt, seine Wangen schimmern rot.

»Morgen«, presst er hervor und beginnt umgehend, in dem kleinen Konferenzraum auf und ab zu gehen.

Brooke trinkt noch mal von ihrem Kaffee. »Ist irgendetwas passiert?«

»Noch nicht«, sagt Ethan, »aber ich habe den Kontakt herbringen lassen.«

»Und?«

Ethan knurrt. »Laut Aussagen des Fahrers hat er sich gewehrt und war äußerst erbost.«

»Du hast also noch nicht mit ihm gesprochen?«

»Nein. Ich wollte erst mit dir Rücksprache halten. Aber wenn er jetzt schon aufgebracht ist, dann frage ich mich, weshalb?«

Brooke hebt eine Augenbraue. »Du hast den Deal mit ihm gemacht, nicht ich. Haben wir mal wieder nicht gezahlt?«

Ethan winkt ab. »Das Geld ist wie vereinbart geflossen.«

»Was ist dann das Problem?«

»Diego und Adriana.«

Brooke mustert ihren Chef nun neugierig. »Was haben die beiden mit dem Kontakt zu tun?«

»Er ist ihr Halbonkel.«

Brooke presst die Lippen aufeinander, sodass sich ein harter, dünner Strich in ihrem Gesicht bildet. »Das ist ja mal eine tolle Info. Warum hast du mir die vorenthalten?«

»Weil ich den Kontakt schützen wollte!«

Brooke schnaubt. »Ernsthaft? Den Kontakt? Und jetzt haben wir die Kacke am Dampfen!« Sie fährt sich über das Gesicht. »Der Kontakt ist wirklich Juan El Flaco, der Dünne?«

»Ja. Tyler Drake hat ihn bei der ersten Expedition als Tauchguide engagiert. Er brachte ihn zur Höhle. Und auch bei der zweiten Expedition half er ihnen mit der Ausrüstung. Nur so wussten wir überhaupt von der ganzen Aktion.«

»Und wie seid ihr auf ihn gekommen?«

»Er hat uns persönlich kontaktiert. Er hat von Schweigeerklärungen mit hohen Vertragsstrafen erzählt, die sie gegenüber Drake unterschrieben hätten. Er wollte trotzdem noch mal abkassieren.«

Brooke ahnt, wie es weiterging. »Und dann?«

»Dann wollte er Sicherheiten für Adriana und Diego.«

»Hast du was anderes erwartet?«

»Nein. Ich dachte nur, dass es ihm reicht, wenn er das Geld bekommt. Dass wir nicht rauskriegen, wie das Portal funktioniert, hatte ich nicht auf dem Schirm.«

Brooke kann nur den Kopf schütteln. Dass ihr Chef sich so einen Patzer leistet, hatte sie nicht erwartet. Er, der Tausendprozentige, und dann so eine stümperhafte Aktion. Hatte er anfangs gehofft, das Projekt allein durchziehen zu können? Das würde ihm ähnlich sehen.

Er scheint ihre Gedanken zu erahnen, denn er sagt: »Es ist auch eine andere Sache, mit Amerikanern zu agieren, als *in* Mexiko mit Mexikanern. Wir bewegen uns bei Adriana und Diego auf ganz dünnem Eis.«

»Wir bewegen uns immer auf dünnem Eis.« Brooke winkt ab, bevor er etwas entgegen kann. »Hast du einen Plan, wie du dem entgegenwirkst?«

Ethan antwortet nicht darauf, sondern will wissen, ob sie Fatima Aslan im Gepäck hat.

Brooke nickt. »Die sitzt drüben in einem Raum und glaubt, dass sie mit mir, einer Angestellten der Drake Corporation, zusammenarbeitet, um Eddi Jones hier aus den mexikanischen Fängen der Behörden zu befreien.«

»Sehr gut. Sie ist also kooperativ.«

»Bisher schon. Wenn wir ihr nun die Geschichte auftischen, dass Eddi schweigt, weil sie irgendetwas wissen, was die Mexikaner wissen wollen, könnten wir sie vielleicht dazu bringen, dass sie ihn überzeugt, sein Schweigen zu brechen. Da spielen uns nun die Vertragsstrafen auch noch in die Karten.«

»Hohe Vertragsstrafen«, merkt Ethan an.

»Ja, die Eddi aber womöglich bezahlen kann. Denn Drake muss ihm viel Geld geboten haben für die Teilnahme an der zweiten Expedition. Der wollte eigentlich gar nicht.«

In Ethans Gesicht zeigt sich ein Lächeln. »Verstehe. Möglicherweise wäre es ein Nullsummenspiel für ihn – mit dem Bonus eines Freifahrtscheins.«

»Außer, ihm ist natürlich klar, dass wir ihn nicht gehen lassen können.«

»Das ist zweitrangig. Wir können ihn vorerst mit seiner Flamme in ein Safehouse bringen. Dort können sie zumindest erst mal ungestört leben, wenn auch isoliert. Aber mit der Begründung, dass wir sie nur vor den Mexikanern schützen, schlucken sie das vielleicht.« Ethan nickt über seine eigene Idee und sagt: »Dann rede ich aber vorher mit El Flaco. Vielleicht weiß er doch, wie sich das Portal aktivieren lässt.«

»Der wird es dir nicht sagen – nicht, solange du Adriana und Diego ziehen lässt.«

»Vielleicht doch. Ich könnte Diego rauslassen. Ich meine, der sitzt sowieso in dieser Jugendanstalt und ist noch nicht volljährig. Bei ihm wird das Eis noch viel dünner.«

»Und du haust noch schön drauf rum, damit es ja bricht.«

Brooke seufzt. »Okay«, sagt sie. »Wir fahren also zweigleisig. Du versuchst, etwas aus El Flaco rauszukriegen, und danach versuche ich, Eddi zum Reden zu bewegen.«

»Einer von beiden wird schon plaudern – und uns das Tor öffnen.«

Brooke nickt nur zustimmend. Das Funkeln allerdings, das sie in Ethans Augen beim Wort *Tor* gesehen hat, gefällt ihr ganz und gar nicht.

●

»SIE! SIE, LÜGNER!« DER HAGERE, NACH Zigarettenqualm stinkende Mexikaner erhebt sich von seinem Stuhl, als Ethan den Raum betritt. »Sie haben Ihr Wort nicht gehalten!«

Ethan mahnt sich zur Ruhe und bleibt äußerlich entspannt. Zwei Meter vom Mexikaner entfernt bleibt er stehen und sagt ruhig: »Sie haben Ihr Geld bekommen, oder nicht?«

»Das Geld«, knurrt der Mexikaner, »aber meine Nichte und mein Neffe sind immer noch nicht aufgetaucht. Wo sind sie?«

»Wo ist das Tor?« Ethans Mund verzieht sich zu einer grantigen Grimasse.

El Flaco, der Dünne, mustert ihn genauso grimmig. »Ich habe Ihnen gesagt, wo das Tor ist! Ich habe es Ihnen detailliert beschrieben!«

»Einen Schacht haben Sie uns genannt. Einen zweihundert Meter tiefen Schacht, an dessen Ende ein paar exotische Pflanzen wachsen. Das war's. Da ist kein Portal. Und entsprechend gibt es keine Nichte und keinen Neffen.«

Wut blitzt in den Augen des Mexikaners, aber er sagt nichts. Es arbeitet deutlich hinter seiner Stirn. So hat er sich das Treffen sicherlich nicht vorgestellt.

Ethan selbst aber auch nicht. So langsam bekommt er seine eigene Wut in den Griff und seufzt hörbar.

»Juan! Lassen Sie uns doch dieses Gespräch in Ruhe und wie Männer führen«, versucht er es mit einem neuen Ansatz.

Leider sind es die falschen Worte. El Flaco schlägt auf den

Tisch und fährt hoch. »Dann halten Sie Ihr Wort! Lassen Sie endlich Taten sprechen! Befreien Sie Adriana und Diego!«

Ethan hebt eine Augenbraue. »Erst, wenn wir eindeutige Beweise für den Durchgang haben.«

»Was für Beweise wollen Sie noch?« Der Mexikaner hebt frustriert die Hände. »Der Schacht ist voller Pflanzen von Xibalbá. Und die Wurmfortsätze im Gesicht des *gringos* sollten ausreichen.«

»Die Wurmfortsätze sind verschwunden, als er zurückkehrte«, erklärt Ethan ruhig. »Und das, was an biologischen Untersuchungen damit geschah, ist kein Beweis. Es könnte wirklich irgendein Parasit gewesen sein. Oder eine komplette Fälschung.«

El Flaco stößt ein Grunzen aus. »Das ist doch eine Farce hier!«

»Nein«, sagt Ethan bestimmt und setzt sich an den Tisch. »Das hier ist alles, nur keine Farce. Es geht hier um sehr viel, Juan. Wir brauchen Beweise. Andererseits bin ich nicht befugt, entsprechende Handlungen vorzunehmen. Seien Sie froh, dass Sie das Geld bekommen haben. Das sollte beweisen, dass ich zu meinem Wort stehe, obwohl wir nichts haben. Gar nichts.«

Juan funkelt ihn an, aber er widerspricht nicht. Die beiden ungleichen Männer mustern sich lange Sekunden.

Schließlich meint Ethan: »Seien Sie doch nicht so stur, Juan. Verraten Sie uns, wie das Portal funktioniert. Wir werden es untersuchen, dokumentieren und dann Ihre Nichte und Ihren Neffen freilassen.«

»Das haben Sie schon einmal gesagt! Von mir erfahren Sie nichts mehr!« Juan verschränkt demonstrativ die Hände vor der Brust.

Ethan schürzt die Lippen. »So helfen Sie auch niemandem weiter, Juan. Sie wollen doch Ihre Nichte und Ihren Neffen *irgendwann* wiedersehen.« Er betont das Irgendwann unüberhörbar.

Der Mexikaner strafft sich. Er hat die Botschaft verstanden. »Das wagen Sie nicht!«, knurrte er. »So dreist sind Sie nicht! Nicht auf mexikanischem Boden!«

Ethan zuckt mit den Schultern. »Es geht hier nicht um Dreistigkeit, Juan. Es geht hier um etwas viel Wichtigeres: den Fortbestand der menschlichen Existenz. Wir brauchen das Tor, Juan, und Sie wissen, wie es funktioniert. Also, reden Sie! Dann können Sie mit Ihrer Nichte und Ihrem Neffen ein glückliches Leben führen. Ich bin heute sogar spendabel. Ich lege noch mal dieselbe Summe, die Sie schon bekommen haben, obendrauf. Aber das ist mein letztes Angebot. Sollten Sie ablehnen, werden wir uns nicht mehr als Geschäftspartner wiedersehen.«

El Flaco verschränkt wieder die Arme vor der schmalen Brust und senkt den Blick. Dass er nachdenkt, ist immerhin besser als eine sofortige Ablehnung.

Ethan lässt ihm einen Moment Zeit, auch wenn es ihn kaum auf dem Stuhl hält. Er will endlich wissen, ob es das Portal überhaupt gibt oder ob das alles eine groß inszenierte Show war. Er hofft nicht, denn dann hat er ernsthafte Probleme. Er denkt nur an seine Befehle an Brooke Montgomery bezüglich des Professors ...

Zu seinem Leidwesen schüttelt in dem Moment der Mexikaner den Kopf. »Dann soll es so sein.« Er erhebt sich und funkelt ihn grimmig an. »Ich kann auf Geschäftspartner verzichten, die ihr Wort nicht halten.«

Ethan hätte beinahe laut gelacht, aber ihm bleibt der Laut im Hals stecken. Langsam erhebt er sich und tritt provozierend vor Juan. »Sie reden wirklich von Wort halten? Sie, der seine Verträge bricht und seine eigene Nichte und seinen eigenen Neffen verraten hat? Ich glaube eher, ich sollte den Kontakt hier abbrechen. Und das werde ich auch tun.« Mit einem Ruck wendet sich Ethan ab, tritt zur Tür und klopft zweimal dagegen.

Sofort kommen zwei kräftige Kerle herein, von denen jeder das Doppelte des Mexikaners wiegt. Sie treten entschieden vor El Flaco und packen ihn an den Armen.

Ihm entweicht ein Schrei. »Das können Sie nicht machen! Ich bin mexikanischer Staatsbürger!«

»Sie sind eine elendige Ratte! Ein hinterhältiger, geldgeiler Sack. *Raus mit ihm!*«

Juan kreischt, als die zwei Kerle ihn mit Gewalt hinauskomplimentieren.

Ethan ballt die Hände zu Fäusten und will sich zur Ruhe mahnen, als er den Mexikaner noch rufen hört: »Das werden Sie bereuen! So werden Sie nie erfahren, wie das Portal funktioniert. Wie Sie den Übergang einleiten!«

Ethans Wut kocht wieder hoch. Mit geballten Fäusten tritt er in den Flur hinaus und starrt den Mexikaner an, der wie ein Würstchen zwischen den zwei Agenten hängt. »Dann verraten Sie es mir endlich!«

»Nein!«

Ein Stöhnen platzt über Ethans Lippen und er will mit einem Wink den Agenten signalisieren, diesen Abschaum von Mexikaner endlich aus seinen Augen zu entfernen, als er ihn raunen hört: »Ich werde es Ihnen zeigen.«

Ethan hebt die Hand und kommt näher. »Was haben Sie gesagt?«

»Ich werde es Ihnen persönlich zeigen.«

»Zeigen?«

»Ja. Sie müssen bestimmte Dinge tun, um das Portal zu aktivieren und den Übergang zu initiieren.«

»Welche Dinge?«

Der Dünne zeigt sein zigarettenbraunes Grinsen. »Die werde ich Ihnen zeigen. Sie können doch hoffentlich tauchen, oder etwa nicht?«

»Du willst was?!« Brooke traut ihren Ohren nicht.

»Er wird mir zeigen, wie wir das Portal aktivieren.«

»Das hab ich schon verstanden! Aber das glaubst du doch selbst nicht?«

»Doch. Als ich ihn abführen ließ, hat er begriffen, dass es seine letzte Chance ist.«

»Seine letzte Chance ... ich hätte dir an seiner Stelle ebenfalls das Blaue vom Himmel erzählt. Der wird dir gar nichts zeigen.«

»Dann ist es sein Problem.« Ethan verschränkt die Hände vor der Brust. »Dann sollte es ihn aber auch nicht wundern, wenn er beim Tauchgang in der Cenote verunfallt.«

»Ich glaube eher, dass du verunfallen wirst! Verstehst du denn nicht? Du hast ihn in die Enge getrieben. Du hast ihn an die Wand gestellt. Der klammert sich nun an jeden Strohhalm!«

Ethan zuckt mit den Schultern. »Dann soll er sich klammern. Es ist seine letzte Chance. Außerdem werde ich nicht allein mit ihm tauchen. Ich nehme die Jungs von den Marines mit. Das sind ehemalige Kampftaucher. Die werden ja wohl mit diesem Hemd von Mann fertigwerden, sollte er Faxen machen.«

Brooke kann immer noch nur den Kopf schütteln. »Dieser Kerl mag in deinen Augen ein Lauch sein, aber er kennt diese Höhlen wie kein anderer. Nicht umsonst hat Tyler Drake ihn engagiert, um ihn zum Tempel zu bringen. Der Kerl hat dort unten jeden Vorteil, den er nur haben kann!«

»Vielleicht, ich schätze das Risiko trotzdem als minimal ein, dafür die Chancen als lukrativ. Wenn er uns nichts zeigt, dann haben wir ihn elegant von der Backe. Wenn er uns aber das Portal öffnet, ist das der Jackpot! Ich werde mit ihm gehen. Ich habe die Jungs schon angefordert.« Mit den Worten nickt ihr Ethan zu und verlässt das Besprechungszimmer.

Brooke bleibt mit offenem Mund zurück. »Idiot!«, hört sie sich selbst noch leise sagen, bevor sie kopfschüttelnd aufsteht und sich gleich wieder setzt. Zum ersten Mal seit Beginn der Mission Drake weiß sie nicht, was sie als Nächstes tun soll. Sie weiß nur eines: Ihr Chef scheint dem Tor vollkommen verfallen zu sein.

UND DAS IST ER. KEINE VIER STUNDEN NACH DEM GESPRÄCH steigen im Dschungel nahe Chac Mool Ethan Shaw, Juan El Flaco und vier ehemalige Kampftaucher in ein Wasserloch. Eine Handvoll Soldaten stehen außenherum, ebenso mehrere Wissenschaftler und Techniker, die von der spontanen Aktion mehr als überrascht sind. Aber niemand wagt es, Ethan Shaw zu widersprechen.

Vielleicht liegt es an dem Funkeln in seinen Augen.

Vielleicht an seinem entschiedenen Auftreten oder seiner hohen Position bei der CIA.

In jedem Fall tun alle ihr Mögliches, um die Aktion zu unterstützen. Man hat die Gruppe bestens ausgestattet – allerdings nicht für eine Expedition, sondern für eine Dokumentation. Der Plan ist, das Portal zu aktivieren und das Vorgehen dafür haargenau zu dokumentieren, um es wiederholen zu können.

Und so sind alle mit Body-Kameras und Sensoren versehen. Die Daten und Aufnahmen werden direkt in das Zelt nahe des Zustiegs gestreamt.

Dort steht Brooke, die Hände verschränkt, die Kleidung verschwitzt von der schwülen Luft, und verfolgt auf den Monitoren das Geschehen.

Sie weiß immer noch nicht, was sie von Ethans Entscheidung halten soll. Es ist bereits sein zweiter Alleingang. Sicher, er ist ihr Vorgesetzter und hat die Entscheidungsgewalt, aber früher hat er alle Aktionen mit ihr abgesprochen. Allerdings ging es auch nie um ein mögliches Portal zu einem Exoplaneten. Vermutlich wittert er die große Chance, die Once-in-a-Lifetime-Gelegenheit, bekannt und berühmt zu werden.

Er kann damit sicher den letzten Schritt innerhalb der CIA gehen und ganz oben auf dem Treppchen ankommen. Oder auch aus der CIA ausscheiden und woanders einsteigen; in der Politik, als Teamleiter für die Besiedlung des Exoplaneten. Als Projektmanager. Als Kommunikationsstratege. Wie auch immer. Wenn man mal oben ist, sind die Qualifikationen nicht mehr so entscheidend.

Ja, Brooke ist sich plötzlich sicher, dass Ethan Shaw die große Chance wittert. Sie erinnert sich an seine Worte: *Das Tor wäre der Jackpot.*

Ihr wird klar, dass sie längst aufpassen muss. Denn so, wie sie Professor Tabarinsky beiseite geschafft hat, schafft man möglicherweise auch sie beiseite, wenn sie im Weg steht oder querschießt.

Aber Brooke hat nicht vor, das Projekt zu torpedieren. Sie glaubt eher, dass sich Ethan Shaw selbst mit seiner Dummheit torpediert. Unbedachte Handlungen. Idiotische Handlungen ...

Sie richtet ihre Aufmerksamkeit wieder auf die Monitore. Jede Bodycam wird auf ein Display gestreamt. Jeder der Tauchgruppe trägt zwei Bodycams am Körper. Auf den zwölf Bildschirmen verfolgt sie lückenlos den Tauchgang.

Es ist sehr unspektakulär, denn die meiste Zeit sieht sie blau-schwarze Schlieren vor grauen Felsen. Die größte Abwechslung sind matt-grüne Schimmer, wenn ein Lampenstrahl durch das Wasser schneidet. Dann sieht man ein paar Schemen.

Brooke fokussiert sich auf Ethans Kameras und verfolgt einerseits die Gestalt des Anführer der Marines vor Ethan und die viel schlankere Gestalt von El Flaco, der direkt hinter ihm schwimmt.

Brooke mag den Mexikaner nicht. Sie hat ihn vorher nie zu Gesicht bekommen, aber ihr erster Eindruck war der eines verschlagenen, hinterfotzigen Mannes. *So jemanden willst du nicht zum Feind, und schon gar nicht im Team.*

Trotzdem begibt sich Ethan Shaw mit ihm auf eine Mission in eine Cenote. Dümmer geht es fast nicht mehr.

Allerdings mag ihre Vorsicht unbegründet sein. Es ist eine Berufskrankheit, wenn man bei der CIA als Agentin arbeitet. Man wittert immer und überall das Schlechte im Menschen. Überall sieht man Hinterhalt und Verrat. Vielleicht beweist El Flaco einmal, dass es nicht so ist.

Was soll auch groß passieren? Begleitet werden die zwei von vier erfahrenen Kampftauchern. Die werden wohl wirklich mit einem älteren Tauchguide fertigwerden.

Brooke entscheidet, sich einen Kaffee zu holen und verlässt den Posten an den Monitoren. Wenige Minuten später kehrt sie mit einem dampfenden Kaffee zurück. Viel hat sich nicht getan. Die Gruppe ist ein Stück weiter in das Höhlensystem eingedrungen. Über GPS-Sensoren werden ihre Positionen auf einem weiteren, großformatigen Monitor angezeigt. Im Hintergrund liegt die stilisierte Karte von Chac Mool, die das Team angefertigt hat.

Die schwierigsten Passagen stehen der Gruppe noch bevor, aber auch die meistern sie problemfrei.

Brooke hat mittlerweile ihren zweiten Kaffee in den Händen und wärmt sich daran die Finger, als die Gruppe endlich die Tempelhöhle erreicht. Nun werden auch die Bilder interessant, denn die Höhle ist komplett illuminiert. Man sieht das Relief, das kuppelförmige Zelt und weiter unten das Loch, umringt von Scheinwerfern. Die Gruppe strebt das Zelt an, um sich dort nochmals zu besprechen.

Jetzt wird es interessant. Brooke räuspert sich und fragt: »Sind die Mikrofone aktiv?«

Ein Techniker nickt und dreht an einem Rädchen. »Wir hören alles, was gesagt wird.«

»Sehr gut.« Brooke leert ihren Kaffee, stellt die Tasse weg, verschränkt die Arme vor der Brust und wartet gespannt, bis die sechs im Zelt aufgetaucht und sich die Masken von den Gesichter gezogen haben.

ETHAN WISCHT SICH WASSER VON DEN LIPPEN. ER HAT DEN Geschmack des Sauerstoffs im Mund, aber gleichzeitig etwas Bitteres. Eine Spur von Knoblauch?

Egal. Er wendet sich dem Gesicht von El Flaco zu, dessen Goldzahn für einen Moment im hellen Licht des Scheinwerfers blitzt.

»Nett habt ihr es hier«, sagt der Dünne, und Ethan weiß nicht, ob es sarkastisch gemeint ist.

Er geht nicht darauf ein, sondern fragt direkt: »Wie geht es weiter?«

El Flaco seufzt und zeigt auf das schwappende Wasser vor ihm. »Wir tauchen in den Schacht.«

»*In* den Schacht?«, wiederholt der Tauchguide sofort fragend.

»Korrekt«, antwortet El Flaco. »Das Tor muss innerhalb des Schachts aktiviert werden, nicht außerhalb.«

Ethan hebt die Augenbrauen. »Im Schacht ist aber nichts. Wir haben das geprüft.«

»Dann haben Sie nicht genau hingeschaut«, brummt El Flaco. »Ich werde es Ihnen zeigen. Wir haben es auch nur durch Zufall gefunden.«

Der Tauchguide schaut argwöhnisch drein und meint: »Wir passen nicht zusammen in den Schacht, nur hintereinander.«

El Flaco zuckt mit den Achseln. Zumindest sieht es während des Treibens im Wasser so aus. »Das ist nicht mein Problem. Ich brauche Sie nicht die ganze Zeit in meinem Nacken. Wir müssen in den Schacht – oder wir kehren um.«

»Wir gehen rein«, sagt Ethan bestimmt und zeigt auf El Flaco und sich. »Wir beide.«

Der Tauchguide schüttelt den Kopf. »Kommt nicht in Frage! Ich werde Sie begleiten.«

»Von mir aus.« Der Mexikaner zuckt wieder mit den Schultern. »Tun Sie, was Sie nicht lassen können. Was wir in jedem Fall ansehen wollen, ist eine kleine Stelle einige Meter im Schacht.«

»Okay, dann gehen wir beide zuerst«, sagt Ethan und deutet auf den Tauchguide. »Sie folgen uns.«

»Verstanden! Vorher aber sichern wir uns!« Er hat plötzlich einen Karabiner mit einer leuchtend blauen Sicherheitsleine in der Hand. »Wir werden uns zusammenhaken«, erklärt er, und seine Worte lassen keine Widerrede zu.

El Flaco sieht wenig erfreut aus, nickt aber. »Wird aber kuschelig.«

»Keine Sorge, ich gebe Ihnen genug Leine.« Und schon reicht der Tauchguide einen Karabiner an den Mexikaner und einen zweiten an Ethan. Der hakt den Karabiner an seinem Gürtel in die Sicherheitsschlaufe ein und verriegelt den Sicherheitsverschluss. Dann nicken sie sich alle zu und setzen ihre Masken wieder auf.

BROOKES HERZ KLOPFT SCHNELLER, ALS DIE TAUCHER DAS Zelt verlassen und zum Portal schwimmen. Die anderen drei Marines folgen ihnen. Sie kommunizieren mit Handzeichen miteinander, die Brooke leider nicht alle kennt. Nur ein paar sind ihr geläufig: Absicherung, Warten, Stellung beziehen. Daraus kann sie sich grob zusammenreimen, was sie vorhaben.

Und es kommt auch so, denn die drei Marines positionieren sich am Rand des Schachts, während Ethan als Erster hineinschwimmt. Es folgt El Flaco und dann der Tauchguide. Der reicht einem seiner Kollegen noch eine weitere Leine, die sie am Rand des Schachts an einem Anker einhaken, den man dort angebracht hat. Es ist eine Sicherheitsleine für den Notfall, ein neonblaues, dünnes, flexibles Seil.

Brooke spürt, wie die Spannung auch bei ihr im Zelt steigt. Alle fokussieren sich auf das Geschehen. Es wird still. Man hört das Tropfen des Kondenswassers von den Pflanzen auf die Zeltplane. Jemand hustet. Ein Lüfter rauscht. Mehr ist nicht zu hören.

Mein Herzschlag noch, geht es Brooke durch den Kopf. Es schlägt laut in ihrer Brust. Ihre Hände sind auch zittrig, und sicher nicht vom Kaffee.

Sie verfolgt nun angespannt Ethans Helmkamera. Der schwimmt in den Schacht hinab, während die Lichter an seinem Helm über die glatten Wände wandern. Plötzlich sieht man eine kurze Erschütterung. El Flacos Arm, der Ethan angestupst hat. Er zeigt an, dass Ethan stoppen soll, und zwängt sich neben ihm in den Spalt.

Ethans Kamera fährt hin und her, als dieser den Kopf bewegt und sich fragend umsieht.

El Flaco zeigt auf eine Stelle an der Wand. Brooke beugt sich unweigerlich näher an den Monitor heran und muss trotzdem noch genau hinschauen, um das kleine, herausstehende Stück Material zu sehen. Es sieht wie eine abgebrochene Metallhalterung aus, die dort aus der Wand ragt.

Möglicherweise war früher der Brunnen mit einem Gitter versehen, das dort befestigt war, aber das war nur ihre Theorie. Anscheinend ist es etwas anderes. Ein Schalter? Ein Auslöser?

Ethan drückt auch bereits daran herum, neugierig, wie er ist, doch El Flaco schüttelt den Zeigefinger. Er ermahnt Ethan mit beschwichtigenden Bewegungen zur Ruhe. Dann nimmt er langsam dessen Hand, um ihm zu zeigen, was er zu tun hat.

Er schiebt also Ethans flache Hand über das herausstehende Stück Material. Brooke sieht auf den übertragenen Vitalfunktionen, dass Ethans Puls dabei ansteigt. Auch der von El Flaco klettert auf über einhundertzwanzig.

Irgendwas passiert. Irgendwas steht bevor.

Beide sind eindeutig aufgeregt. Ethan vor Neugierde, und El Flaco?

Und dann macht der Mexikaner eine ruckartige Handbewegung. Ethans Hand rutscht dabei über das herausstehende Metallstück. Sein Puls springt sprunghaft nach oben.

In der Kameraübertragung sieht man, wie eine zarte, rote Wolke aufsteigt.

Blut, wie Brooke begreift.

»Scheiße!«, schreit ein Techniker. »Der hat ihn verletzt.« Auch Ethan zuckt herum und packt El Flaco. Der schlägt zu und hantiert an Ethans Helm herum. Will er ihm etwa die Sauerstoffzufuhr aus der Verbindung ziehen?

Brooke unterdrückt einen Schrei. Sie hat es gewusst. Ein

Anschlagversuch. Dieser hinterhältige Bastard von Mexikaner.

Aber warum tut er es genau dort? Aus dem Schacht kann er doch nicht entkommen ...

Der Schrei eines Technikers lässt sie aufblicken.

»Irgendwas tut sich!« Auf einer anderen Kamera, die man in den Schacht hinabgelassen hat, zeigt sich ein Flackern in der Tiefe. Auch die Pflanzen fangen an zu wallen.

»Die Temperatur steigt!«, schreit jemand.

»Und die Strömung nimmt zu!«

»Strömung wohin?«, will jemand atemlos wissen.

»Hinab in den Schacht!«

Brooke weiß gar nicht mehr, wo sie hinschauen soll. Sie verfolgt das Ringen von El Flaco und Shaw. Ethan ist dem Mexikaner deutlich körperlich überlegen und hat seinen Arm gepackt. Er reißt ihn herum, und dann ist da auch der Tauchguide, der sich ebenfalls einmischt. Irgendwie schrammt der Mexikaner dabei mit seinem Ellbogen ebenfalls über die scharfe Kante. Auch sein Puls steigt erneut, und wieder ist eine Blutwolke zu sehen, eine größere diesmal.

»Wir nehmen einen Anstieg der elektromagnetischen Schwingungen wahr!«, ruft in dem Moment einer der Techniker aufgeregt. »Da passiert was, da passiert was!«

Das begreift Brooke selbst. »Alles dokumentieren!«, hört sie sich rufen. Eingreifen können sie von hier aus sowieso nicht. Die sechs sind auf sich gestellt.

Sie verfolgt daher angespannt und mit pochendem Herzen das Geschehen. Die drei Männer ringen immer noch miteinander. Irgendeiner hat auch ein Messer in der Hand. Es scheint der Tauchguide zu sein, oder El Flaco? Brooke kann es nicht sagen, es sind nur zuckende Schemen, eine Hand hier, ein Arm dort, während in der Kamera feinste Partikel immer schneller in die Tiefe schweben.

»Die drei sinken!«, ruft jemand. »Sie sinken!«

»Wie schnell?«

»Minus ein Meter, minus zwei!«

»Sog auch in der Höhle!«, ruft jemand anderes. »Die Sensoren melden eine Zunahme der Strömung.«

»Scheiße!«, brüllt ein Techniker. »Das Portal muss aktiviert worden sein! Es zieht sie in den Schacht hinein.«

Ins Tor.

Brooke denkt für einen kurzen Moment an die neonblaue Sicherheitsleine, doch noch während sie daran denkt, sieht sie auf einer Kameraübertragung eine blaue Leine wie eine Schlange durchs Bild schweben. Das Ende ist abgeschnitten, ausgefranst. Neonfarbene Fasern leuchten kurz im Licht.

»Wow!«, entfährt es einer Technikerin. »Krasser Anstieg elektromagnetischer Energie!«

»Sensor vier ausgefallen!«.

»Sensor sieben ebenfalls.«

Ein Monitor flackert, das Bild verschwindet. Stattdessen erscheint eine Schrift: *No signal.*

Der nächste Monitor schaltet ab, und noch einer und noch einer.

Plötzlich flackern alle Liveübertragungen synchron und werden dunkel.

Im Zelt wird es totenstill. Nur das Tropfen des Wassers auf der Plane ist zu hören. Irgendwo krächzt ein Vogel.

Nur noch auf einem Monitor ist die Karte des Höhlensystems zu sehen, wo die sechs eingezeichneten GPS-Signale blinken.

»Sie sind noch da«, wispert jemand heiser.

Dann flackern drei der sechs Lichter und sind im nächsten Moment verschwunden.

Mexiko, 1. Juli 2045

Zum ersten Mal seit seiner Gefangennahme verspürt Tyler eine Unruhe, die er nicht in den Griff bekommt. Es hält ihn nicht mehr auf der Pritsche. Er läuft in der winzigen Zelle auf und ab, auf und ab.

Irgendwie weiß er, dass etwas mit Xibalbá oder mit dem Tor passiert ist. Er kann es nicht sagen, aber irgendetwas hat sein Geist wahrgenommen. Und es fühlt sich ungut an.

Da er weder eine Uhr noch ein Fenster hat, kann er die vergangene Zeit schwer schätzen. Er vermutet, dass zwei bis vier Stunden seit dem Einsetzen des seltsamen Gefühls vergangen sind, und es ist kaum mehr auszuhalten.

Zu seinem Glück knackt die Tür und eine grimmige Frau schneit herein. Er kennt sie nicht, aber sie strahlt Autorität aus, auch wenn sie völlig verschwitzt ist. In ihren klaren Augen funkelt Intelligenz und etwas, das Tyler gefällt: Entschlossenheit.

»Was ist passiert?«, will er umgehend wissen.

Die Frau bleibt stehen und mustert ihn von oben bis unten. »Woher wissen Sie, dass etwas passiert ist?«, bellt sie ihn an.

Tyler zuckt mit den Achseln. »Ich habe etwas gespürt. Was haben Sie getan?«

Die Frau schnaubt. »Wir haben gar nichts getan. Ihr Freund El Flaco hat irgendetwas getan.«

Tyler wird flau im Magen. El Flaco. »Was bitte ist passiert?«

Die Frau presst die Lippen aufeinander, was ihr einen harten Zug verleiht. »Er wollte uns zeigen, wie man das Tor öffnet.«

»Das Tor öffnet?« Tylers Augen werden groß. *Warum sollte Juan das tun?* Noch während Tyler den Gedanken denkt, kennt er ihre Antwort: wegen Adriana und Diego. Sicherlich hat man sie genauso eingesperrt wie ihn und Juan hat nun versucht, die beiden mit einem Deal herauszubekommen.

Man mag über El Flaco, den Dünnen, alles Mögliche denken, und vieles wird stimmen, denn er ist ein geldgeiler Sack, aber wenn es um die Familie geht, ist er trotzdem irgendwo da. So eine Aktion würde ihm also tatsächlich ähnlich sehen.

»Juan hat was?«, schiebt Tyler hinterher.

»Er hat uns gezeigt, wie man das Tor öffnet.« Die Frau zieht ein Handy aus der Hosentasche, tippt darauf herum und hält es ihm vor die Nase. Eine verschwommene Kameraübertragung ist zu sehen, aber Tyler erkennt den Schacht, einen Kampf zwischen mindestens zwei Gestalten, eine rauchige Blutwolke, dann ein Glitzern, schließlich flackernde Lichter und ein »No Signal«-Bildschirm.

Er hat es wirklich aktiviert. Tylers Blick irrt umher, bevor er den der Frau trifft.

Die Frau scheint seinen Gedankengang zu begreifen, denn sie nickt. »Drei Mann sind spurlos verschwunden.«

Tyler schluckt. »Juan?«

»Plus mein Chef plus ein Tauchguide.«

Tylers Beine werden weich. Seine schlimmste Befürchtung ist eingetreten. Itzamná und seine Freunde haben das Tor nicht geschlossen, und die Idioten von der CIA sind hindurchgegangen.

Juan, du dummer Schweinehund.

Tyler kann es immer noch nicht fassen und sinkt auf die Pritsche. Seine Beine sind ganz schwach.

Die Agentin geht in die Hocke, um Tyler in die Augen zu sehen. »Reden Sie jetzt endlich, Mr. Drake«, beschwört sie ihn.

Tyler schüttelt nur den Kopf. »Ich muss nachdenken«, wispert er. In seinem Kopf pocht es plötzlich.

Eine Bewegung vor ihm lässt ihn aufblicken. Die Agentin hat sich vor ihm wieder aufgebaut und donnert: »Wir haben gerade drei Mann in einem verdammten Schacht verloren, der im Nirgendwo endet. Kooperieren Sie jetzt endlich, Mr. Drake.«

»Kooperieren«, echot Tyler, doch dann schüttelt er wieder den Kopf. »Ich muss nachdenken. Ich muss erst nachdenken ...«

»Er muss nachdenken«, äfft Brooke Drake nach, als sie den Flur entlang stapft. »Nachdenken!«

Ihr Frust explodiert aus ihr heraus und sie tritt mit dem Fuß gegen die Wand, sodass sogar Putz herabrieselt. Sie schiebt einen frustrierten Schrei hinterher, bevor sie ihren Weg zu einem anderen Zimmer fortsetzt, in dem Fatima Aslan immer noch auf weitere Gespräche wartet.

Als Brooke eintritt, wird der Türkin sofort bewusst, dass etwas passiert ist. Angst steht ihr im Gesicht.

Brooke gibt sich nicht mit Erklärungen ab, sondern zeigt entschieden auf die Tür. »Folgen Sie mir!« Schon verlässt sie wieder das Zimmer. Zum Glück hört sie Fatima hinter sich, die nach wenigen Metern zu ihr aufschließt.

»Geht es Eddi gut?«

»Ja. Noch.«

Ein hartes Schlucken. »Wo gehen wir hin?«

»Zu Ihrem Eddi.«

Die Antwort überrascht Fatima dann doch, aber sie fragt zum Glück nicht weiter nach. Brooke hätte dafür jetzt auch keinen Nerv. Sie versucht, ihre Gedanken zu ordnen und eine Strategie zu entwickelt, aber alles ist wirr. Warum musste dieser verdammte Idiot von Ethan Shaw auch vorpreschen und das Portal öffnen? *Grandios!* Da hat er nun seinen Beweis und sitzt womöglich auf Xibalbá, ohne einen blassen Schimmer, wie er zurückkommen kann.

Und Tyler Drake muss nachdenken.

Nachdenken!

Brooke unterdrückt den nächsten Impuls zu schreien und führt Fatima Aslan einfach weiter zur Zelle von Eduard Jones.

Zwei Wächter stehen davor und öffnen ihr die Tür.

Jones steht mitten in der Zelle und sieht neugierig nach ihnen. Als er seine Fatima erkennt, entgleisen ihm die Gesichtszüge. Im ersten Moment zeigt sich Überraschung, dann Furcht, dann Freude und schließlich Angst.

Schon ist er bei ihr. »Fatima!« Er nimmt sie in den Arm und drückt ihr die Erwiderung aus den Lungen.

Brooke lässt sie drei Sekunden lang gewähren, bis sie sagt: »Es reicht.«

Jones fährt herum. »Es reicht? Ich sage Ihnen gleich, was hier reicht. Was tut sie hier?«

»Sie davon überzeugen, zu reden.«

Eddi schnaubt. »In welchem Film sind wir hier eigentlich gelandet? Wollen sie uns so erpressen?«

»Eddi.«

Er hebt die Hand. »Nichts, Eddi. Diese Arschlöcher von der CIA haben uns weggesperrt.«

Fatima schnappt nach Atem. »Wie bitte?«

»Ja, die haben uns festgenommen, als wir von der zweiten Expedition zurückkamen. Mit Waffen haben sie auf uns gewartet. Mit Waffen!« Er will sich auf Brooke stürzen, doch sie tritt ihm mit einer gekonnten Bewegung so hart gegen das Schienbein, dass er schmerzerfüllt in die Knie sinkt.

»Lassen Sie den Mist, Mister Jones! Reißen Sie sich zusammen. Wir haben Probleme.«

»Die habe ich auch«, knurrt er. »Sie sind das Problem.«

Brooke funkelt ihn an. »Das können Sie gern so sehen, aber die Dinge haben sich geändert.«

»Ach ja? Ficken Sie sich!«

Er will sich wieder auf sie stürzen, doch diesmal hält Fatima ihn zurück. Ihr Blick aber brennt in ihre Richtung wie Feuer. »Also keine Drake Corporation, oder?«

»Nein«, gesteht Brooke. »Tut aber auch nichts zur Sache. Es geht um die nationale Sicherheit.«

Eddi schnaubt. »Nationale Sicherheit. Da lache ich wie eine Gummisau.«

»Im Ernst, Mister Jones. Ihr Freund Juan hat das Portal geöffnet und ist mit zwei Personen darin verschwunden.«

»Juan? Sie meinen den Dünnen?«

»Ja. Die Aktion ist keine vier Stunden her.«

Begreifen huscht über Jones' Gesicht. »Und jetzt brauchen Sie uns plötzlich.« Ein Lachen bricht aus ihm hervor. »Jetzt haben Sie Stress und keine Ahnung, was Sie tun sollen.«

Brooke stemmt die Hände in die Hüften. »Dafür kann ich leider nichts. Wenn es nach mir ginge, wäre überhaupt nichts passiert. Ich darf jetzt nur die Scheiße ausbaden.«

»Ihr Problem.«

Brooke geht die Geduld aus. Sie tritt zur Tür und verlangt von einem der Wärter wortlos seine Pistole.

Noch ehe Fatimas Schrei den Raum erfüllt, hat Brooke die Waffe auf sie gerichtet. »Es ist auch ihr Problem, Mister Jones«, knurrt sie eisig. »Sie werden jetzt kooperieren. Anderenfalls drücke ich ab.«

Wenn Eduard Jones' Blick töten könnte, wäre Brooke in dem Moment zum wiederholten Mal gestorben. Aber Jones rührt sich nicht vom Fleck. Sein Kinn bebt, als er sagt: »Sie sind ein verdammtes Miststück!«

»Von mir aus. In jedem Fall ein zielstrebiges. Und jetzt stehen Sie endlich auf und folgen mir. Wir haben etliches zu besprechen.«

Viel zu besprechen hätte auch die Motte, doch sie ist ganz allein auf dieser fremden Welt.

Sie sitzt inmitten von Müllbergen in der Verbrennungsanlage und hat dort Nahrung gesucht, als sie mit ihren feinen Sensoren die elektromagnetischen Impulse wahrgenommen hat.

Seitdem ist sie ganz unruhig. Jemand hat das Portal genutzt, das Portal auf den Wasserplaneten, von dem aus sie in ihre Heimat zurückkehren kann.

Der Gedanke an ihre Heimat lässt sie hohle Geräusche ausstoßen. Ihre Flügel schlagen dabei ganz wild und lassen Plastikschnipsel und Staub herumwirbeln.

Schließlich sackt die Motte in sich zusammen. Ihre Flügel hängen plötzlich schlaff herab. Ihre feinen Antennen zirpen leise.

Dann wieder ein Ruck, und die Motte fährt herum. Sie streckt sich nach einem Plastikbecher. Ein dünner Rüssel entrollt sich aus ihrem Kopf und tastet die Innenseite des Bechers ab. Nahrhafte Reste kleben daran. Die saugt sie ein, dann fällt sie wieder in sich zusammen und kauert minutenlang regungslos zwischen den Müllbergen.

Ein frischer Wind vom Meer her lässt den Müll plötzlich knistern. Der Himmel ist grau und wolkenverhangen.

Als erste Regentropfen aus dem Himmel fallen, hebt die Motte das facettenreiche Auge. Regentropfen perlen davon ab.

»--- --- -- - -- -- - --- -- -- -«

Ein kurzes Rascheln wie von Pergament, dann ist der Platz zwischen den Müllbergen leer.

»Tyler! Du musst endlich dein Schweigen brechen!« Eddis Stimme klingt beschwörend.

Tyler hebt von seinen verschränkten Händen den Blick zu seinem Freund. »Und dann? Man wird mir kein Wort glauben.«

»Ich entscheide immer selbst, was ich glaube«, geht Brooke grimmig dazwischen. »Wenn Sie also was zu sagen haben, sagen Sie es.«

»Sie hat recht«, pflichtet Eddi bei. »Die Idioten von der CIA sind mit Juan wirklich hinübergegangen. Die haben doch keine Ahnung, wie das Portal funktioniert. Du bist der Einzige, der weiß, wie der Hase läuft.«

Tyler seufzt und mustert abwechselnd Eddi, Fatima und die Agentin. Sein Blick bleibt zuletzt auf ihr liegen. Als Brooke Montgomery hat sie sich ihnen vorgestellt. »Wie viele Entscheidungsbefugnisse haben Sie?«, will er wissen.

Sie hebt eine Augenbraue. »Als Ethan Shaws Vertreterin habe ich nun das Kommando übernommen – solange er verschwunden bleibt. Warum fragen Sie?«

»Weil wir Ihrem Chef folgen müssen.«

Eddi stöhnt auf. »Das kommt überhaupt nicht in Frage, Tyler! Ich gehe da nicht noch ein drittes Mal rüber.«

Tyler lächelt mild. »Doch, ich glaube schon, Eddi. Du wirst mich begleiten. Du kannst gar nicht anders.«

»Doch, das kann er«, mischt sich nun auch Fatima ein. »Ich lasse nicht zu, dass er nochmals geht.«

»Und die Entscheidung treffe am Ende immer noch ich.« Brooke verschränkt wieder die Arme vor der Brust, ihre Lieblingsgeste. »Warum wollen Sie überhaupt nochmals rüber?«

»Weil ich, wie Eddi es gesagt hat, der Einzige bin, der weiß, was vor sich geht, welche Gefahren drohen und wie die Portale funktionieren.«

Brooke zuckt und hebt die Hand. »Haben Sie gerade den Plural benutzt?«

Tyler nickt, was die Agentin stöhnen lässt. »Wo gibt es weitere Portale auf der Erde?«

»Keine Ahnung, ob es noch weitere Portale hier auf der Erde gibt. Aber es gibt ein weiteres Portal auf Xibalbá.«

Misstrauisch mustert ihn die Agentin. »Und wohin führt es?«

»Zu Ihrem Freund.«

»Was? Zu welchem Freund?«

»Zu dem Flatterwesen, das Ihnen aus dem Panzer entge-
genschoss und im Dschungel verschwand.«

Brooke bekommt große Augen. »Sie wollen mir aber jetzt
nicht sagen, dass es von diesem Exoplaneten ein Portal auf
einen weiteren Planeten gibt.«

»Doch«, sagt Tyler, »genau so sieht es aus. Und nachdem
nun eines der Wesen auf der Erde ist, könnte es sein, dass
noch mehr kommen wollen. Viel mehr. Viel, viel mehr.«

Eddi schluckt hörbar. »Was macht dich da so sicher?«

Tyler verschränkt wieder die Finger auf dem Tisch. »Ich
habe es in Itzamnás Vision gesehen.«

»Itzamná? Der Gott der Maya.«

Tyler ist überrascht, dass die Agentin den Namen kennt.
»Ja. Ich habe mit den Wasserwesen kommuniziert. Es ist eine
Art Kollektiv, bestehend aus den kleinsten Lebewesen wie
Plankton oder Krill. Sie kommunizieren miteinander und
bilden Gemeinschaften, Symbiosen. So werden sie als
Kollektiv auch alt. Den Namen Itzamná gaben ihn wohl die
Maya. Ist ja auch egal, Namen sind nur Schall und Rauch.
Itzamná erzählte mir, dass die Luftwesen auf Xibalbá zum
Jagen kommen. Sie verfolgen die Leviathane.«

»Leviathane?«

»Ja, riesige Wale, die in Symbiose mit dem Plankton leben
und selbst auch daraus bestehen. Egal. Es geht darum, dass
die Luftwesen *Jäger* sind. *Jäger!*«

Brooke versteht. »Und wer jagt, der tötet.«

Tyler nickt. »Sie hatten auch seltsame Waffen bei sich. Wir
haben gesehen, wie sie die verwendet haben.«

»Das klingt wie aus einem Film, was Sie da erzählen,
Mister Drake.«

»Nur habe ich diesen Film mit eigenen Augen gesehen.«

»Okay, okay. Es besteht also die Gefahr einer Invasion,
richtig?«

»Mindestens für Xibalbá, möglicherweise aber auch für
die Erde. Sie können sich vorstellen, was los ist, wenn mehrere
dieser Viecher hier auftauchen. Haben Sie die Motte eigentlich gefunden?«

Brooke schüttelt den Kopf. »Keine Spur davon. Wir haben alles Mögliche versucht. Wärmebildkameras, Suchtrupps, Drohnenteppiche – aber kein Lebenszeichen von dem Viech.«

»Ganz großes Kino. Und noch Größeres, dass drei Leute durchs Portal sind.«

Tyler reibt sich über das Gesicht, während Brooke fragt: »Klingt so, als gäbe es noch mehr Probleme?«

»Ja, denn Ihre Leute wissen nicht, was sie erwartet. Und Juan auch nicht.«

»Aber ist das so schlimm? Sie waren doch auch ohne Vorkenntnisse drüben.«

Tyler nickt. »Was ziemlich naiv war, wie ich gestehen muss. Das Problem ist, dass das Portal in beide Richtungen funktioniert. Haben Sie schon mal etwas von kommunizierenden Röhren gehört?«

Brooke nickt vorsichtig.

»Gut. Dann können Sie sich zusammenreimen, was das Problem ist. Wir haben eine Wasserwelt mit massiven Gezeitenwellen dort und unseren Planeten mit einem Portal unter Wasser.«

»Gezeitenwellen? Sie meinen Ebbe und Flut?«

»Ja, nur viel, viel massiver als bei uns. Am Firmament von Xibalbá hängt ein Planet ähnlich dem Saturn. Die Gravitation des Planeten ist riesig. Ich sollte besser von einer hundert Meter hohen Gezeitenwand reden statt von einer Welle.«

Brooke schluckt, und Tyler lächelt ohne Freude. »Ich hoffe, Ihr Chef kann gut schwimmen.«

»Er hat nur einen Crashkurs im Tauchen absolviert.«

»Sehr schön. Dann beten Sie, dass er den Trip überlebt.«

Oder nicht. Die Worte sagt er nicht, aber jeder im Raum versteht sie auch so.

Tyler fährt fort: »Sie verstehen also. Wenn das Portal falsch benutzt wird, also nicht für einen kurzen Übergang, sondern dauerhaft geöffnet wird, dann kann es zwischen den Planeten zu einer kommunizierenden Röhre mit einer Art Pumpfunktion durch die Gezeiten kommen. Die Folgen wären unabsehbar, sowohl für die Erde als auch für Xibalbá. Wir haben es hier also mit zwei möglichen Bedrohungsszenarien zu tun, und beide könnten verheerende Folgen für beide Planeten haben. Deswegen bat ich Itzamná, das Portal zu schließen, nachdem wir zurückgekehrt sind.«

»Was er offensichtlich nicht getan hat.«

»Ja, leider. Deswegen müssen wir nochmals rüber, um das Schlimmste zu verhindern und diesem Wahnsinn ein Ende zu machen. Ein endgültiges Ende.«

Brooke sagt dazu nichts. Hinter ihrer Stirn arbeitet es aber auf Hochtouren.

Eddi hat sich das alles schweigend angehört und hebt nun die Hand. Er will etwas sagen, doch bevor er den Mund aufmachen kann, ertönen laute Schritte im Flur. Sie nähern sich schnell dem Zimmer. Schon wird die Tür aufgerissen und eine Frau im Anzug stürmt herein.

»Miss Montgomery! Bitte kommen Sie sofort!«

Brooke ist schon auf den Beinen. »Was ist passiert? Irgendetwas mit dem Tor?«

Die Junge CIA-Agentin schüttelt den Kopf. »Es geht um das Jugendgefängnis *Reclusorio Juvenil del Caribe*.«

Brooke mustert sie überrascht. »Was ist passiert?«

»Es kam zu einem Vorfall. Ein Insasse ist verschwunden.«

Brooke weicht die Farbe aus dem Gesicht. »Sie sagen jetzt nicht, dass ‒«

»Doch! Diego Flores Ramírez ist vor knapp einer halben Stunde aus dem Jugendgefängnis verschwunden. Und offenbar wurde dabei ein seltsames Flugwesen gesichtet.«

Brooke sucht Tylers Blick.

Der versteht die unausgesprochenen Worte, nickt und fragt leise: »Wie schnell können Sie uns Ausrüstung bereitstellen?«

»Was brauchen Sie?«

Tyler Drake lächelt nur, dann beginnt er mit seiner Aufzählung.

Cancún, 1. Juli 2045

Ein Scheppern reißt Diego aus dem Schlaf. Er braucht ein paar Sekunden, um sich zu orientieren.

»Scheiße, Scheiße, Scheiße!«, schreit jemand.

»Wie das stinkt!«, ruft ein anderer.

»Ruhe«, flüstert ein dritter. »Gleich haben wir die Wärter am Hals.«

Diego fällt wieder ein, wie er heißt. Es ist Mosca, die Fliege. Diego lässt sich im Dunkeln von der Liege gleiten und kriecht unter das Bett. Die Eindringlinge sind dumm. Jetzt haben sie ihr Opfer doch sowieso geweckt. Da könnten sie auch das Licht einschalten.

»Mann, das stinkt, als hättest du eingepisst«, sagt Mosca.

Vermutlich hat er seine beiden Schläger vorgeschickt und deshalb selbst nichts vom Inhalt des Eimers abbekommen.

»Das ist mehr als Pisse«, sagt der erste.

»Heult nicht rum. Haut auf ihn ein, und dann wieder ab durch die Mitte. Ich darf meine Bewährung nicht riskieren.«

Das Großmaul schickt wieder die anderen vor. Wenig überraschend. Schritte stapfen auf ihn zu. Die beiden Schlägertypen scheinen vor lauter Muskeln nicht leise gehen zu können. Etwas surrt durch die Luft. Noch einmal. Die Matratze schüttelt sich.

»So, das reicht. Die Abreibung wird er nicht so schnell vergessen«, sagt Mosca.

Die Schritte entfernen sich wieder. Quietschend schließt sich die Tür. Diego will gerade aus seinem Versteck kriechen, als sie sich erneut öffnet. Sind die Wärter schon da? Nachts dauert es sonst immer eine Weile, bis jemand kommt. Und Mosca hat doch bestimmt den Nachtwärter bestochen.

»Ich weiß nicht, wo er ist«, sagt der erste Schläger fast weinerlich.

Seine Gäste sind es wieder. Was suchen sie denn?

»Du musst auf dem Boden suchen«, sagt Mosca.

»In der Scheiße? Fick dich.«

»Ja, mach schon. Weißt du, was mich der Schlüssel gekostet hat?«

»Das ist mir egal, Mosca.«

»He, das wirst du mir ersetzen.«

»Mosca, Mosca. Ich hätte mir doch etwas mehr Respekt gewünscht.«

Ein Ächzen. »Ist ja schon gut. So habe ich es nicht gemeint«, sagt Mosca mit flacher Stimme.

»Hast du nicht?«

»Habe … ich … nicht. Keine … Luft … Lass … runter.«

Diego grinst. Mosca bekommt auch gerade, was er verdient. Plötzlich klatscht etwas zu Boden.

»Mann, meine neue Hose!«, ruft Mosca weinerlich.

»Such den Schlüssel«, sagt der Schläger.

»Ach, ist nicht so wichtig. Hauptsache, unser Schätzchen hat seine Lektion gelernt. Lass uns abhauen.«

Diego hört ein heftiges Schniefen. Dann schließt sich die Tür wieder. Schnell klettert er unter dem Bett hervor. Er rennt zum Lichtschalter, rutscht in der Urinpfütze aus, kann sich aber an der Wand festhalten. Diego horcht an der Tür. Seine Besucher scheinen weit weg zu sein. Er schaltet das Licht ein.

Im vorderen Teil der Zelle herrscht eine ganz schöne Sauerei. Jemand ist in die Exkremente getreten. Aber das interessiert Diego gerade nicht. Wo ist der Schlüssel, von dem die Fliege gesprochen hat? Da glänzt etwas, dicht neben dem

Eimer, der auf der Seite liegt. Diego nimmt den Schlüssel auf. Es sind zwei! Aber das ist logisch. Mosca und seine Schläger mussten vom Trakt der Dauerinsassen zu dem der Untersuchungshäftlinge. Das war nur mit Traktschlüssel möglich. Diego läuft zum Bett und wischt das schmale Bund an der Decke trocken.

Die Deckenrolle, mit der er seinen Körper nachgebildet hat, weist mehrere tiefe Schnitte auf. Die Typen müssen mit irgendeiner selbstgebauten Waffe auf ihn eingeschlagen haben, wahrscheinlich Drähte, die mit Glasscherben besetzt waren. Tatsächlich glänzt eine Scherbe im harten Zellenlicht. Diego betrachtet den Schlüssel. Damit kommt er zwar aus dem Trakt heraus, aber nicht aus dem Gefängnis. Aber wenn das nicht ein Zeichen sein soll? Er glaubt zwar nicht an ein höheres Wesen, aber irgendjemand scheint ihm die Gelegenheit geben zu wollen, endlich einmal seiner Schwester zu helfen, nachdem die ihn so oft aus der Scheiße geholt hat.

Im Foyer ist Schluss. Diesen glanzvollen Namen trägt ein fünf Meter hoher Betonraum, über den man links den Hof erreicht und rechts den Ausgang. Der ist allerdings vergittert. Den nötigen Schlüssel hat der Nachtdienst. Der Wärter schläft in der Wachstube, einer kleinen Glaskammer in der Nähe des Ausgangs. Der Schlüssel hängt an einem Brett direkt über der Schulter des Wärters.

Soll er versuchen, ihn zu stehlen? Diego riecht an seiner Kleidung. Wenn er bloß die Tür des Glaskastens öffnet, wird der Wärter aufwachen, so grässlich stinkt er. Das ist keine Option. Bleibt also nur der Hof. Hm. Diego lässt den Kopf hängen. Er kann ja ganz gut klettern, aber über die glatt geputzten Wände im Hof hat es noch nie jemand nach draußen geschafft. Und dann sind da ja auch noch die Alarmanlage und der Wärter in der Kanzel, wie sie den Ausguck nennen, der die Häftlinge beim Hofgang überwacht. Vom

Stacheldraht auf der Mauerkante gar nicht zu reden, der angeblich unter Hochspannung steht.

Er verlässt das Foyer trotzdem in Richtung Hof und geht dort bis zur Außenwand. Die Kanzel ist dunkel. Vermutlich ist sie nur während des Hofgangs besetzt. Glück gehabt? Haha, all die anderen Felsen liegen ihm immer noch im Weg. Der Form halber prüft er den Putz. Auch wenn er nicht feucht wäre – es hat wohl gerade geregnet –, müsste er schon ein Gecko sein, um hier nach oben zu klettern. Diego lehnt sich an die vom Tag immer noch warme Wand und rutscht daran herunter. Dass sein T-Shirt davon schmutzig wird, ist ihm egal.

Etwa eine Ellbogenlänge hinter ihm befindet sich die Freiheit, aber er kommt nicht hin. Immerhin ist es dieselbe feuchte, warme Sommerluft, die er hier atmet. Neben seinem eigenen Gestank riecht er den Ozean. Vielleicht braucht Adriana ja gar keine Hilfe. Hoffentlich. Denn er hat mal wieder versagt. Sein Blick geht über die Mauer nach oben. Nur aus drei Fenstern dringt hellweißes Licht. Dort versuchen wohl gerade Mosca und seine beiden Schläger, sich von dem Gestank zu befreien, der sich über sie ergossen hat. Vielleicht wäre es am schlauesten, in die Zelle zurückzukehren, dort alles aufzuräumen und den Schlüssel verschwinden zu lassen. Es dürfte der Fliege schwerfallen, den Verlust des teuer bezahlten Schlüsselbunds zu rechtfertigen. Das gibt Ärger. Ärger, den am Ende erneut er ausbaden muss. Dann geht er doch lieber wieder nach oben.

Ein weiteres Fenster ist ganz rechts erleuchtet, im obersten Stockwerk. Der Raum gehört zum Flügel der Mädchen. Die Einrichtung ist strikt nach Geschlechtern getrennt. Den Hof teilen sich zwar alle, nicht aber die Zeiten des Hofgangs. Die Doppeltür, die aus dem Mädchenflügel nach draußen führt, scheint nur angelehnt zu sein. Aber das ist auch kein Fluchtweg für ihn. Dahinter gibt es sicher ein weiteres Foyer mit Wärterinnen und Gittern. Diego seufzt.

Die Härchen auf seinen nackten Armen und im Genick richten sich auf. Ihm läuft ein Schauer über den Rücken. Es fühlt sich an, als hätte er Gesellschaft bekommen, doch er ist immer noch allein. Das müssen die berüchtigten Schatten der Vergangenheit sein. Ihm war nicht klar gewesen, wie real sich Schuld und Verantwortung anfühlen können.

»Timi.«

Er zuckt zusammen. Zuerst hält er das hohe Geräusch für den Sound einer Hundepfeife. Diego hat ein sehr gutes Gehör. Dann aber fällt ihm ein, wo er so ähnliche Töne gehört hat. Xibalbá. Das seltsame Mottenwesen, das ihn zunächst neugierig studiert und ihm schließlich geholfen hatte. Wie hat es ihn gefunden? Er sieht nach oben. Auf den ersten Blick wirkt es wie eine schwebende Wolke, aber mit der Zeit lassen sich die acht Flügelpaare auseinanderhalten. Diego steht auf und streckt die Arme aus. Die Wolke nähert sich. Aus ihren Tiefen schiebt sich das riesige Facettenauge heraus. Als er es zum ersten Mal gesehen hat, ist er davor erschrocken. Jetzt kommt es ihm schön vor. Das glänzende Schwarz der zahllosen Segmente erinnert an lauter tiefe Seen. Darin scheint derart umfangreiches Wissen zu ruhen, dass die Menschheit davon vermutlich hundert Jahre profitieren könnte. Aber was wird passieren, wenn jemand die Motte entdeckt? Man wird sie jagen und als außerirdisches Ungeziefer erledigen.

»It-ti.«

Noch ein Wort, das nach etwas klingt, das er kennen müsste. Solange er die Motte begleitet hat, konnte sie keine erkennbaren Wörter formen. Ob sie das auf der Erde gelernt hat?

Diego zeigt auf sich. »Diego.«

»Timi«, sagt die Motte.

»Du bist Timi?« Er deutet auf sie.

»It-ti.« Die Motte flattert auf und ab.

»It-ti«, sagt Diego. Die Motte dreht sich einmal im Kreis. Wenn er genügend Zeit hätte, könnte er bestimmt Kommunikation aufbauen. Dazu muss man kein Wissenschaftler sein. Ein geteiltes Interesse am jeweils anderen genügt, wie fremd er oder sie auch ist. Die Motte, was mag sie sein? Er hat sie, glaubt er, bei der Fortpflanzung beobachtet und wüsste es doch nicht zu sagen.

Klar ist: It-ti muss weg. Hier ist es viel zu gefährlich. Diego bewegt die Arme, als würde er selbst damit fliegen wollen. Die Motte macht es ihm nach. Während sie ein paar Meter in die Höhe schießt, bleibt Diego am Boden stehen.

»It-ti. It-ti. It-ti.«

Es klingt dringlich, als würde sie ihn darum bitten, ihr schnell zu folgen.

»Es tut mir leid, meine Freundin, aber ich kann nicht fliegen.«

Die Motte kehrt zurück, landet aber an der Wand statt auf dem Boden. Ihre winzigen Füße scheinen sich auch an dem Putz verankern zu können. Nun kriecht sie daran langsam nach oben. Vermutlich erinnert sie sich daran, wie er in dem Luftschiff über Seile geklettert ist.

»Die Wand ist zu glatt. Und ich bin zu schwer.«

Auf Xibalbá war er noch schwerer gewesen. Aber eine Wand mit glattem Putz ist kein Seil. Das Wesen wartet auf halber Höhe der Mauer. Es scheint unschlüssig zu sein, was es nun unternehmen soll. Diego winkt wie vorhin. »Hau ab, It-ti. Du kannst mir nicht helfen.«

Die Motte rutscht elegant an der Wand nach unten, plustert sich vor ihm auf und drückt mit den Flügeln gegen seine Brust. Es ist ein sanfter Druck, und doch hat er nicht genug Kraft, ihm standzuhalten. Diego weicht nach hinten aus, bis die Motte das mit einem Flügel verhindert. Plötzlich fährt sie eine Art Schlauch aus, mitten aus ihrem Auge. Diego reißt den Kopf zurück, wird aber aufgehalten. Der Schlauch drückt sich auf seine Lippen. Als Diego den Mund schließt, lässt er davon ab und sucht stattdessen seine Nasenlöcher. Es ist ein furchtbares Gefühl, als sich durch beide Öffnungen gleichzeitig etwas nach hinten tastet. Jetzt spürt er es in der Kehle. Will das Ding ihn aussaugen? Diego muss husten. Die Schläuche ziehen sich ein Stück zurück, aber nicht komplett. So ist es nicht mehr ganz so unangenehm.

Warme Luft dringt in seine Nasengänge. Die Motte will

ihn nicht aussaugen, sondern aufblasen! Der Druck erhöht sich. Diego atmet stärker aus. Das scheint die Motte als Anreiz zu verstehen. Er hält die Luft an, aber der Überdruck zwingt ihn, zu atmen.

»It-ti, du bringst mich um«, sagt er. Seine Stimme klingt seltsam. Die Motte scheint keine reine Luft in ihn zu blasen, sondern eine Mischung mit irgendeinem anderen Gas. Vermutlich meint sie es bloß gut. Diese Luftschiffe waren dereinst vielleicht auch mal Lebewesen, oder sind es noch. Die Motte muss erkannt haben, dass er nicht als Flattertier geeignet ist, also versucht sie nun, ihn wie ein Luftschiff aufzublasen. Man sieht immer das, was man sehen will, das gilt für die Außerirdischen nicht weniger. Wie mögen die Luftschiffe aussehen, wenn sie nicht mit Gas gefüllt sind? Besitzen sie dann auch zwei Arme und zwei Beine wie er?

Diego wird schwarz vor Augen. Er erwacht auf dem sandigen Beton des Hofes. Die Motte flattert über ihm und lässt sich dann auf seinen Bauch fallen.

»Aua, das tut weh!«

Sie flattert erneut in die Höhe, aber bevor sie sich wieder auf ihn stürzen kann, rollt er schnell zur Seite. Wie lange war er bewusstlos? Am Himmel über ihm bekommt das Schwarz allmählich einen Grauton, und die Sterne verblassen.

Diego setzt sich auf. »Es war nett mit dir, aber jetzt musst du gehen.«

»It-ti. Timi.«

Er schüttelt den Kopf und deutet gen Himmel. »Nichts Timi. Gehen. Fortflattern. Wenn es hell wird, sehen sie dich. Dann werden sie dich jagen.«

Vermutlich hat die Motte diese Erfahrung sowieso schon gemacht. Wenn man so aussieht wie sie, hat man auf der Erde keine Gnade zu erwarten. Die Menschen mögen es nicht, erschreckt zu werden. Dabei erschrecken sie nicht vor den anderen, sondern vor ihrer eigenen Hässlichkeit, die sich in den Fremden spiegelt.

»It-ti.«

»Was haben wir denn da?«

Wo die Worte herkommen, glüht die Spitze einer Zigarette. Scheiße. Das ist der Wärter, der vorhin noch geschlafen hat. Er kommt langsam auf Diego und die Motte zu.

»Hab keine Angst, Kleiner«, sagt er. »Was immer das für eine Ausgeburt der Hölle ist, ich erledige sie.«

Diego sieht nur den Schatten des Mannes. Er hält etwas in der Hand, vermutlich den Taser, mit dem alle Wärter ausgerüstet sind.

»Hau ab, jetzt!«, ruft Diego. Er meint die Motte, aber der Mann bezieht die Worte auf sich.

»Ganz ruhig, Kleiner. Ich habe das im Griff. Es ist nur ein Insekt. Im Krieg habe ich schon ganz andere Dinge gesehen.«

Nur ein Insekt? Die Motte ist weitaus größer als jedes Insekt auf der Erde. Wie kann der Mann glauben, sein Taser könnte es erledigen?

Jetzt bleibt er stehen, zielt und drückt ab. Winzige Nadeln durchschlagen die Flügel und bohren sich in Auge und Körper der Motte. Sie bäumt sich auf. Ihre Flügel flattern wild. Sie scheint nicht zu ahnen, woher die Stromschläge kommen, die sie quälen. Statt dem Mann den Kopf abzureißen, fliegt sie auf.

»Siehst du, Kleiner? So geht das.«

Die Motte fliegt höher. Die Drähte, die Pfeile und Taser verbinden, reißen dem Mann seine Waffe aus der Hand.

»Mist, mein Taser! Den muss ich bezahlen! Gib ihn zurück, du Mistvieh!«

Aber die Motte kümmert sich nicht um sein Geschrei. Sie hat die Mauerkante erreicht und schleppt den an den Fäden hängenden Taser weiter hinter sich her. Sehr gut. Sie wird es schaffen.

Doch dann berühren die Drähte den Stacheldraht auf der Mauer. Ein Blitz zuckt zur Motte. Diego beobachtet ihn in Zeitlupe. Als er das Alien erreicht, platzt es. Zumindest sieht es so aus. Seine Flügel breiten sich explosionsartig zu einer viel größeren Wolke aus. Aber anders als bei einer normalen Explosion löst sich diese Wolke nicht wieder auf. Sie sinkt herab. Acht riesige Flügel bewegen sich manisch, berühren dabei immer wieder die Wände, kratzen den Putz ab und reißen einen der Masten, die die Hofbeleuchtung tragen, fast aus dem Fundament.

Der Wärter ruft laut um Hilfe und versucht, davonzurennen. Die Motte streckt einen ihrer Flügel aus und erwischt ihn am Koppel des Uniformgürtels. Funken fliegen. Der Mann wird von den Füßen gerissen und landet direkt zu Diegos Füßen.

»Hilf mir«, presst der Wärter heraus. Er hat die Hände an der Kehle, als würde er sich selbst würgen. Sein Körper zuckt unkontrolliert. Diego beugt sich über ihn, aber ein Flügel der Motte schiebt ihn sanft zurück. Der Wärter bewegt sich nicht mehr. Seine Augen starren ziellos gen Himmel. Scheiße. Der Mann ist tot. Das wird man bestimmt ihm anlasten. Wer glaubt denn schon, dass eine außerirdische Motte einen bewaffneten Wärter umbringt?

Aber es ist nicht vorbei. Diego hört ein Quietschen. Die Tür zum Mädchentrakt öffnet sich. Dort muss jemand den Kampflärm bemerkt haben. Gleich werden die Wärterinnen auf den Hof stürmen. Das gibt ein Gemetzel. Tatsächlich tritt nur ein Mädchen heraus. Statt einer Waffe hält es einen Besen in der Hand.

»Hau ab, sofort!«, schreit Diego.

Entweder, das Mädchen versteht ihn nicht, oder es ist einfach zu neugierig. Denn trotz seiner abwehrenden Gesten kommt es auf ihn zu, und damit auch auf die Motte. Es hat kurze Haare und ist klein und drahtig. Ihre nackten Arme sind tätowiert.

»Keine gute Idee«, sagt Diego.

»Das ist, Scheiße, meine Sache.«

Sie klingt nett. Unter anderen Umständen hätte er versucht, sich mit ihr zu verabreden.

»--- --- -- - -- -- - --- -- -- -«

Oh, die Motte klingt aufgeregt. Sie versucht nicht einmal mehr, ihre Tonhöhe anzupassen.

»Geh lieber«, sagt er.

»Ich will das Ding sehen. Hat es ...?«

Das Mädchen zeigt auf den leblosen Wärter. Es scheint nicht schockiert zu sein, ihn tot zu sehen. Vermutlich hat es schon schlimmere Anblicke ertragen müssen.

»Es war ein Unfall.«

»Wie bei uns.«

»Wie heißt du?«

»Was geht dich das an, *cabrón*?«

Beim letzten Wort, Scheißkerl, hebt das Mädchen ihren Besen.

»--- --- -- -- -«

»Mach das nicht«, warnt Diego.

»Macht dich das nervös?«

Das Mädchen fuchtelt mit dem Besen herum. Nein, er würde sich doch nicht mit ihr verabreden. Sie scheint eine von den Durchgeknallten zu sein. Zu viel erlebt.

»Ich mache mit dem Besen, was ich will!«

»--- --- -- -- -- - - -«

»Bitte, hör einfach auf. Ich will nicht, dass du …« Er zeigt auf den Wärter.

»Und wenn ich nicht aufhöre? Mit mir legt sich niemand an.«

Diego zeigt auf die Motte. »Du machst sie nervös.«

»--- --- -- -- -- - - -« Es klingt wie eine Bestätigung.

Das namenlose Mädchen lacht, holt mit dem Besen aus und trifft einen Flügel der Motte. Das Wesen steigt flatternd auf, schüttelt seinen Körper und zischt in so ultrahohen Tönen, dass Diego das Gefühl hat, sein Trommelfell würde platzen. Das Mädchen reißt die Augen auf und geht langsam rückwärts. Die Motte folgt ihm.

»It-ti, nicht!«, ruft Diego.

Das Wesen hört nicht auf ihn. Es holt mit einem Flügel aus. Elegant wischt er durch die Luft. Das Mädchen schreit auf und hält sich den Arm.

»Scheiße, mach, dass es aufhört!«, ruft es.

»Das kann ich nicht.«

Wie zur Bestätigung holt die Motte erneut aus. Diesmal erwischt sie das Mädchen vorn und reißt sein T-Shirt am

Bauch auf. Die Jugendliche schreit, wirft ihren Besen nach der Motte, dreht sich um und rennt. Die Motte folgt ihr. Einer ihrer Flügel erwischt sie am Rücken und hält sie am T-Shirt fest, ein anderer trifft sie am rechten Oberschenkel.

»It-ti, hör auf!«, schreit Diego. Die Motte muss doch irgendwie zu stoppen sein?

Das Mädchen stolpert und stürzt auf den Bauch. Die Motte stoppt über ihr. Kommt jetzt der Todesstoß? Das Mädchen legt die Hände über den Kopf und schreit. Die Motte bewegt langsam einen Flügel nach unten und streicht damit über die Wunde am Rücken. Der strahlend weiße Flügel färbt sich schwarz, so sieht es zumindest in der Dämmerung aus. Die Motte zögert. Plötzlich hört Diego ein Krachen. Der Lichtmast, den die Motte vorhin herausgerissen hat, stürzt um. Er wird das Mädchen treffen, das von der Gefahr nichts ahnt.

»Hau ab da!«, ruft Diego.

Die Motte flattert auf. Sie bringt sich in Sicherheit. Diego schluckt. Nein, sie wirft sich dem Mast in den Weg! Ihre Flügel fangen die schwere Metallkonstruktion auf und leiten ihren Sturz um. Dabei erwischt der Mast den Nachbarpfosten, der sich nun auch zu neigen beginnt. Dieser aber wird Diego erwischen. Scheiße! Er wirft sich zu Boden, sieht aus den Augenwinkeln, wie das Mädchen sich aufrappelt und zur Tür seines Trakts flieht.

Im selben Moment schreit Diego auf. Krallen schieben sich in seinen Rücken, erwischen seine Haut und seine Kleidung. Der Schmerz ist brutal, denn nun hängt sein ganzer Körper daran. Er verwandelt sich in Jesus, der nicht am Kreuz hängt, sondern an den Krallen eines außerirdischen Teufels. Diego sieht noch, wie sie das Gelände des Jugendgefängnisses verlassen. Dann schließt ihm der Schmerz die Augen.

DER GESTANK IST ANDERS. DAS IST DAS ERSTE, WAS IHM nach dem Erwachen auffällt. Diego rappelt sich auf. Er sitzt mitten in einer Müllkippe, in einer flachen Mulde. Die Motte wartet neben ihm. Sie hat wieder ihre normale Größe. Ihre Flügel bewegen sich nur ganz zaghaft. Diego steht auf. Dieser Teil der Deponie scheint älter zu sein. Etwa dreihundert Meter entfernt wird gearbeitet. Orangefarbene Laster kommen an, um den Inhalt ihrer Container abzuladen. Weit hinter ihnen sind die Hochhäuser der Skyline zu erkennen. Sie befinden sich offenbar am Stadtrand von Cancún.

Diego zeigt in die entgegengesetzte Richtung. »Komm, Itti. Wir müssen Adriana befreien.«

Als er aufsteht, wird ihm übel. Diego atmet tief durch, aber der intensive, säuerliche Verwesungsgeruch um ihn herum macht es auch nicht besser. Es hilft nichts. Bis zum Zaun sind es etwa zweihundert Meter. Wenn er diese Strecke schafft, wird der Rest einfacher.

Er läuft los. Die Motte wird ihm schon folgen. Wenn er bloß wüsste, woraus der Rest besteht! Adriana zu befreien, das war ein spontaner Einfall. Sie sitzt sicher in einem richtigen Gefängnis ein. Dort feuern die Wärter nicht mit Tasern, sondern mit scharfen Waffen. Und er ist sicher nicht der Erste, der versucht, einen Insassen herauszuholen. Verdammt noch mal – er ist minderjährig! Dieses Vorhaben geht wohl doch etwas über seine Fähigkeiten hinaus.

Etwas tippt ihn an der Schulter an. Es ist die Motte. Sie hat aufgeholt. Ihr riesiges Auge wirkt trocken. Die schwarzen Facetten haben einen staubigen Überzug. Die Motte braucht bestimmt Wasser. Mehr, als sie hier auf der Müllkippe finden werden.

»Wir holen uns als Erstes Wasser und Nahrung«, sagt Diego.

»Timi«, sagt die Motte und tippt ihm auf den Rücken.

Diego zuckt zusammen und schreit auf. Dort haben sich am Morgen die Krallen der Motte eingegraben.

»Nein, bitte nicht noch einmal so. Das tut weh.«

»Timi.«

Aber die Motte hat recht. Zu Fuß kommen sie nicht weit. Allein der Zaun, der die Deponie begrenzt, scheint höher als drei Meter zu sein. Diego sieht sich um und entdeckt ein altes Abschleppseil. Das wickelt er sich um Oberschenkel und Rumpf, sodass er wie in einer Hose darin sitzt. Die beiden Enden hält er der Motte hin.

»Damit kannst du mich so heben, dass ich keine Schmerzen habe«, sagt er.

»Timi.«

»Komm, nimm das. Es funktioniert.«

Zwei Flügel bewegen sich in seine Richtung. Die Krallen an ihren Enden bohren sich durch das Material des Seils und ziehen daran.

»Genau! So ist es gut!«

Die anderen sechs Flügel flattern. Die Motte erhebt sich in die Luft, weiter und weiter. Das Seil reißt ihn von den Beinen. Diego fällt mit dem Gesicht in einen aufgerissenen Sack mit verfaulten Früchten. Das Seil zieht weiter an ihm. Er schwebt! Diego greift nach hinten, erwischt das Seil und zieht sich daran in eine aufrechte Lage. So hat er sich das vorgestellt – bis auf den konstanten Schmerz, den das Schubbern des Seils an den frischen Wunden auf seinem Rücken verursacht. Sie fliegen! Adriana, wir kommen!

Es dauert etwa eine halbe Stunde, bis er einen Weg findet, der Motte die gewünschte Richtung mitzuteilen. Wenn er am linken Ende des Seils zieht, verändert sie den Kurs nach links, zieht er rechts, biegt sie dorthin ab. Ohne solche Korrekturen hält sie den Kurs erstaunlich korrekt. Vermutlich besitzt sie einen Magnetsinn wie die irdischen Vögel.

Zunächst halten sie sich südlich, doch dann kommt ihnen der Flughafen in die Quere, den sie weiträumig umfliegen müssen. Diegos erstes Ziel ist ein riesiger Golfplatz südlich des Flughafens. Am frühen Morgen dürfte dort noch nicht viel los sein, und es gibt garantiert kleine Teiche mit Süßwasser, an denen sich die Motte stärken kann. Bewohnte Gebiete vermeiden sie, so gut es geht.

Sie erreichen den Golfplatz, nach dem Stand der Sonne zu urteilen, um etwa acht Uhr dreißig. Diego lässt die Motte direkt auf eine der Wasserflächen zusteuern. Golfspieler sind nicht zu sehen, als sie sich gemeinsam in das Nass stürzen. Auf der anderen Seite des Geländes sind allerdings zwei Angestellte mit dem Trimmen des Rasens beschäftigt.

Nach dem Bad fühlt sich Diego besser, und auch die Motte wirkt frischer. Ihre Augen sind nicht mehr so verschleiert und die hellen Flügel glänzen. Diego sieht an sich herunter. So kann er nicht unter Menschen, denn er trägt noch die Anstaltskleidung, die klitschnass an ihm herunterhängt. Er legt den Finger auf den Mund.

»Du bleibst hier«, sagt er und zeigt auf den Teich. »Ich besorge mir ein paar Sachen.«

Als er in den Sachen eines der Angestellten zurückkehrt, ist die Motte verschwunden. Die Gärtner arbeiten noch immer ruhig in einem anderen Teil des parkähnlichen Geländes, also können sie seine Freundin nicht entdeckt haben. Plötzlich spritzt das Wasser im Teich und das Alien kommt zum Vorschein.

Diego atmet tief durch. Die Motte ist ihm richtig ans Herz gewachsen. Er greift in die Hosentasche. Das einzige Telefon, das er gefunden hat und ohne Code entsperren konnte, ist zwar uralt, aber es scheint zu funktionieren. Auf dem Flug hierher hat Diego an das Erlebnis in der Delphin-Show im Barceló gedacht. Eigentlich hat er den Typen nicht gemocht, diesen George. Er hatte den Eindruck gehabt, dass der alte Knacker sich an seine Schwester heranmachen wollte, und dafür konnte Diego keine Sympathie aufbringen.

Aber Interesse an Adriana ist jetzt genau das, was er braucht. Wieso sonst sollte jemand mit viel Geld, wie dieser Gringo, ihm dabei helfen, seine Schwester aus einem

Gefängnis zu holen? Das Problem ist, dass er keine Kontakt-daten besitzt. Der Mann hat im Barceló-Hotel gewohnt, aber reicht das schon?

Also versucht er es zuerst bei El Flaco. Der Dünne hat nicht an ihrem zweiten Ausflug nach Xibalbá teilgenommen, also wurde er vermutlich auch nicht verhaftet. Vielleicht kennt er zumindest den kompletten Namen des Amerikaners. Nein, er ist doch Kanadier. Auf den Unterschied hat George großen Wert gelegt.

»Wer ist da?«

Das ist die Stimme seines Onkels. Im Hintergrund ist Straßenverkehr zu hören. Die Vermutung war also richtig – er ist auf freiem Fuß. Diego stockt. Wenn er wirklich der Einzige ist, der nicht festgenommen wurde, dann hat er vielleicht den Behörden den Tipp gegeben? Nein, das ergibt keinen Sinn. Drake hat sie alle gut bezahlt, vor allem aber ist El Flaco Familie. Niemand würde seine eigene Familie verraten. Gut, bei diesem bescheuerten Wetttauchen Drakes hat er seine Schwester beinahe umgebracht. Aber das war Konkurrenz, wie es sie auch unter Geschwistern gibt. Verrat ist eine ganz andere Sache.

»Wer ist da? Hallo?«

»Ich bin es.«

»Diego! Es ist schön, dich zu hören. Haben sie dich endlich rausgelassen?«

Die zwitschernden Vögel müssen ihn verraten haben. Er legt die Hand um das Mikrofon, um es von Außengeräuschen abzuschirmen. Aber wieso sollten die Behörden auf die Idee kommen, ihn zu entlassen?

»Ja, ich bin draußen«, sagt Diego.

»Na, Gott sei Dank. Ich dachte schon, sie würden ihr Versprechen brechen.«

Wovon spricht El Flaco? »Welches Versprechen würde wer brechen?«

»Egal. Dann ist deine Schwester bestimmt bei dir? Gib sie mir doch mal. Ich muss ihr etwas erzählen.«

»Nein, sie ist gerade einkaufen. Leider haben sie uns

unsere Telefone bisher nicht zurückgegeben. Deshalb soll ich dich nach der Nummer von George fragen.«

»Ach, ich habe mich schon wegen der unbekannten Rufnummer gewundert. Die Bürokratie braucht wohl mal wieder mehr Zeit. Aber ich bin froh, dass es bei euch beiden geklappt hat.«

»Die Nummer von George, bitte.«

»George Sanderson? Moment, ich sehe nach.«

Was, bitte, hat geklappt? Hat die Polizei Juan etwas zugesichert? Als Verwandtem können sie ihm Auskünfte wohl nicht verweigern. Was immer sie gesagt haben, war offenbar gelogen. Oder nicht? Was, wenn seine Flucht aus dem Jugendknast sinnlos war, weil man ihn heute sowieso nach Hause geschickt hätte? Diego atmet tief ein und aus. Der Wärter war zwar ein Arschloch, aber er hätte dann nicht sterben müssen.

»Ich hab's«, sagt El Flaco und diktiert ihm eine Nummer. Da das altmodische Telefon offenbar nicht in der Lage ist, wichtige Inhalte zu erkennen und zu transkribieren, tippt er die Nummer in den Speicher.

»Danke«, sagt er.

»Warte, Diego. Adriana soll mich bitte unbedingt anrufen. Es ist wichtig. Und sie muss sich von diesen Amerikanern fernhalten. Sag ihr das.«

»Ich richte es aus.«

Diego beendet die Verbindung. El Flaco hat eindeutig ein Geheimnis, aber ihm wird er es nicht verraten. Und wenn er recht hat, wenn Adriana nun wirklich auf freiem Fuß ist? Ihre Nummer kennt er auswendig. Er wählt sie, doch es folgt sofort eine Ansage, dass die betreffende Nummer nicht zu erreichen sei.

Bei George Sanderson hat er mehr Glück.

»Diego, was für eine Überraschung!«, sagt er nach der Begrüßung.

»Du kannst dir bestimmt denken, wieso ich mich melde.«

»Weil du mal wieder Lust auf eine Delphinshow hast? Ich wohne allerdings nicht mehr im Barceló.«

»Oh, bist du wieder in deiner Heimat?«

Diego seufzt. Er hat wirklich gehofft, George könnte helfen. Der Ingenieur hat immer so viele Einfälle.

»Nein, nur ein bisschen weiter nördlich. Ich habe ein Projekt in der Nähe von Cancún. Da bauen wir einen Hafen aus. Aber was ist bei dir los? Du klingst irgendwie … angefasst.«

Cancún? Das ist ja großartig. »Nach diesen Ereignissen ist das ja kein Wunder«, sagt Diego.

»Ereignisse? Was war los? Ich habe wohl mal wieder nichts mitbekommen.«

»Ein großer Militäreinsatz rund um die Chac Mool. Dabei haben sie uns und unsere Kunden festgenommen.«

»Was? Davon war hier nichts zu lesen. Ich scrolle gerade durch die Schlagzeilen. Es gab ein großes Dschungelfeuer in der Nähe von Puerto Aventuras, bei dem ein paar Menschen verletzt worden sein sollen. Taucher, schreibt ein besonders gut informiertes Medium.«

Ein Feuer. Diego schnieft. Dann braucht er nach dem Alien gar nicht zu fragen. Es ist vielleicht auch besser so, sonst ist George zu skeptisch.

»Was da zu lesen ist, stimmt nicht«, sagt Diego. »Wir wurden verhaftet, Adriana und ich.« Dass die CIA etwas damit zu tun hatte, lässt er lieber weg.

»Und dann lässt man dich frei telefonieren?«

»Nein, ich bin geflüchtet.«

»Ich … verstehe«, sagt George. Eine längere Pause entsteht. »Ich gehe nicht davon aus, dass du bei mir Unterschlupf suchst.«

»Richtig.«

»Also soll ich dir dabei helfen, Adriana ebenfalls freizubekommen?«

»Das wäre schön. Sie ist meine Schwester, und ich hatte das Gefühl, du würdest dich für sie interessieren. Nach so einer Aktion wäre sie dir sicher zu Dank verpflichtet.«

George lacht, was Diego gerade sehr unpassend vorkommt.

»Ich muss etwas klarstellen, mein Freund. Mein Interesse

an deiner Schwester ist rein freundschaftlich. Sie ist einfach eine spannende Persönlichkeit.«

Natürlich. Er hätte es wissen müssen. Diego sackt in sich zusammen. »Dann hilfst du mir nicht?«

»Deine Schwester hat mir das Leben gerettet. Wenn es erforderlich ist, helfe ich dir.«

»Es ist dringend erforderlich«, sagt Diego.

»Aber sie hat doch nichts Strafbares getan, oder? Das Tauchen in der Chac Mool ist völlig legal. Ein guter Anwalt müsste sie da binnen vierundzwanzig Stunden rausholen können.«

George hat völlig recht – aus seiner Sicht. Ihm fehlt aber eine wichtige Information. »Es ist nicht so einfach«, sagt Diego. »Mit uns hat ein Außerirdischer die Cenote verlassen. Das hat offenbar alle möglichen Geheimdienste auf den Plan gerufen.«

»Ein was?«

»Ein außerirdisches Wesen.«

»Ich … Mann, das ist schwer zu verdauen, aber ich versuche, dir zu glauben. Und das Ding ist nun auf der Flucht?«

»Nein, es ist hier bei mir. Wir müssen es zurück in seine Heimat bringen, sonst landet es in irgendeinem geheimen Labor.«

»Das ist also dein Plan? Adriana rausholen, und dann mit dem Alien ab in seine extraterrestrische Heimat?«

Diego muss grinsen. Wie George es formuliert, klingt es wie die Zusammenfassung eines B-Movies. Aber ja, das ist sein Plan. George wird sich daran auf keinen Fall beteiligen.

»Also gut, ich bin dabei. Treffen wir uns irgendwo in der Stadt?«

Diego schluckt. »Einverstanden. Aber besser an einem Ort, wo das Alien kein Aufsehen erregt.«

»Kannst du es nicht verstecken?«, fragt George.

»Die Kommunikation reicht dafür nicht aus. Es alleinzulassen, ist gefährlich. Es hat schon einen Mann … egal.«

»Ich habe eine Idee«, sagt George. »Treffen wir uns im

Vergnügungspark. Dort werden es die Leute für Dekoration halten.«

»Das könnte funktionieren.«

»Ich schicke dir die Koordinaten.«

Die Verbindung endet. Diego legt das Geschirr wieder an, das er aus dem Seil gebastelt hat, und kurz darauf setzen sie die Reise fort.

»Wo gibt es denn das?«, fragt ein blondes Mädchen auf Englisch und zeigt auf die Motte.

»Nirgends«, erklärt Diego. »Das ist ein Testexemplar. Wenn es den Besuchern gefällt, führen wir es vielleicht im Park ein.«

Diego hat aus dem Fluggeschirr wieder ein normales Seil gebastelt, an dem er den außerirdischen Eindringling nun spazieren führt. Die Motte lässt es geduldig über sich ergehen, seit er ihr noch vor dem Eingang eines dieser meterlangen, bunten Plastik-Trinkgefäße mit süßem Inhalt gekauft hat. Sie hat das Getränk mit ihrem dünnen Rüssel in drei Minuten ausgesaugt. Offenbar hat sie die Kalorien gebraucht.

»Kann es sprechen?«

»Dieses Exemplar nicht.«

Das Mädchen nickt und rennt zu seinen Eltern. »Schaut mal, das Ding da kann fliegen!«

»Jaja, eine neue Drohne«, sagt der Vater.

»Ich finde es abgrundtief hässlich«, sagt die Mutter.

»He, so was sagt man nicht«, beschwert sich das Mädchen. »Damit verletzt du seine Gefühle!«

»Es ist eine blöde Maschine«, sagt der Vater.

Die Mutter beugt sich nach unten. »Du hast recht, meine Süße. So etwas sollte man zu niemandem sagen.«

Der Vater verzieht das Gesicht, sagt aber nichts. Diego zieht die Motte weiter.

Sie sind mit George in der sogenannten Underworld verabredet. Dort soll es Hightech-Computer geben und Virtual-Reality-Ausrüstung, die man mieten kann. Diego hat keine Ahnung, wozu sie das brauchen könnten, aber George war ganz begeistert davon.

Vorgestellt hat sich Diego die Underworld als Höhle. Tatsächlich handelt es sich um einen kastenförmigen, grauen Zweckbau, der auch eine Turnhalle sein könnte. Hinter dem Eingang teilen Leichtbauwände den Besucherstrom. Die Motte macht sich klein, weil die Gänge doch ziemlich schmal sind. Aber auch hier wundert oder beschwert sich niemand über ihre Anwesenheit. Immerhin patrouillieren auch Fabelwesen aus der Karibik in den öffentlichen Bereichen und laden die Besucher zu Selfies ein. Der Bereich ist nicht besonders gut klimatisiert, sodass sich die Aromen von Schweiß, Popcorn und Zuckerwatte mischen.

George winkt ihnen vom Eingang des VR-Bereiches zu.

»Ah, endlich! Unsere Zeit beginnt gleich. Wir haben nur fünfzehn Minuten.«

»Wofür?«

»Das wirst du gleich sehen.«

George zieht sie an den Besuchern vorbei zu einer Theke.

»Sanderson. Ich habe eine Reservierung für fünfzehn Uhr«, sagt er auf Englisch.

»Welches Programm?«

»Mein eigenes.« Er schiebt einen Speicherbaustein über die Theke.

»Ihr eigenes? Das ist …«

»Das ist abgesprochen. Sehen Sie nach.«

Die Frau hinter der Theke rümpft die Nase und schiebt ihre Brille zurecht. Dann scrollt sie über ihren Schirm.

»Oh, Sie haben recht. Entschuldigung, Mr. Sanderson.« Sie nimmt den Speicher und verbindet ihn mit der Anlage. »Die Daten sehen gut aus. Hier, Ihre Brillen.« Sie greift in ein Fach und nimmt zwei Brillen heraus, die zwar ungewöhnlich große Gläser besitzen, aber sonst normal aussehen. Diego betrachtet sie skeptisch. Was soll er damit?

»Sie sind frisch desinfiziert«, sagt die Frau. »Keine Sorge. Ihre Zeit beginnt … jetzt.« Sie drückt auf einen Knopf, und neben der Theke öffnet sich eine Tür. Dahinter ist es schwarz.

»Brille aufsetzen«, sagt George.

Diego folgt der Anweisung. Die Schwärze hinter der Tür verschwindet und gibt den Blick auf einen Schreibtisch frei, an dem eine Uniformierte sitzt. George zieht Diego an der Hand in den Raum. Der Geruch verändert sich nicht, aber Diego könnte schwören, dass sie gerade das Frauengefängnis von Cancún betreten haben.

»Woher hast du dieses … Programm?«, fragt er.

»Unsere Firma war vor zwanzig Jahren am Bau dieser Einrichtung beteiligt. Daher haben wir die Daten. Eine KI hat sie in ein begehbares Panorama umgewandelt.«

»Könnten wir das mit der Chac Mool nicht auch machen?«, fragt Diego. »Dann würden wir uns das Tauchen sparen.«

»Tatsächlich gibt es Pläne für so eine Einrichtung, an der Costa Maya. Das würde aber viele Leute ihre Jobs im Tourismus kosten.«

Diego seufzt.

»Zu deiner Schwester geht es diese Treppe nach oben«, sagt George. »Merk dir die Wärter.«

»Sind die denn realistisch?«

»Die KI hatte unter anderem Zugriff auf die Personalausstattung und die Dienstpläne. Sie kann natürlich nur raten, wie sich die Personen im Gebäude bewegen. Aber sie kann uns verraten, wie viele Wächter sich zu einer bestimmten Uhrzeit in welchem Gebäudeteil befinden.«

»Spannend.«

Sie laufen die Treppe nach oben, jedenfalls fühlt es sich so an, obwohl es nicht so anstrengend ist.

»Das ist der Trakt der Untersuchungshäftlinge«, sagt George, als sie ein weiteres Gitter erreichen. »Deine Schwester müsste sich hier befinden, und zwar in Zelle acht.«

»Hat das auch die KI berechnet?«

»Nein, ich habe angerufen. Adriana hat ein Besuchsrecht. Wir befinden uns ja nicht in einer Diktatur.«

Sie laufen den Gang entlang. Zelle acht befindet sich am Ende. Links zählen die Nummern von eins bis acht hoch, rechts auf sechzehn herunter.

»He, Süßer, soll ich dir den Schwanz massieren?«, fragt eine Frau aus Zelle vier. Die Tür besteht aus Gitterstangen. Sie reckt ihren tätowierten Arm heraus. Diego erschrickt und springt zur Seite. Dabei fällt ihm auf, dass die Motte fehlt.

»Mist, wir haben sie verloren«, sagt er.

»Was hast du verloren, Süßer? Deine Eier?«

»Interaktion abschalten«, befiehlt George. Die Frau bewegt immer noch die Lippen und macht eindeutige Gesten mit den Fingern, aber es ist nichts mehr zu hören. »Sorry«, sagt George. »Was sagtest du? Hast du bemerkt, dass hier keine Wärter sind?«

»Die Motte, sie ist weg.«

»Wir kümmern uns gleich darum. Jetzt geht es um deine Schwester.«

»Ja, keine Wärter hier«, sagt Diego. »Dafür aber unten jede Menge.«

»Das bedeutet, dass wir uns unten auf keinen Fall sehen lassen dürfen.«

»Aber wie willst du meine Schwester sonst rausholen?«

»Wir brauchen die Motte dazu.«

»Sie kann sie tragen, ja, aber dazu müsste sie erst einmal an sie herankommen. Ich hatte Glück, dass ich es nachts auf den Hof geschafft habe.«

Ein unvorstellbares Glück – in Form der Fliege. Wie mag es dem Arschloch gehen?

»Wir versuchen es tagsüber«, sagt George. »Nach deiner spektakulären Flucht werden sie nachts zusätzliche Wachen aufstellen. Tagsüber rechnet niemand mit dem Versuch.«

»Das ist … mutig.«

»Ich bin ein Feigling, Diego. Aber wenn wir gut planen, kann es funktionieren. Wir sprengen die Stirn dieses Traktes. Schau.«

George schiebt Diego ein Stück zurück. Plötzlich blendet ihn eine Explosion. Ziegel fliegen in seine Richtung. Er wehrt sie mit den Händen ab, doch sie fliegen einfach durch ihn hindurch. In der Wand klafft ein ovales Loch. Dahinter flattern weiße Flügel. Diego geht durch die Qualmwolke hindurch und rüttelt an dem Gitter der Zelle, in der Adriana wartet. Sie ist leer.

»Adriana fehlt in der Simulation«, sagt Diego. »Aber sie würde immer noch in der Zelle feststecken. Wir müssen die Außenwand ihrer Zelle sprengen, nicht die das Ganges.«

»Das ist zu gefährlich. Siehst du, wie schmal die Zellen sind? Die Explosion könnte deine Schwester umbringen.«

»Dann klappt es nicht.«

»Dreh dich um, Diego.«

Etwas quietscht. Es ist die Gittertür vor der Treppe. Adriana kommt, aber sie ist nicht allein. Es sind insgesamt vier Insassinnen und eine Wärterin. Vor Zelle eins bleibt die Gruppe stehen, und die erste Frau wird eingeschlossen.

»Jetzt wäre der perfekte Moment für die Explosion«, sagt Diego.

Es wird dunkler, weil sich die Wand am Ende des Ganges wieder repariert. Eine Sekunde später folgt die nächste Explosion. Während alle anderen Frauen sich hinhocken und zu schützen versuchen, rennt Adriana auf die neue Öffnung zu und springt.

»Die Motte müsste sie jetzt natürlich auffangen«, sagt George.

Es wird hell. Gitter, Wände und Decke lösen sich in Nichts auf und fallen wie Feenstaub zu Boden. Sie stehen in einem hohen Raum mit weißen Leichtbauwänden.

»Unsere Zeit ist vorüber«, sagt George.

Die Motte. Sie müssen die Motte finden. Diego drängt es nach draußen.

»Guck mal!«, sagt George.

Schwer atmend bleibt Diego stehen. Vor ihnen hat sich ein kleiner Menschenauflauf gebildet. Große und kleine Besucher stehen um einen Getränkestand herum. Die Motte bildet das Zentrum der Gruppe. Jemand reicht ihr eine bunte Flasche. Sie schiebt einen Fortsatz hinein und saugt ihn in gut einer Minute leer. Die Menschen applaudieren. »Noch mal, noch mal!«

Diego drängt sich durch die Zuschauer. Je näher er der Motte kommt, desto dichter stehen sie und desto ärgerlicher reagieren sie, wenn er an ihnen vorbeiwill. Die Motte weiß es vermutlich nicht, aber was sie tut, könnte gefährlich sein. Wer sagt denn, dass sie so große Mengen irdischer Kohlehydrate verträgt? Es wäre ein riesiger Zufall, wenn ihr Metabolismus mit der irdischen Biochemie kompatibel wäre. Auf Xibalbá können sich Menschen schließlich auch nicht ernähren.

»Komm weg da!«, ruft er, als er die Motte erreicht hat.

Sie trinkt weiter, die nächste Flasche, und reagiert auch nicht, als er sie am Flügel zieht. Zucker scheint auf sie wie eine Droge zu wirken.

»Hört auf, das ist eine Betaversion. Ihr macht es kaputt!«

Der Mann, der der Motte gerade eine neue Flasche reichen wollte, tritt zurück. »Oh, das wusste ich nicht. Ist das eine neuartige Drohne?«

»Ja, genau, sie simuliert Anzeichen biologischen Lebens«, sagt George, der zu Diego aufgeschlossen hat. »Als Nächstes werden wir sie miniaturisieren, sodass sie nicht mehr von einem richtigen Insekt zu unterscheiden ist. Aber sie wird trotzdem noch auf Anweisungen reagieren. Stellen Sie sich vor, Sie könnten den verdammten Moskitos am Abend sagen, sie sollen nur noch die Nachbarn stechen.«

Der Mann lacht. Die Menge zerstreut sich. Zu dritt wandern sie in einen gartenähnlichen Teil des Vergnügungsparks. Hier ist es deutlich leerer.

»Wichtig ist, dass ihr die passende Uhrzeit erwischt«, sagt George. »Der Hofgang endet um fünfzehn Uhr. Bis nach oben brauchen sie ziemlich genau drei Minuten.«

»Und wenn alle auf die Motte zurennen?«, fragt Diego.

»Würdest du zum Explosionsort laufen oder dich lieber verstecken?«

George hat recht. Aber auch Adriana ist nicht lebensmüde. Sie müssen ihr Bescheid geben, dass die Motte das Taxi nach draußen ist. Wenigstens kennt sie das Alien schon und hat erlebt, wozu es fähig ist. Diego hätte ihr das bis gestern nicht zugetraut.

»Meinst du, sie schafft das?«, fragt George und deutet auf das Wesen, das gerade mit seinem Flügel einen Strauch betastet, als würde es ihn flöhen. Wie fremd muss es sich doch hier vorkommen! Sie müssen es unbedingt nach Hause bringen. Sollte es den Menschen in die Hände fallen, wird es die Freiheit nicht mehr wiedersehen.

Aber dazu brauchen sie vielleicht nicht unbedingt Adriana. George könnte sie vertreten. Er taucht ganz passabel. Sie packen die Motte in einen Panzeranzug, bringen ihn rüber und kehren zurück. Parallel könnte ein Anwalt versuchen, seine Schwester aus dem Knast zu holen, ohne die Wand zu sprengen. Der Ausbruch aus dem Gefängnis steht an sich nicht unter Strafe. Sachbeschädigung schon. Sie machen alles noch schlimmer.

»Also?«, fragt George.

»Wir schaffen das«, sagt Diego, obwohl er da gar nicht so sicher ist.

»Ich schwöre Ihnen, das werden Sie noch bedauern!« Eine Frau in tadellosem Business-Outfit stürmt aus dem Büro des Gefängnisleiters. »So ein Dummkopf. Er macht alles kaputt.«

Sie schimpft in ebenso tadellosem Spanisch ohne jeden Akzent, ist also ganz sicher keine Mexikanerin. George schätzt sie auf Mitte zwanzig. Er hat so eine Ahnung, wieso sie hier ist. Hier war, denn sie schlägt die Tür des Vorzimmers zu. Die Sekretärin des Direktors gähnt demonstrativ und zeigt auf die Tür, die zum Büro ihres Chefs führt.

Der sitzt offensichtlich gut gelaunt hinter seinem Schreibtisch. George tritt näher und reicht ihm die Hand.

»Guten Tag, Señor Pérez Martínez«, sagt er. »Der haben Sie es wohl gezeigt, was?«

Der Direktor grinst. »Ich liebe es, wenn sie so schimpfen. Die glaubte wirklich, sie könnte einfach so über meine Insassen bestimmen, nur weil sie einen Bittbrief des Justizministers dabei hatte. Dabei müsste sie doch wissen, dass die Ressorts bei uns streng getrennt sind.«

Pérez Martínez scheint sich gern reden zu hören. George tut ihm den Gefallen, fragt an den richtigen Stellen nach und entlockt ihm fast die ganze Geschichte. Es ging tatsächlich um Adriana! Der Direktor nennt zwar den beteiligten Geheimdienst nicht beim Namen, aber George hat genug gehört.

»Was kann ich denn für Sie tun, Señor Sanderson?«, fragt er schließlich.

»Nun …«, er druckst absichtlich ein bisschen herum, »Sie müssen wissen, dass ich mich ein bisschen um Señorita Adriana kümmere, also wir uns gegenseitig, wenn Sie verstehen. Meine Frau weiß nichts davon.«

Der Direktor grinst. »Ich habe mich schon gewundert, wie sie mit ihrer Tauchschule sonst überleben kann. Meinen Sie, sie wäre offen für … weitere Unterstützung?« Der Mann leckt sich die Lippen. »Und wie ist es mit Ihnen?«

»Ach, wissen Sie, mir ist nur wichtig, dass alles sauber ist, Sie verstehen?«

Pérez Martínez nickt eifrig, und seine Wangen röten sich. Es ist unübersehbar, dass er angebissen hat. Vermutlich verteidigt er Adriana schon aus eigenem Interesse so vehement.

»Ich bin gekommen, um zu sehen, wie es ihr geht und ob sie etwas braucht«, sagt Sanderson. »Meinen Sie, ich könnte ungestört ein paar Worte mit ihr sprechen?«

»Na klar. Vielleicht können Sie ihr ja nahelegen, sich zumindest in Bezug auf mich etwas … kooperativer zu zeigen. Ich meine es schließlich nur gut mit ihr.«

»Davon bin ich überzeugt«, sagt George.

Das Telefon auf dem Schreibtisch klingelt. Der Direktor sieht nach der Nummer und sein Gesicht verfinstert sich.

»Ich rufe Ihnen jemand, der Sie in den Besuchsraum bringt. Und beehren Sie mich bald wieder.«

George versteht den Wink, erhebt sich und geht so langsam wie möglich zur Tür, wobei er ab und zu ächzt, damit er glaubwürdig bleibt.

»Herr Innenminister, natürlich werde ich …«

»…«

»Morgen schon? Am Nachmittag? Gut, ich werde …«

»…«

»Natürlich, Herr Innenminister. Ich …«

Sanft fällt die Tür hinter ihm ins Schloss. Die Besucherin vor ihm hat ihre Beziehungen wirklich schnell spielen lassen. Sie haben also bis morgen Nachmittag Zeit. Er wird Diego nichts davon sagen. Das setzt ihn bloß unter Druck.

»Ach, George!« Adriana fällt ihm um den Hals. George schiebt sie von sich. Sie scheint weder blaue Flecken noch sichtbare Verletzungen zu haben. Vermutlich hält der Direktor seine Hand über sie.

»Ich bin so froh, dass du da bist. Du musst dich unbedingt nach meinem Bruder erkundigen! Ich habe jetzt drei Tage lang nichts von ihm gehört.«

»Es geht ihm bestimmt gut«, sagt er. Die Nachrichten haben den Ausbruch aus dem Jugendknast bisher ignoriert, also darf er auch nichts davon wissen. Es ist fast sicher, dass sie abgehört werden.

»Das hoffe ich so sehr. Kannst du ihm einen guten Anwalt besorgen?«

»Ich bin schon dabei, alles zu organisieren.«

»Danke, ich danke dir wirklich. Ich weiß gar nicht, was …«

Sie schluckt, dann laufen Tränen über ihre Wangen. George reicht ihr ein Taschentuch. Sie wischt sich damit die

Tränen ab. Dann zerknüllt sie es in den Fingern. George hat das Tempo präpariert – auf der Innenseite ist die Botschaft zu lesen. »Hofgang. Wenn es danach knallt – renn zur Quelle.« Aber er hat noch ein zweites und ein drittes Tempo mit demselben Text beschrieben. Das zweite schiebt er ihr nun hinüber. Adriana beginnt, es aufzufalten, legt es aber gleich wieder zusammen und steckt es schniefend ein. Sie muss also den Text gesehen haben.

»Du bist sehr gefragt«, sagt George.

»Oh, ja. Wenn bloß der …«, sie sieht nach oben zur Decke, »… mein Bruder wieder freikäme.«

George sieht auf die Uhr, als hätte er noch einen Termin. »Du, ich muss mich jetzt verabschieden. Wir sehen uns bestimmt bald.«

Er verlässt den Besucherraum. Als er auf dem kleinen Parkplatz vor dem Gefängnis in seinen SUV steigt, fühlt er sich beobachtet. Gut, dass das Treffen mit Diego und der Motte bereits vorüber ist. Durch seinen Besuch hier ist er sicher ins Fahndungsraster geraten. Er hat das klebrige Gefühl, die Faser eines Spinnennetzes berührt zu haben. Die fette Spinne in der Mitte hat sich in Bewegung gesetzt, und dass sie ihn fressen wird, merkt er erst, wenn er schon in ihrem Maul steckt.

Chac Mool, 2. Juli 2045

TYLER DRAKE WIRD UMRINGT VON EINER HORDE Technikerinnen und Techniker, die ihn mit Fragen bombardieren. Im Zelt ist es schwül und er schwitzt, aber für ihn ist das eine willkommene Abwechslung zu der monotonen Gefangenschaft der letzten Wochen. Er kann sogar den Dschungel riechen, das Meer, das Abenteuer. Sein Blut kommt dabei in Wallung. Er fühlt sich ganz in seinem Element.

»Eine Gezeitenwand?«, wiederholt einer der Techniker. »Sie meinen wirklich eine massive Welle, so wie im Film *Interstellar*?«

Tyler nickt. »Hundert Meter in der Höhe – mindestens. Nicht so brutal steil wie im Film, aber doch eine richtig massive Welle, die sogar Unwetter vor sich her schiebt.«

»Ich war in einem drin«, sagt Eddi, der ebenfalls im Zelt ist. »Es hat geregnet und gehagelt. Faustgroß.«

»Thermische Verwirbelungen samt Temperaturstürzen«, sinniert eine Technikerin. »Krass. Und der Planet hat einen Ring wie der Saturn, aber es ist nicht der Saturn.«

»Nein, es ist nicht der Saturn. In der Mythologie der Maya heißt es schon, dass Xibalbá im Orionnebel liegen soll. Ich vermute, da könnte etwas dran sein.«

Ein Techniker schüttelt den Kopf. »Der ist 1350 Lichtjahre von der Erde entfernt und der Durchmesser des Orionnebels beträgt um die dreißig Lichtjahre. Es ist eines der aktivsten Sternentstehungsgebiete in unserer galaktischen Nachbarschaft. Wie soll ein Brunnenschacht dorthin führen?«

Tyler zuckt mit den Achseln. »Wie das technisch und physikalisch funktioniert, kann ich Ihnen nicht beantworten, aber es funktioniert. Ich war zweimal dort.«

»Und der Planet wäre wirklich bewohnbar?«

»Er hat zumindest eine atembare Atmosphäre. Außerdem Wasser und Biomasse.«

»Unglaublich. Sauerstoff und Wasser. Die Grundlage für alles Leben.«

Tyler nickt. »Wir haben dort auf jeden Fall ohne Sauerstoffmasken überlebt. Es hat ziemlich schwefelig gestunken, aber auch das Wasser war ungiftig. Wir haben etliche Aufzeichnungen und Wasseranalysen angefertigt, die unsere Sensoren beim zweiten Besuch gemacht haben. Die müssten Sie eigentlich besitzen.«

Ein finster dreinschauender Kerl tritt zu ihnen. »Die Aufzeichnungen haben wir sichergestellt, sie waren aber passwortgeschützt. Unsere ITler beißen sich an Ihrer Verschlüsselung die Zähne aus.«

Tyler lächelt. »Probieren Sie es mal mit dem Passwort KUKULKAN und einundzwanzig Ausrufezeichen.«

Der Techniker starrt ihn an, macht auf dem Absatz kehrt und eilt davon. Ein paar andere folgen ihm, sichtlich hin- und hergerissen, was interessanter ist. Der Großteil bleibt aber bei ihm.

»Und es funktioniert wirklich mit Blut?«

»Ja. Beim ersten Mal verletzten wir uns unabsichtlich an der Metallkante, woraufhin wir hindurchgesaugt wurden. Das war ein recht wilder Ritt. Beim zweiten Mal haben wir uns vorher Blut abgenommen, hatten die Röhrchen dabei und haben sie im Schacht zerstört. Wieder wurde das Portal aktiviert. Und jetzt beim dritten Mal hat Juan durch die Verletzung von Ethan Shaw und sich selbst das Tor aktiviert.

Womöglich geschieht irgendein biologischer Abgleich. Vielleicht sogar auf DNA-Ebene. Aber wie das funktioniert, fragen Sie bitte jemand anderen.«

»Vielleicht geht das über die Biomasse«, sinniert jemand laut.

»Durchaus möglich. Der ganze Planet und die Lebewesen dort sind eine Art Biomasse-Kollektiv. Sie werden das in meinen Aufzeichnungen finden. Sie schließen sich zusammen und bilden dadurch Dinge. Ich kann es schwer beschreiben. Es gibt mattenartige Wesen, aus denen Auswüchse wachsen können.«

»Ganze Landschaften unter Wasser«, fügt Eddi hinzu. »Wir haben sogar eine Art dreidimensionale Bibliothek gefilmt und aufgenommen. Die war spektakulär. Ich hätte fast vermutet, es könnte eine Sternenkarte des Orionnebels sein, oder zumindest eine Sternenkarte, wo Xibalbá verortet ist.«

»Unglaublich«, sagt eine Technikerin und kommt aus dem Staunen gar nicht mehr raus.

Drei grimmig dreinblickende Ex-Marines treten in dem Moment zu ihm. »Mr. Drake?«

»Ja?«

»Wir sind Ihr Begleitkommando.«

Tyler mustert die drei abwechselnd. Es sind harte Jungs, die, wie er erfahren hat, vorher als Kampftaucher im Dienst waren. Spontan empfindet er tiefsten Respekt für die drei. Kampftaucher ist mitunter der härteste Job beim Militär. Sie gehören zu den Eliteeinheiten und tragen eine immense Verantwortung sowie ein hohes Maß an physischer und mentaler Belastung. Die Ausbildung ist extrem anspruchsvoll und bereit sie darauf vor, unter extremen Bedingungen zu arbeiten, sei es unter Wasser oder an Land. Sie müssen in der Lage sein, unter Wasser zu navigieren, Sprengstoffe zu entschärfen, geheime Missionen durchzuführen und oft unter feindlichem Feuer zu operieren.

Tyler ist froh, solche Kerle mitzunehmen. Sie können sicherlich mit starken Strömungen, kaltem Wasser, Dunkelheit und anderen Gefahren umgehen – genau die Voraussetzungen, die man auf Xibalbá haben muss.

Tyler fragt: »Sie waren mit unten, als die anderen drei durchs Portal geschritten sind?«

»Ja, wir waren oben am Schacht, als der Sog begann. Es war ziemlich heftig. Wir haben uns gerade noch einhaken können und hofften, dass wir die drei über die Sicherheitsleine halten können, aber die ist gerissen oder wurde durchtrennt.«

Tyler glaubt eher an Letzteres, nachdem er im Video das Messer sah. Irgendwie fühlt es sich auch nach einer Aktion von Juan an. Der wäre wahnsinnig genug dafür.

»Können Sie mit Befehlen umgehen, Mister Drake?«, will einer der drei wissen. Er hat ein sommersprossiges Gesicht, das von Aknenarben überzogen ist.

»Nicht so gut«, gesteht Tyler offen. »Ich bin mein Leben lang eher derjenige, der Befehle erteilt.«

Die Mundwinkel des Kerls zucken. »Damit habe ich auch kein Problem, Sir, wir müssen nur die Rollen klar verteilen. Und wir müssen als Einheit funktionieren, wenn wir unseren Captain zurückholen wollen. Das hat für uns oberste Priorität. Niemand wird zurückgelassen.«

Die Einstellung gefällt Tyler. »So habe ich das auch immer gesehen. Wir werden schon miteinander klarkommen. Ich bin kooperativ.«

»Das wollte ich hören. Dann stellt sich die Frage, wie es ablaufen soll. Haben Sie schon einen Plan, Mister Drake?«

»Mehr oder weniger inhaltlich. Es gibt einige Aufgaben. Wir müssen einerseits die drei Verlorenen suchen. Danach das Portal für den Rückweg. Darüber müssen wir zurückkehren und es schließen. Dasselbe gilt vorher für das zweite Portal.«

Und dann muss ich noch mit Itzamná Kontakt aufnehmen, damit sie am besten alle Portale zerstören.

Den letzten Gedanken hat er zwar gegenüber Brooke Montgomery erwähnt, aber er will es nicht den ganzen Freaks gegenüber hier sagen. Noch braucht er die Techniker auf seiner Seite.

»Sie werden auch einiges an Ausrüstung mitnehmen müssen«, meint einer der Techniker.

»Ausrüstung welcher Art?«, will einer der Marines wissen.

»Nun, wir haben hier einige Gerätschaften zusammengestellt, Überlebenskits und nützliches Zeug, aber auch einen Geolocator.«

»Für Xibalbá?« Tyler lacht. »Und der soll ein Signal senden, das sie dann in 1350 Lichtjahren registrieren wollen, vorausgesetzt, Xibalbá befindet sich im Orionnebel?«

Der Techniker wird ernst und schüttelt den Kopf. »Nein, wir können ja nicht schneller als das Licht kommunizieren. Dieses Gerät versucht, das jeweilige lokale Magnetfeld zu analysieren und daraus Orts- und Navigationsinformationen abzuleiten.«

Tyler nickt verstehend – eine Art GPS also, nur ohne die auf Xibalbá fehlenden Satelliten. Die Idee ist schlau, aber wirklichen Gefallen findet er an all dem nicht. Er befürchtet, dass der dritte Trip nach Xibalbá eher ein Hindernisparcours wird. Da sind die Marines, die ihren Chef suchen wollen. Dann die ganzen Techniker, die möglichst viele Erkenntnisse haben wollen. Dann gibt es noch Ethan Shaw, der Ruhm und Ehre einfahren will. Eddi, der überhaupt nicht mitkommen möchte, dessen Teilnahme Tyler aber als Bedingung gefordert hat. Denn er braucht jemanden, der ihm den Rücken freihält.

Und dann ist da noch er selbst, der weiß, dass man das Portal zum Luftplaneten nur von der anderen Seite schließen kann. Er denkt kurz an Adriana, die immer noch in einem anderen Gefängnis untergebracht ist, weil sie Mexikanerin ist.

Er hat anfangs lange überlegt, ob er sie auch mitnehmen möchte, aber er ist von dem Gedanken abgekommen. Sie wollte sich beim zweiten Besuch opfern, um das Portal zu schließen, und hat es am Ende nicht getan. Nein, Adriana will er nicht mitnehmen. Die soll sich mit Diego ein ruhiges Leben machen. Beide haben schon genug durchgemacht.

Bei dem Gedanken wird Tyler ganz wehmütig. Er hat sich die Rückkehr auf die Erde auch anders vorgestellt als mit

Gefangenschaft und einer direkten Rückreise nach Xibalbá, seiner dritten und womöglich seiner letzten.

Ja, seiner letzten. Wenn er sieht, wie mächtige Männer wie Ethan Shaw sofort in unbedachten Wahnsinn verfallen, um Ruhm und Ehre einzustreichen, oder die ganzen Wissenschaftlerinnen und Wissenschaftler danach lechzen, Xibalbá bis ins Detail zu erforschen, weiß er, dass er Itzamná die Wahrheit gesagt hat.

Die größte Gefahr droht Xibalbá von den Menschen.

Und dafür ist jene entfernte Welt zu schön, um sie auch noch zu zerstören. Reicht schon, dass man die Erde an den Rand des Kollapses geführt hat.

Das Schicksal will er Itzamná und seinen Freunden ersparen.

Ja, diese Geschichte darf sich kein zweites Mal wiederholen.

Brooke blickt zur gleichen Zeit aus einem vergitterten Fenster des Jugendgefängnisses *Reclusorio Juvenil del Caribe* und kann nicht glauben, was hier passiert ist. Mehrere Insassen inklusive Diego sind verschwunden, der Zaun draußen eingerissen, der Stacheldraht liegt wie eine schlaffe Wurst auf dem Gelände. Die Wärter stehen Patrouille, der Außenbereich ist abgesperrt. Überall wimmelt es von Polizei und Sicherheitskräften. Auch die Presse sieht sie schon, wie sie sich mit ihren Sendewagen in einiger Entfernung positionieren und mit Live-Berichterstattung loslegen. Wen wundert's? Die Bürger wollen wissen, wenn gefährliche Häftlinge ausgebrochen sind.

Eine mexikanische Sicherheitskraft tritt zu ihr und meint, die Zeugin wäre soweit. Brooke nickt und folgt der Wärterin durch das Gewirr von Gängen und Schleusen.

In einem Raum wartet eine verstörte Jugendliche auf sie. Sie sieht gehetzt aus, das Haar ist kurz geschoren, die Haut voller blutiger Kratzer.

Brooke setzt sich ihr gegenüber und signalisiert der Wärterin, dass sie den Raum verlassen soll. Zu ihrer Überraschung gehorcht die Mexikanerin. Es ist nicht immer so, wenn die Amerikaner bei den Mexikanern tun und walten, wie es ihnen beliebt.

Als die Tür zu ist, verlangt Brooke:»Beschreiben Sie das Ding, das Sie gesehen haben.«

Die Finger der Jugendlichen zittern.»Wer sind Sie?«

»Das spielt keine Rolle. Also, bitte.«

»Es war gruselig«, sagt sie schwer atmend,»und hässlich. Wie aus einem Albtraum.«

Brooke erinnert sich an ihre Begegnung mit dem Alien und hört wieder dieses Rascheln von Pergament, als es damals an ihr vorbeigeflogen ist.»Konnte es fliegen?«

Die Jugendliche nickt. »Es hat mich angeflogen und berührt und dann ist es über mir verschwunden.«

»Hat es Sie verletzt?«

Die Jugendliche schnaubt und zeigt auf ihr Gesicht. »Überall hat es mich zerkratzt. Ich weiß nicht, womit es mich erwischt hat. Es muss voller Dornen und Widerhaken sein. Was war das?«

Brooke schweigt und zieht ein Notizbuch aus der Hosentasche. Sie legt es samt einem Bleistift auf den Tisch und schiebt es der Jugendlichen rüber.»Können Sie zeichnen?«

Die Jugendliche hebt die Augenbrauen.»Zeichnen?«

»Ja, malen Sie es bitte.«

Die Jugendliche bläst die Wangen auf, greift aber nach dem Stift und dem Notizbuch. Einige Minuten kritzelt sie darauf herum, dann schiebt sie beides wieder über den Tisch zurück.

Brooke mustert die erstaunlich gute Zeichnung lange Sekunden. Ihr Herz pocht schneller. Es handelt sich eindeutig um das Alien. Das Mädchen hat einen schlanken Körper gemalt, aus dem insektenartige Beine und Gliedmaßen sprießen, dazu Flügel und einen Kopf mit diesem facettenreichen, riesigen Auge. Brooke klappt das Notizbuch zu und steckt es wieder ein.

»Danke. Das wäre es gewesen.«

»Wie? Was? Sie wollen mir nicht sagen, was es war?«

Brooke erhebt sich und tritt zur Tür. Für einen Moment überlegt sie, ob sie tatsächlich die Wahrheit sagen soll, aber das wäre kontraproduktiv. »Es ist eine Mutation aus dem Dschungel«, lügt sie schließlich. »Nichts Ungewöhnliches.«

Das Mädchen sieht ihr mit großen Augen hinterher, dann ist Brooke gegangen. Auf dem Flur bleibt sie aber nochmals stehen, denn so kann sie das Mädchen nicht zurücklassen. Überhaupt kann sie das Mädchen nicht zurücklassen. Wenn von ihrer Geschichte irgendetwas an die Presse dringt, wird es nicht lange dauern, bis man eins und eins zusammenzählt und das Wesen mit den Aktivitäten in Chac Mool in Verbindung bringt. Schon allein aufgrund der geografischen Nähe.

Brooke seufzt und geht zurück zur Tür. Die Wärterin ist schon darin verschwunden und will gerade das Mädchen herausführen, als Brooke den Kopf schüttelt und wieder ins Zimmer deutet. »Was wollen Sie noch von mir?«, fragt das Mädchen angriffslustig.

Brooke schließt die Tür und mustert sie. »Weswegen sitzen Sie ein?«

Das Gesicht des Mädchens wird grimmig. »Das geht Sie einen Scheißdreck an.«

»Antworten Sie, oder Sie kommen hier nie wieder raus.«

Zorn huscht über ihr Gesicht, aber sie sagt gepresst: »Totschlag. Es war ein Unfall.«

»Ein Unfall also. Wie ist es passiert?«

Das Mädchen senkt den Blick. »Wir haben einen Wagen geklaut im Suff und damit jemanden totgefahren.«

Brooke versteht. Für einen Moment wägt sie ab, aber vor ihr sitzt sowieso ein verschwendetes Leben. Sie kramt also in ihrer Tasche herum und zieht ein kleines Metalletui hervor. Darin liegen drei Tabletten. Eine davon nimmt sie heraus und tritt zum Mädchen. »Nehmen Sie die.«

»Was ist das?«

»Nehmen Sie die!«

Das Mädchen schüttelt den Kopf und will sich wehren,

doch Brooke packt blitzschnell zu, zwingt ihr den Kiefer auf und schiebt ihr die Tablette zwischen die Zähne. Schnell drückt sie den Kiefer zu. Die Tablette knackt und das Mädchen starrt sie ungläubig an, während sie das Gesicht verzieht. »Was zum Teufel war das?«

»Die Erlösung.«

Schon beginnt das Mädchen zu zucken und bricht keine zwanzig Sekunden später auf dem Boden zusammen. Brooke überkommt ein trauriges Gefühl, aber sie muss Schadensbegrenzung betreiben, solange Ethan Shaw nicht zurück ist.

Sie klopft daher an die Tür, und die Mexikanerin blickt herein. Sie sieht das Mädchen auf dem Boden und will schreien, doch Brooke schlägt ihr mit der Handkante gegen den Kehlkopf, was die Wärterin zu Boden schickt. Schnell schließt Brooke die Tür hinter ihr. Sie zerrt die um nach Atem ringende Wärterin zu dem toten Mädchen und zieht dort mit deren Hand die Pistole der Wärterin aus dem Gürtel.

Die Wärterin krächzt in Panik, aber Brooke ist erbarmungslos. Sie hebt die Pistole in der Hand des Mädchens und drückt ab. Danach führt sie die Hand weiter an den Kopf des Mädchens und drückt abermals ab.

Auf leisen Sohlen verlässt sie das Zimmer und schließt die Tür.

Schadensbegrenzung. Wie sie den Begriff im Kontext ihres Jobs doch hasst.

Tyler kann sich endlich für ein paar Minuten aus dem Trubel im Zelt abseilen. Die Pause braucht er auch, denn sein Kopf pocht. Nach den langen Tagen in Isolation sind ihm die vielen Menschen und Unterhaltungen zu viel. Viel zu viel. Er sehnt sich nach Ruhe und Stille.

Mit den Händen in den Hosentaschen schlendert er daher ein Stück durch den Dschungel; zwei Soldaten folgen ihm wie Schatten, aber das ist okay, solange sie ihn nicht ansprechen.

Der Pfad führt zwischen Palmen, Schlingpflanzen und

Farnen durch das Dickicht. Den Lärm des Zelts hat der Dschungel schnell verschluckt. Es ist nur das Tropfen des Kondenswassers aus der schwülen Luft zu hören.

Tyler atmet tief durch. Seine Gedanken sind aufgewühlt. Obwohl ihm seine Ziele klar sind, hat er doch ein schlechtes Gewissen wegen Eddi. Er hat verlangt, dass Eddi ihn begleiten muss. Er will einen Freund dabei haben, einen, auf den er sich verlassen kann. Und auch wenn er Eddi mehr oder weniger zu einem dritten Besuch auf Xibalbá zwingt und weiß, was er von ihm verlangt, besteht für ihn kein Zweifel, dass er auf Eddi zählen kann. Er ist ein feiner Kerl.

Aber Tyler wird auch alles tun, damit alle unbeschadet zurück auf die Erde kommen. Wie es die Kampftaucher gesagt haben: Niemand wird zurückgelassen.

Außer mir selbst vielleicht. Der Gedanke schreckt Tyler sonderbarerweise nicht. Er wäre auf Xibalbá nicht allein. Er hat dort Freunde, den Leviathan und Itzamná. Und wenn er daran denkt, wieder mit einem der Wesen zu verschmelzen und seinen Geist in den Gedanken des Kollektivs zu verlieren, ist das eine angenehme Perspektive. Möglicherweise würde das sogar das ewige Leben für ihn bedeuten. Ewiges Leben!

Tyler muss lächeln, jedoch nur für einen Moment, denn der Pfad schlängelt sich um einen Felsen und führt direkt zurück zum Zelt. Davor sieht er in wenigen Metern Entfernung den Zustieg zur Cenote. Dort stehen Eddi und seine Fatima. Sie reden leise miteinander, während weitere Soldaten gebührend Abstand halten.

Der Anblick versetzt Tyler einen schmerzhaften Stich. Er bleibt einen Moment stehen und betrachtet die beiden. Selbst ein Blinder sieht die Liebe und das Knistern zwischen ihnen.

Da haben sich die Richtigen gefunden, die ich nun wieder für ein Abenteuer trennen werde. Ob er vielleicht doch ohne Eddi das Abenteuer wagen soll?

Es fühlt sich nur völlig falsch an. Er braucht ihn, das spürt er ganz deutlich. Etwas in seinem Kopf sagt ihm, dass Eddi auf Xibalbá noch eine wichtige Rolle spielen wird.

Also sind die Würfel gefallen. Tyler setzt seinen Weg fort und hält auf Eddi und Fatima zu.

Als die beiden ihn bemerken, verzieht Eddi den Mund, aber es wirkt weder grantig noch böse, sondern eher traurig, wohingegen Fatima Tyler grimmig anfunkelt.

»Schönen Dank noch mal!«, faucht sie ihn an.

Tyler will etwas erwidern, doch Eddi sagt: »Lass es bitte, Fatima.«

Sie wendet sich ihm zu. »Warum? *Du* musst jetzt wieder hinüber! Ein drittes Mal, und erneut willst du es nicht! Geht man so mit Freunden um? In meiner Welt nicht!«

Eddi senkt den Blick, als Tyler meint: »Richtig ist es auch nicht, und ich entschuldige mich schon vorher dafür – bei euch beiden.«

Fatima schnaubt. »Warum zwingst du ihn dann?«

Tyler zuckt mit den Schultern. »Ich kann es dir nicht sagen, es ist ein Gefühl. Ein Gefühl, dass ich ihn auf der anderen Seite brauche. Dass er eine wichtige Rolle spielen wird.«

»Oh, eine wichtige Rolle. Als ob nicht irgendeiner von diesen Elite-Soldaten seine Rolle viel besser einnehmen könnte.«

Tyler hebt die Achseln. »Womöglich. Ich habe auf Xibalbá allerdings gelernt, mich auf meine Intuition zu verlassen.« Bei den Worten sucht er Eddis Blick, der ihn erwidert. Welche Emotionen allerdings in Eduard Jones miteinander ringen, kann Tyler nicht sagen.

Zu seiner Freude nickt Eddi nur. »Ich komme auch mit. Ich spüre sogar, was du meinst mit dem Fühlen.«

»Wirklich?«

»Ja. Mein Herz sagt, ich soll hierbleiben, bei meiner Fatima. Aber da ist etwas, hier in meinem Kopf«, er klopft sich mit dem Zeigefinger gegen den Schädel, »das sagt, dass du völlig recht hast. Ich muss mit. Und nur deswegen werde ich es tun. Nur deswegen.«

Fatima schnaubt, schüttelt den Kopf, wendet sich ab und stapft davon. Eddi blickt ihr traurig hinterher, bevor er sich wieder Tyler zuwendet. »Ist schon okay«, sagt er leise. »Du kannst auf mich zählen. Ich weiß zwar nicht, warum, aber du scheinst zu wissen, was zu tun ist. Und du hast uns schon zweimal sicher zurückgebracht, dann also auch ein drittes Mal.«

Tyler lächelt ohne Freude, klopft seinem Freund auf die Schulter und geht ebenfalls Richtung Zelt davon. Noch einmal blickt er zurück zu Eddi, der nun selbst mit den Händen in den Hosentaschen am Rand des Wasserlochs steht und in die Dunkelheit der Cenote blickt.

Er ist wirklich ein feiner Kerl, den man sich zum Freund wünscht. Das macht es Tyler nur nicht einfacher.

Hoffentlich enttäusche ich sein Vertrauen nicht.

Mit dem Gedanken wendet sich Tyler ab und trottet die letzten Meter zurück zum Zelt.

Dort erspäht er sofort die CIA-Agentin, umringt von einer Menschentraube. Alle wollen etwas von ihr, wie das nun mal bei Führungskräften so ist.

Tyler ist froh, dass er nicht sofort wieder im Mittelpunkt steht, und holt sich etwas zu trinken. Mit einem kühlen Wasser tritt er schließlich zu der Menschentraube.

Als Brooke ihn bemerkt, wimmelt sie die anderen ab und kommt zu ihm. »Wie ich gehört habe, ist alles für die Rettungsmission in Vorbereitung.«

Tyler nickt. »Sobald wir das Go von den Tauchern und der Technik haben, können wir starten.« Tyler nippt an dem eisgekühlten Wasser. »Was ist nun mit Diego?«

Brooke zuckt mit den Achseln. »Er ist verschwunden, wurde offenbar von dieser Motte befreit.« Sie zückt ein Notizbuch, blättert es auf und zeigt eine Seite Tyler. Darauf ist eindeutig eine grobe Skizze des Luftwesens zu erkennen.

»Es gab also einen Zeugen?«

Brooke nickt. »Allerdings fehlt von dem Wesen und Diego jede Spur. Ich habe eine verdeckte Fahndung eingeleitet, aber das Ganze wird schwierig, weil die mexikanische Polizei ebenfalls involviert ist. Ich kann eigentlich nur noch Schadensbegrenzung betreiben und versuchen, alles so lange wie möglich unter Verschluss zu halten. Daher bin ich froh, dass die Rettungsmission baldmöglichst startet. Ich habe keine Ahnung, was hier los ist, wenn es mit Mexiko eskaliert.«

»Wie hoch schätzen Sie das Risiko ein?«

Die Agentin hebt resignierend die Hände. »Bei einhundert Prozent. Die Frage ist daher, wann es eskaliert. Aber lassen Sie das meine Sorge sein. Benötigen Sie noch etwas für die Mission?«

Tyler schüttelt den Kopf. »Ich habe alle Wünsche angebracht. Wenn mir noch was einfällt, melde ich mich. Wir sollten allerdings noch mal über Adriana sprechen. Sie haben sie vermutlich noch nicht über das Verschwinden ihres Bruders informiert.«

Brooke schüttelt den Kopf. »Sie sitzt noch ein und weiß von nichts.«

»Dann sollten Sie sie informieren, sobald wir durch das Tor sind. Involvieren Sie sie in die Suche nach Diego. Geben Sie ihr Freiheiten. Adriana ist eine gute Frau. Zuverlässig und belastbar. Die will sich im Endeffekt nur um ihren Bruder kümmern.«

Die Agentin winkt ab. »Sie stellen sich das so leicht vor. Ich kann die nicht einfach herumspazieren lassen. Wir versuchen alles, um Informationen unterm Deckel zu halten.«

»Schon klar. Deswegen meine ich ja: Unterstützen Sie sie. Sie kann sicher helfen. Sie hat einen guten Draht zu ihrem Bruder. Vielleicht weiß sie, wo er hingegangen sein könnte. Oder es kommt noch besser: Diego sucht einen Weg zu ihr!«

»Glauben Sie das?«

»Ich halte es für möglich. Überlegen Sie mal! Die Motte will höchstwahrscheinlich zurück in ihre Welt. Die hatte auf Xibalbá schon eine Verbindung mit Diego und hat ihn nun womöglich befreit. Was glauben Sie also, was Sie als Nächstes tun werden? Genau: Adriana befreien, um Hilfe zu erhalten.«

»Das wäre unschön.«

»Ja, das glaube ich. Damit Sie also nicht noch mehr Aufmerksamkeit durch Entflohene bekommen, lassen Sie sie gleich frei. Stellen Sie sie von mir aus unter Beobachtung.«

Tyler tritt auf Brooke zu und baut sich direkt vor ihr auf. Er kann ihren Schweiß und ein blumiges Parfum riechen. »Tun Sie nur nichts mit Gewalt. Gehen Sie vorsichtig mit dem Außerirdischen um.«

»Vorsichtig? Ich bin froh, wenn wir das Wesen einfangen.«

»Sie meinen, töten? Das ist doch immer das, was Menschen tun, wenn sie vor etwas Angst haben. Vermeiden Sie das, bitte. Versetzen Sie sich mal in die Lage dieses Wesens. Es ist unfreiwillig durch ein Portal auf eine fremde Welt gekommen. Dort hat man versucht, es sofort zu töten, und es musste fliehen. Es ist womöglich verängstigt, möglicherweise geschwächt und will wahrscheinlich nur eins, zurück nach Hause.«

Die Agentin sieht nicht überzeugt aus. »Und Sie glauben, dafür holt es sich Hilfe bei einem Jugendlichen? Das ist lächerlich.«

»Ist es nicht. Diego ist die einzige Kontaktperson, die es auf Xibalbá gab. Sie sollten auch schnell aufhören, in menschlichen Denkstrukturen zu denken. Das Alien könnte eine völlig andere Perspektive haben. Itzamná hatte eine andere Perspektive. Das Wesen unterscheidet daher womöglich nicht, ob Diego ein Jugendlicher ist oder nicht. Er kennt den Begriff *jugendlich* wahrscheinlich gar nicht. Verstehen Sie? Diego hat dem Wesen geholfen, und jetzt braucht das Wesen erneut Hilfe. Deswegen hat es ihn wohl befreit. Deswegen würde ich davon ausgehen, dass die hier aufschlagen.«

Und womöglich durchs Portal wollen. Ein Punkt, den Tyler nicht bedacht hat. Er hatte eher erwartet, dass das Wesen es einfach nicht überlebt hat.

Aber spielt es eine Rolle? Macht es einen Unterschied, ob das Wesen hier auf der Erde verbleibt oder doch durch das Tor nach Xibalbá gelangt? Vorher meinte Tyler, dass es Jäger sind und womöglich eine Invasion zu befürchten sei. Unter dem Gesichtspunkt wäre es besser, es an einer Rückkehr zu hindern.

Allerdings würde das einer Ermordung gleichkommen,

und wer sind sie, ein fremdes Lebewesen, das womöglich in Angst und Panik ist, erst mal zu ermorden?

»Sie wissen auch nicht, was besser ist, oder?«, fragt Brooke unvermittelt.

Tyler seufzt. »Das hängt auch alles von der Perspektive ab. Ich denke mir nur, dass eine gewalttätige Auseinandersetzung als Erstkontakt sicherlich nicht die beste Begrüßung ist.«

Allerdings ist es vielleicht das Beste für Xibalbá. Und vermutlich auch das Beste für die Erde. Tyler ist überzeugt, dass die Menschheit nicht so weit ist, mit fremden Lebensformen in Kontakt zu treten. In friedlichen Kontakt.

Allerdings muss er sich nicht alle Baustellen ans Bein binden. Seine persönliche Mission lautet, Xibalbá zu retten. Xibalbá und nicht die Welt dieser Luftwesen.

Cancún, 2. Juli 2045

»Beto? Die *chava* sitzt draussen.«

Iktan greift in die Schublade seines Schreibtischs und hebt drohend die Peitsche.

Sein Cousin Pedro lacht bloß. »Schlag nur zu, das wird eine schöne Geschichte auf dem nächsten Familientreffen. Die Tanten sind ganz versessen darauf.«

»Mensch, Pedro, begreifst du nicht, dass du dir selbst schadest, wenn du meine Autorität untergräbst? Wer hat dir diesen Job besorgt, hä? Das war nur möglich, weil ich hier Licensiado Iktan Humberto Pérez Martínez bin, nicht Beto.«

Iktan steht auf, zieht seinen Cousin, der immer noch im Türrahmen steht, ganz ins Büro und schließt die Tür hinter ihm.

»Nun mach dir nicht ins Hemd«, sagt Pedro. »Das hat doch außer uns niemand gehört.«

»Und was ist mit Camila, meiner Sekretärin?«, fragt Iktan leise. »Wenn du willst, dass es alle wissen, brauchst du es bloß Camila zu erzählen.«

»Wieso hast du sie dann in dein Vorzimmer gesetzt, wenn sie so eine Tratschtante ist?«

»Sie redet nicht nur viel, sie erfährt auch alles. Als

Direktor muss ich doch wissen, was in meiner Einrichtung so abläuft.«

»Und was läuft so?«

»Du verdienst dir zum Beispiel etwas hinzu, indem du den Insassinnen beim Einkaufen hilfst.«

Pedro reißt die Augen auf. »Das sagt Camila?«

Iktan nickt. »Und mehr! Aber es ist okay, solange es bei Tampons, Pillen oder Zahnpaste bleibt. Aber komm bloß nicht den Narcos in die Quere.«

Sein Cousin schüttelt den Kopf. »Hältst du mich für bescheuert? Ich will nicht im Bundesgefängnis landen. Aber sag, was hast du mit der *chava* vor?«

Iktan grinst. »Gib zu, du würdest sie auch gern ...«

»Du alter Hurenbock. Wenn das die Tanten hören!«

Das wagt sein Cousin nicht. Die Tanten sind vor allem die sechs Schwestern seiner Schwiegermutter. Sie würden es zwar seiner Frau nicht erzählen, aber sie würden ihn leiden lassen.

»Pedro, du bist ein toter Mann, wenn du ...«

Pedro legt ihm die Hand auf die Schulter. »Beto, wer hat dich damals gegen die Nachbarsjungen verteidigt? Ich wünsche dir viel Spaß. Mach dir keine Sorgen.« Er verschließt mit den Fingern seinen Mund. »Ich kann Geheimnisse bewahren.«

Endlich sitzt Adriana vor ihm. Sie wirkt nervös. Iktan streicht sich durch die Haare. Er hat heute morgen extra Parfüm aufgelegt. Seine Frau hat sich gewundert, aber er hat es auf die CIA-Tussi geschoben.

»Wie geht es dir?«, fragt er.

»Ich bin hier eingesperrt, obwohl ich nichts Ungesetzliches getan habe. Wie soll es mir da gehen?«

Adriana wippt mit den Füßen. So schlecht unter Kontrolle hatte sie sich beim letzten Mal nicht. Iktan sieht auf die Uhr. Es ist kurz nach zwei am Nachmittag. Zwischen vier und fünf

Uhr soll der Transport kommen, der Adriana abholt. Aber davon kann sie eigentlich nichts wissen.

»Das klärt sich bestimmt bald auf«, sagt Iktan. »Mach dir keine Sorgen. Ich kümmere mich persönlich darum.«

Er wird ihr nicht verraten, dass er sie schon verloren hat. Ober schlägt Unter, so ist das nun einmal. Dass eine mexikanische Bürgerin an Unbekannte ausgeliefert werden soll, ist Mist, aber er hat nicht die Position, um das zu verhindern.

»Du wirkst wirklich sehr nervös«, sagt er. »Brennt dir etwas auf der Seele?«

»Mein Bruder, Diego. Ich habe nichts von ihm gehört, seit ...«

»Du hast ihn wie eine Mutter aufgezogen. Das ist so ... ehrenwert von dir.«

Grrr. Wieso fällt ihm kein passenderes Wort ein? Iktan schluckt. Die Gegenwart einer schönen Frau macht ihn nervös. Er steht auf und geht um den Schreibtisch herum. Adriana verzieht das Gesicht. Sie zeigt keine Angst, das ist gut. Ihre gefurchte Stirn und die Augen sprechen eher eine Warnung aus. *Komm mir nicht zu nahe.* Er muss sie noch ein wenig ... aufwärmen.

»Soll ich dich ein bisschen massieren? Nur die Schultern. Ich habe starke Hände.«

»Nein, danke.« Adriana streckt ihren Rücken durch. »Ich würde lieber noch am Hofgang teilnehmen. Etwas frische Luft wäre mir lieb.«

»Das schließt sich ja nicht aus«, sagt Iktan, aber Adriana schüttelt den Kopf.

»Es hieß, Sie wollten mit mir über Diego sprechen«, sagt sie.

Iktan atmet durch. »Ganz genau. Ich habe erfahren, dass er im Jugendgefängnis einsitzt, dessen Direktor ich ganz gut kenne.«

»Können Sie einen Besuch arrangieren? Das wäre ...«

Jetzt hat er ihre Aufmerksamkeit. Sehr gut.

»Einen Besuch, nein, das wäre zu gefährlich. Du bist begehrt, weißt du.« Er leckt sich unwillkürlich die Lippen.

»Draußen gibt es Leute, die dich am liebsten entführen würden, und Diego ebenso.«

»Ihr tut uns also einen Gefallen, was?«, fragt sie in spöttischem Ton.

Nicht so, Mädchen. »Ich meine das ernst. Die Sache mit der Höhle, da muss noch einiges mehr dahinterstecken. Erzähl es mir lieber nicht.« Zu viel zu wissen, kann lebensgefährlich sein. »Aber ich kann ein Gespräch mit Diego einrichten. Ihr könnt euch sehen und miteinander reden. Zehn Minuten lang.«

»Dreißig.«

Sehr gut. Adriana ist in die Verhandlungen eingetreten. Wo verhandelt wird, gibt es auch ein Ergebnis. Sie ist also nicht prinzipiell dagegen.

»Fünfzehn«, gibt er nach.

Eigentlich ist es nicht fair, sie auf diese Weise zu betrügen. In gut zwei Stunden, er sieht auf die Uhr, kommt der Transport.

»Dreißig«, sagt sie.

»Zwanzig.« Es ist egal, worauf sie sich einigen. Das Gespräch wird nie zustandekommen. Wenn er aber zu sehr nachgibt, macht er sich verdächtig.

»Dreißig.«

»Zwanzig. Adriana, du musst auch ein bisschen nachgeben. Das macht man so beim Handeln.«

Sie betrachtet ihn mit zusammengekniffenen Augen. Plötzlich wirkt sie nicht mehr nervös, als wäre ein Schalter umgelegt worden.

»Wir haben nicht über den Elefanten im Raum gesprochen«, sagt sie. »Über meinen Teil des Deals.«

Er schluckt. »Ja, du müsstest einfach ein bisschen … nett sein.«

»Sie wollen mich ficken. Das verstehe ich schon.«

Hitze steigt ihm ins Gesicht. Er fühlt sich wie ein ertappter Schuljunge. »Ich … Ich habe mit George gesprochen. Er schien nichts dagegen zu haben, also falls du dir deshalb Sorgen machen solltest.«

»Was?« Für einen Moment entgleiten Adriana die Züge. Sie starrt ihn mit großen Augen an, fängt sich aber sofort und verwandelt sich wieder in die lauernde Händlerin, die einfach nur einen guten Deal machen will. Was steckt da noch hinter ihrer Stirn? Aber es geht ihn nichts an. In zwei Stunden ist sie weg.

»Nichts«, sagt er. »Also ja, das ist es, was ich will. Aber du müsstest … einverstanden sein. Eine Hand wäscht die andere. Ganz einfach. Ein Deal zwischen zwei erwachsenen Menschen.«

»Habe ich Bedenkzeit?«

Iktan schüttelt den Kopf. »Jetzt oder nie.«

»Na gut.«

Wie bitte? Hat sie gerade zugestimmt? Ein Hitzeschauer fährt ihm durch den Körper, und diesmal nicht nur in die Wangen. Adriana steht auf.

»Nach dem Hofgang, okay? Ich brauche jetzt wirklich frische Luft. Dann mache ich mich ein bisschen zurecht und …«

Iktan sieht auf die Uhr. Der Hofgang geht bis drei, der Transport ist für vier Uhr angemeldet. Das gibt ihm eine Stunde. Mehr als genug.

»Einverstanden. Pedro wird dich fünf Minuten nach drei abholen. Du kannst die Unterwäsche gleich weglassen.«

So ein geiler, alter Sack. Adriana läuft ein Schauer über den Rücken, wenn sie an die Szene im Büro des Direktors denkt. Hoffentlich hält George Wort. Und was hat er, verdammt noch mal, mit diesem Typen abgesprochen? Das wird noch ein Nachspiel haben, auch wenn er sie aus diesem Dreckloch herausholt.

Danach müssen sie sich so schnell wie möglich um Diego kümmern. Ihr Bruder hält es hinter Gittern noch schlechter aus als sie. Und wer weiß, in welcher Gesellschaft sich Diego dort befindet. Kann sich ihr kleiner Bruder gegen den Nachwuchs der Narcos durchsetzen? Er ist zwar sportlich und stark, aber er ist ein Außenseiter und kennt die Gebräuche nicht. Sie will sich gar nicht vorstellen, wie er in der Dusche vergewaltigt wird, entkommt den Bildern aber nicht. So schlimm wird es doch dort hoffentlich nicht zugehen?

Adriana erschrickt, weil sie einen Stoß von hinten bekommt.

»Geh weiter, Chica«, sagt eine Wärterin.

Adriana läuft schneller, um zu der Frau vor ihr aufzuschließen. Die Insassinnen ihres Trakts dürfen den Hof jeden Tag von zwei bis drei Uhr nutzen. Das heißt, sie laufen eine Stunde lang in der Nachmittagshitze im Kreis. Adriana leckt sich die Lippen – es schmeckt salzig – und wischt sich den Schweiß von der Stirn. Trotzdem würde niemand auf den Hofgang verzichten. Einmal am Tag eine Stunde lang in den blauen Himmel schauen zu können, ohne dass Gitterstäbe den Ausblick in Streifen schneiden, ist unbezahlbar.

Ob Diego auch gerade so im Kreis marschiert? Dann betrachtet er in diesem Moment vielleicht denselben Himmel. Die Haare auf ihren Armen stellen sich auf. Es ist, als hätte das Magnetfeld der Erde hier einen Knoten, einen Tumor. Adriana schüttelt sich. Nach ein paar Schritten lässt das Gefühl nach. Von der anderen Seite des Hofes beobachtet sie ihre Traktgenossinnen. Eine reibt sich verwirrt aussehend die Oberarme, eine andere bindet die Haare zum Zopf, nachdem sie die Stelle passiert hat.

Bei der nächsten Runde spürt Adriana genauer hin. Sie schließt sogar kurz die Augen und streift dabei die Wand.

»Pass doch auf, Chica!«, ruft die Wärterin.

Das ist definitiv kein Magnetismus, eher ein elektrisches Feld. Sie streicht über die Haare an der Oberseite der Hand. Die Haut ist dort aber so schweißnass, dass keine Elektrizität zu bemerken ist. Bei der nächsten Runde wischt Adriana ihre Hand kurz an der Hose trocken. Diesmal prägt sich der Effekt stärker aus. Es kitzelt, als sie über die Haut reibt. Woher kommt ihr das denn bekannt vor? Adriana zieht die Luft ein. Da, das feine Aroma von Knoblauch.

Adriana dreht im Gehen den Kopf nach hinten. »Riechst du das auch?«, fragt sie.

»Das kommt aus der Küche«, sagt die ältere Frau hinter ihr.

Die Küche macht ab zwei Uhr Pause. Wieso sollte von dort Knoblauchgeruch in den Hof wehen? Es gibt eine bessere Erklärung, aber sie ist so ... fantastisch, dass sie sie doch nicht ernsthaft erwägen kann. Adriana sieht zum Himmel. Die Sonne ist sichtbar weitergewandert. Der Hofgang ist gleich zu Ende.

ALS DIE KLEINE GRUPPE DURCH DAS FOYER ZUR TREPPE geführt wird, bemerkt Adriana ein paar Uniformierte am Empfang. Sie tragen aber keine mexikanischen Uniformen, wie leicht an den Hoheitszeichen zu erkennen ist. Ein breitschultriger Mann streitet mit dem Offizier am Empfang. Sein Spanisch hat einen deutlichen Akzent. Der Offizier scheint sich prächtig zu amüsieren. Er hat die Hände hinter dem Kopf gefaltet und schaukelt auf seinem Stuhl. Worum es geht, versteht Adriana nicht. Der Offizier deutet aber immer wieder auf die große Uhr über dem Empfang.

Die Wärterin öffnet die Schleuse, hinter der die Treppe nach oben führt. Sie passen zwar alle hinein, aber es ist eng. Bis die Wärterin auf der anderen Seite aufschließt, ist Gelegenheit zum Tauschen. Wer etwas braucht, begibt sich in die Mitte der Gruppe und kann dann unbeobachtet mit Zigaretten, Hygieneartikeln oder Süßigkeiten handeln. Die Wärterin lässt sich bewusst Zeit. Dafür drückt man ihr vor dem Einschließen eine Provision in die Hand.

Adriana braucht heute nichts. Sie steht am Rand und beobachtet die Gruppe am Empfang. Jemand zeigt in ihre Richtung. Sie dreht sich weg. Allmählich kann sie die Aufregung nicht mehr unterdrücken. Was hat George geschrieben? *Wenn es knallt, renn zur Quelle*, oder so etwas. Der Knall, das könnte ein Schuss sein. Dann soll sie zur Quelle laufen, was dann wohl der Schütze wäre. Aber wie kommt die Person hier rein, und vor allem – wie kommen sie wieder raus? Hat es etwas mit den Leuten am Empfang zu tun? Hat George sie vielleicht dafür bezahlt, sie mit Gewalt zu befreien? Es könnte sich um Söldner handeln. Sie wirken so. Aber hat George genug Geld und die nötigen Verbindungen, um eine Söldnergruppe auf sie anzusetzen?

Die Frauen um sie herum tuscheln. Heute scheint es besonders viel Bedarf zu geben. Die Wärterin toleriert das, wird aber wohl langsam unruhig und fährt mit ihrem Schlüsselbund über die Gitterstäbe. Das klirrende Geräusch verstärkt Adrianas Nervosität. Sie sieht auf die Uhr im Foyer. Der große Zeiger steht exakt auf der Drei.

»Ist sie das nicht?«, sagt einer der Männer am Empfang auf Englisch. Sein Gegenüber nickt.

»Adriana Dolores Flores Ramírez, sind Sie das?«, ruft der Breitschultrige, der bisher mit dem Offizier verhandelt hat, nun auf Spanisch durch den Raum.

Adriana dreht sich um. Was wollen die Männer von ihr? Wenn George sie geschickt hat, verhalten sie sich ziemlich auffällig. Aber vielleicht gehört das zum Plan. Soll sie sich zu erkennen geben? Im Grunde ist es egal. Die haben sie sowieso schon erkannt. Adriana dreht sich wieder zu den Stäben.

»Was wollen Sie?«, fragt sie.

Der breitschultrige Mann setzt sich in Bewegung. Er scheint der Boss der Gruppe zu sein.

»He, was machen Sie da?«, fragt der Offizier hinter dem Empfangstresen.

Der Boss dreht sich kurz um und gibt einem seiner Männer ein Zeichen. Der so Beauftragte beugt sich blitzschnell über den Empfang, zerrt den Offizier an der Jacke zu sich heran und schlägt seinen Kopf auf die Platte des Tresens. Zweimal. Dreimal. Der Offizier rührt sich nicht mehr. Polternd rutscht sein Körper zu Boden.

Adriana sieht mit offenem Mund zu. Was tun die Männer da? Sind das wirklich ihre Befreier? Wen hat George denn da angeheuert? Sie hält sich an den Gitterstäben fest, damit das Zittern ihrer Hände nicht so deutlich zu sehen ist.

»Mach auf«, sagt eine ihrer Mitinsassinnen.

»Ja, mach auf, Joana«, sagt eine andere Frau. Sie hat wohl gesehen, was am Empfang passiert ist.

Die Wärterin nestelt an ihrem Schlüsselbund. »Ist ja schon gut. Erst braucht ihr ewig, und dann kann es euch nicht schnell genug gehen.«

Der Zeiger der Uhr rückt eine weitere Position vor. Zwei Minuten nach drei Uhr. Noch hat es nicht geknallt. Hätte George nicht klarer formulieren können, wie der Plan aussieht? Die Männer im Foyer sind allesamt bewaffnet. Wenn alle schießen, wohin soll sie dann rennen? Und wie kommt sie durch das Gitter?

»Lass das bleiben, Joana«, sagt der Breitschultrige auf Spanisch. »Schließ lieber den Eingang auf.«

»Sie haben mir gar nichts zu sagen. Gehen Sie gefälligst zum Empfang zurück.«

Joana ist mutig, aber als der Mann seine Waffe zieht und auf sie anlegt, sagt sie nichts mehr.

»Also?«, fragt der Mann.

»Lasst mich mal durch, Chicas.«

»Nein, Joana, das kannst du nicht tun«, sagt eine der Frauen.

»Das ist ein Überfall, merkst du das nicht?«, fragt eine andere.

Die Insassinnen stellen sich so, dass die Wärterin die andere Tür nicht erreicht.

»Ja, das ist ein Überfall«, sagt der Mann. »Und ihr habt die Wahl, ob er blutig oder sauber endet.«

Scheiße. Das kann nicht der Plan sein, den George aufgestellt hat. Hier geht es zwar um sie, auch wenn die anderen das noch nicht gemerkt haben, aber es geht nicht um ihre Freiheit.

»Hör nicht auf ihn, Joana«, sagt sie. »Mach die Tür zur Treppe auf.«

»Ja, los, schließ auf«, sagt eine andere Frau.

»Aber ihr seht doch …«

»Er kann nicht alle auf einmal erschießen«, sagt die Frau neben ihr.

»Außerdem wollen sie mich lebendig«, sagt Adriana.

Es knallt, und Joana stürzt in ihre Arme. Die Frauen schreien auf.

»Ja, dich wollen wir lebend, aber die anderen sind mir egal. Also los, komm raus.«

Adriana lässt die Wärterin los, der Blut aus der linken Brust läuft. So viel Blut. Ihr Schlüsselbund ist voll davon. *Wenn es knallt, lauf zur Quelle.* So ein Quatsch. Wenn es knallt, lauf weg, hätte George schreiben sollen. Aber sie kann nicht fliehen. Der Breitschultrige wird eine ihrer Mitinsassinnen nach der anderen töten. Sie wird schuld sein. Adriana lehnt sich an die Gitterstäbe.

»Ich gebe auf«, sagt sie. Der lange Zeiger steht jetzt näher an der Eins als an der Zwölf.

»Einen Scheiß tust du«, sagt die Frau neben ihr, bückt sich, nimmt das blutbespritzte Schlüsselbund auf, findet sofort den richtigen Schlüssel und öffnet die Tür zur Treppe. »Los, lauf!«

»Du blöde Fotze!«, ruft der Boss der Söldner. Wieder knallt es. Die Frau, die ihr geholfen hat, sackt zusammen.

»Ist bloß die Schulter«, flüstert sie. »Hau endlich ab. Scheiß-Narcos!«

Sie kennt die Frau überhaupt nicht, aber sie hat sich für sie geopfert. Adriana prägt sich ihr Gesicht ein. Sie will sich wenigstens an sie erinnern können. Dann rennt sie los.

ADRIANA HECHTET DIE TREPPEN NACH OBEN. SO SCHNELL war sie noch nie. Sie wusste gar nicht, dass sie so viel Kraft und Ausdauer hat. Getrieben wird sie vor allem von der Angst vor weiteren Knallgeräuschen. Jeder Schuss wäre eine weitere verletzte Insassin. Oder eine Tote. Aber es knallt nicht mehr. Dafür hört sie auf den Stufen unter sich Stiefel trappeln.

Sie erreicht das oberste Geschoss. Es ist dunkel, doch plötzlich schaltet sich mit Getöse ein großes Licht ein. Adriana kann es gar nicht fassen. Die Wand am Ende des Ganges hat sich geöffnet! Die heiße, staubige Druckwelle, die sich über sie wälzt, bemerkt sie erst, als lauter kleine Bruchstücke auf ihrer Haut aufschlagen. Sie reißt schützend die Arme vor das Gesicht, kann aber nicht verhindern, dass sie zu Boden geschleudert wird.

Ihre Verfolger kommen. Sie ist etwa drei Meter von der Treppe entfernt, als der erste Mann auftaucht. Es ist der Breitschultrige, der Boss. Adriana quält sich hoch. Ihre Knochen und ihre Brust schmerzen. Schon ist der Mann bei ihr. Er reicht ihr die Hand, aber sie wehrt ihn ab und bewegt sich langsam auf das Loch in der Wand zu. Der Mann breitet die Hände aus und gestikuliert beruhigend.

»Alles ist gut«, sagt er. »Wir holen Sie ab und bringen Sie an einen sicheren Ort.«

»Sicher? Das wird Joana anders sehen.«

Adriana denkt an den gebrochenen Blick der Wärterin. Der Mann hätte sie nicht erschießen müssen. Sie hat doch bereits auf ihn gehört! Aber das zeigt, was von seinen Versprechen zu halten ist.

»Joana, das war notwendig«, sagt der Mann. »So etwas muss man manchmal tun, um die Situation unter Kontrolle zu bringen. Wir mussten klarmachen, wer hier das Sagen hat. Da kann man nicht erst eine Familienaufstellung veranstalten, das ist Ihnen doch klar? Tatsächlich vermeidet man dadurch unnötige Opfer.«

Noch ein paar Schritte nach hinten, von der Treppe weg, wo weitere Männer auftauchen, hin zur Quelle der Explosion, was immer dort auf sie wartet. Das war also der Plan, den George sich ausgedacht hat. Er hat wohl nicht mit diesem Überfall gerechnet.

»Sie müssen vernünftig sein, Adriana. Wollen Sie denn Ihren Bruder nicht wiedersehen?«

Diego. Sie erstarrt. Dieser *cabrón* benutzt ihren Bruder als Druckmittel. Sicher steht das so in seinen Anweisungen. Alle

Welt weiß, dass sie Diego liebt wie ihren Sohn. Aber das bedeutet nicht, dass er die Wahrheit sagt. Diego geht es gut, hat ihr George versichert, wenn er dabei auch ein bisschen schmallippig wirkte.

»Was ist mit Diego?«, fragt sie, während sie kleine Schritte rückwärts macht. Sie will einen gewissen Abstand zwischen sich und den Boss der Truppe bringen. Er ist ihr körperlich klar überlegen. Ohne Vorsprung hat sie keine Chance, die rettende Öffnung zu erreichen. Auf den Überraschungseffekt braucht sie nicht zu setzen. Der Typ weiß genauso gut wie sie, dass hinter der frischen Öffnung jemand auf sie wartet. Sie wissen beide nicht, wer oder was es ist. Adriana beißt sich auf die Lippe. Sie muss George vertrauen, dass sie nicht einfach ein paar Stockwerke in die Tiefe stürzen wird. Aber hat er nicht mit dem Gefängnisdirektor um sie geschachert? Der Mann ist ein Angeber, aber wie er das gesagt hat, klang es nicht gelogen.

»Diego wartet auf Sie«, sagt der Breitschultrige und greift in seine Hosentasche. Sie benutzt die Geste als Ausflucht, ein paar schnelle Schritte in Richtung Öffnung zu machen. »Nein, keine Sorge, ich habe hier etwas für Sie.« Der Mann streckt ihr einen Zettel entgegen. »Von Diego. Er schreibt, dass Sie uns vertrauen können. Sie erkennen doch sicher seine Handschrift?«

Natürlich. Sie hat neben ihm gesessen, wenn er seine Hausaufgaben gemacht hat. Sonst wäre er lieber mit dem Fahrrad in der Gegend herumgefahren. Sie hat verfolgt, wie seine Schrift erst krakelig, dann rund und später wieder krakelig wurde. Aber dass dieser Zettel, der wie ein uralter Kassenbon aussieht, aber die wurden ja längst abgeschafft, tatsächlich von Diego kommt, ist unwahrscheinlich. Der Mann will bloß, dass sie ihren Arm ausstreckt, damit er sie daran packen kann. Auf so einen Trick fällt sie nicht herein.

»Nun kommen Sie schon, lesen Sie es selbst nach.« Der Mann kann sich ein überlegenes Grinsen nicht verkneifen. Er ist jetzt bestimmt stolz auf sich, dass er so genial improvisiert hat. Adriana kneift die Brauen zusammen, als müsste sie überlegen. Der Mann hat bestimmt eine höhere Schule besucht, studiert und eine teure Ausbildung durchlaufen. Sie ist nur zehn Jahre lang zur Schule gegangen und hat außer dem Tauchen nichts gelernt. Er weiß das, denn er hat ihr Dossier gelesen, also muss er sich überlegen fühlen.

Das ist ihre Chance. Sie dreht sich absichtlich nicht um, prüft die Entfernung zur Öffnung nicht, um ihn nicht auf falsche Ideen zu bringen. Es genügt ihr, dass der Straßenlärm hier schon deutlicher zu hören ist und ab und zu ein Windstoß ihren Rücken trifft. Sie kratzt sich am Kopf und beugt sich etwas nach vorn, sodass sie von unten zu ihm aufsieht. Männer mögen das, hat sie schmerzhaft gelernt, jedenfalls die, mit denen sie auf keinen Fall zu tun haben sollte. Aber es hat auch den Vorteil, dass sie ein bisschen näher zu sein scheint. Der Breitschultrige darf das Gefühl nicht verlieren, die Lage völlig im Griff zu haben. Kontrolle, das braucht er.

»Können Sie es auf den Boden legen?«, fragt sie.

»Na gut. Eine Geste des guten Willens.« Er bückt sich und legt den Zettel vor seinen Füßen ab. »Ist es so recht?«

Sie schüttelt langsam den Kopf. »Nicht ganz. Könnten Sie noch vier, fünf Schritte nach hinten gehen? Bitte.«

Natürlich erfüllt er nicht ihre Maximalforderung. Aber er geht drei Schritte rückwärts. Aus seiner Sicht genügt das, damit er sie sich schnappen kann, wenn sie den Zettel aufhebt. Dazu muss sie sich schließlich bücken, wobei sie ihn für einen Moment aus den Augen verlieren wird. Doch der Zettel interessiert sie einen Scheißdreck. Selbst wenn Diego in der Hand dieser Leute sein sollte, hat er bessere Chancen, je wieder freizukommen, wenn sie selbst auf freiem Fuß ist und für ihn kämpfen kann.

Der Mann sieht sie lauernd an. Sein Mund bewegt sich kaum sichtbar. Vermutlich zählt er die Sekunden und merkt selbst nicht einmal, dass er nicht nur in Gedanken rechnet. Sie darf nicht zu lange warten. Adriana hebt den rechten Fuß, dreht auf dem linken um hundertachtzig Grad und spurtet mit aller Kraft zu der Öffnung. Sie spürt dabei den Boden wie noch nie. Der ungeflieste Untergrund gibt ihren Sohlen genau den richtigen Widerstand. Das Getrappel hinter ihr versucht sie, zu ignorieren.

Halt nicht an. Bremse nicht. Die Öffnung ist kurz vor ihr. Adriana war nicht bewusst gewesen, wie weit man von hier sehen kann. Der Blick geht über eine Bungalowsiedlung, die mit der Entfernung immer grauer wird, je ärmer die Bewohner werden. An der Peripherie der Stadt scheinen alle Farben ausradiert zu sein. Jede Faser ihres Körpers will sie zwingen, anzuhalten, weil sie sonst in die Tiefe stürzt, aber ihr Kopf behält die Oberhand. Das Getrappel hinter ihr wird langsamer, doch sie behält ihr Tempo bei.

Nach einem letzten Sprung fliegt sie.

ADRIANA LANDET AUF EINER ART TISCHDECKE. DER STOFF fühlt sich an wie das Material, das ihre Oma immer beim Teetrinken auf den nierenförmigen, flachen Tisch gelegt hat. Es ist warm, wärmer als die vielleicht dreißig Grad Umgebungstemperatur, und es wickelt sie ein. Für einen Moment schießt ihr Panik ins Rückgrat, weil sie sich nicht mehr bewegen kann. Aber dann merkt sie erstens, dass sie noch Luft bekommt, und zweitens, dass sie sich noch immer vier oder fünf Stockwerke über dem Boden befindet, und drittens, dass auf sie geschossen wird, also beschwert sie sich nicht und lässt ihre Retter machen.

»Feuer einstellen!«, schreit der Breitschultrige.

Weitere Schüsse sind die Antwort. Statt des *Kazong*, mit dem der Boss der Truppe Joana erschossen hat, klingen sie nach *Rattazong*. Das müssen die bewaffneten Wärter auf den Mauern und im Turm sein. Ihnen hat niemand gesagt, dass in einem Loch im Gebäude bewaffnete Männer auftauchen würden, also halten sie sie natürlich für Eindringlinge. Hoffentlich erwischen sie sie. Der Breitschultrige hätte es verdient.

»Aufhören, ihr Dummköpfe!«, schreit er jetzt. »Wir sind Freunde!«

Offenbar glaubt ihm niemand, und es ist ja auch gelogen, also gesellen sich zum andauernden *Rattazong* neue *Kazongs*. Die Geräusche werden aber leiser. Sie bewegen sich offenbar von ihnen weg. Bald übertönt der Straßenlärm alles andere. Ihr seltsames Transportmittel – Adriana ahnt schon, wer sie gerettet hat – sackt ab und zu kräftig ab, vermutlich, um irgendwelchen Blicken zu entgehen, und landet schließlich. Schon bevor sich die Tischdecke um ihren Körper löst, verrät Adriana der Geruch, dass sie auf der Mülldeponie niedergegangen sind.

Sie erhebt sich. Eine Hand streckt sich ihr durch eine Lücke zwischen den Flügeln der Motte entgegen. Es ist eine kräftige Männerhand, aber noch nicht so abgenutzt, rissig und ramponiert wie die ihres Vaters, dafür warm, etwas schwitzig und mit festem Druck. Sie gehört Diego. Bruder und Schwester fallen sich in die Arme. Adriana weint vor Freude.

»Du Teufelskerl«, sagt sie schniefend.

»Das hast du größtenteils der Motte zu verdanken«, sagt Diego.

Sie lässt ihren Bruder los und betrachtet ihn. Obwohl sie sich bloß ein paar Tage lang nicht gesehen haben, scheint er gewachsen zu sein. Nein, nicht gewachsen. Erwachsen.

»Der Motte, echt?«

Als hätte sie darauf gewartet, hebt die Motte zwei ihrer Flügel, sodass das Auge zum Vorschein kommt.

»It-ti. Timi.«

Es ist unmöglich zu sagen, woher die hohen Geräusche kommen. Das Auge betrachtet sie starr. Dadurch wirkt es fast leblos, wie eine Maschine. Nur der feine Feuchtigkeitsfilm auf jedem Segment scheint sich in immerwährender Bewegung zu befinden.

»It-ti, vielen Dank!«

Die Motte antwortet nicht. Aber auch sie scheint größer als bei ihrem letzten Treffen zu sein. Adriana sieht sich um. An der guten Verpflegung auf der Erde kann es nicht liegen. Und wie hat es das Wesen geschafft, der Verfolgung durch die

Menschen zu entgehen? Oder hat Diego es aus irgendeinem Labor befreit?

»Hast du die Motte rausgeholt?«, fragt sie.

Diego schüttelt den Kopf. »Im Gegenteil. Sie hat mir die Flucht aus dem Jugendknast ermöglicht.«

»Von allein?«

»Allerdings. Sie muss irgendwie gespürt haben, wo ich bin.«

Adriana denkt an ihre Empfindungen beim heutigen Hofgang. Die Motte hat da vermutlich schon hinter der Wand gewartet.

»Ihr wart schon deutlich vor drei Uhr beim Gefängnis, oder?«, fragt sie.

»Ja, wir haben hinter der Mauer gewartet.«

»Und die Sprengung? Wie hast du die Motte dazu gebracht?«

»Oh, nein, das haben vier spezielle Drohnen erledigt. Die hat uns George besorgt. Ich habe ihn gebeten, uns zu helfen. Das war doch okay?«

»Ja, ich bin froh, dass ich jetzt draußen bin.«

Diego hat George also ins Spiel gebracht. George, mit dem sie noch ein Hühnchen zu rupfen hat. Aber das geht Diego nichts an.

»Was ist?«, fragt er. Diego kennt sie eben zu gut.

»Wie lief denn deine Befreiung ab? Erzähl mal!«

Diego grinst. »Das war ein Abenteuer.« Die Ablenkung hat funktioniert. Er berichtet ihr, was alles geschehen ist.

»Tja, und nun?«, fragt er zum Schluss.

»Ich glaube, wir wissen beide, was zu tun ist«, sagt Adriana.

Diego nickt. »Wir müssen die Motte nach Hause bringen.«

Xibalbá, 3. Juli 2045

ETHAN DURCHLEBT DIE HÖLLE. ZUM ERSTEN MAL IN seinem Leben bereut er eine Entscheidung, hasst sich sogar dafür, für seinen dummen Ehrgeiz, einen Beweis für Xibalbá finden zu müssen. Für den Ehrgeiz, Tauchen in einem Hard-core-Crashkurs lernen zu müssen. Für den Ehrgeiz, eine Welt ohne Ausrüstung zu erkunden.

Als die nächste Welle über ihm zusammenbricht, hasst er sich für all das.

Es sind viele erste Male für Ethan, denn auch zum ersten Mal in seinem Leben betet er zu Jesus Christus und dem Gott im Himmel. Er betet dafür, diesen Wahnsinn zu überleben. Wer auch immer sich ein Unterwasserportal ausgedacht hat, muss verrückt gewesen sein.

Wieder bricht eine Welle über ihm zusammen und wirbelt Ethan hin und her. Vielleicht fühlt sich die Wäsche in einer Waschmaschine so. Er weiß nicht mehr, wo oben und unten ist. Es ist dunkel, dann mal wieder rötlich dämmerig, dann wieder dunkel. Die Wassermassen sind kaum zu erahnen, sondern nur zu spüren.

Und dann die Schläge.

Immer wieder klatschten weiche, fahle Brocken, die auf der Wasseroberfläche schwimmen, wie nasse Säcke gegen ihn.

Wieder rumort es wie ein Donner, aber es ist mehr ein Erzittern des Wassers. Immer dann setzt Ethans Herzschlag für einen Moment aus, weil er meint, die Erde würde sich auftun und ihn verschlingen.

Nein, korrigiert er sich, *Xibalbá wird sich auftun, um ihn zu verschlingen.*

Die anderen beiden sind auch irgendwo, denn seine Sicherheitsleine ist maximal ausgerollt und die meiste Zeit auf Spannung. Der Tauchguide hatte versucht, sie aneinanderzuketten, aber bei dem Versuch haben sie sich nur mehr wehgetan und sich dann wieder separiert und sind die größtmögliche Distanz zwischen den Leinen eingegangen.

Kurzzeitig sieht er die Beleuchtung der Tauchmasken der anderen in etlichen Metern Entfernung aufflackern, aber dann kommt wieder das Wasser und taucht ihn in die Dunkelheit. Dort flirren auch andere Lichter vorbei und machen die Orientierung noch viel schwieriger.

Die Tarierwesten haben sie auf maximalen Auftrieb eingestellt, nachdem sie sich nach dem Übergang plötzlich in einem Ozean befanden. Auf Xibalbá begrüßte sie nämlich ein so starker Sog, dass sie beinahe mit Felsen kollidiert wären. Und eine solche Kollision wäre schlimm ausgegangen, wenn sich Ethan noch an die gezackten, dornigen Felsen erinnert.

Zum Glück waren der Tauchguide und der Mexikaner so geistesgegenwärtig, die Verwirbelungen zu erkennen und konnten sie mit ihrer Erfahrung ausnutzen. Sie haben sich in die Tiefe saugen lassen, um sich dann schräg abzustoßen und außerhalb des Wirbels nach oben an die Wasseroberfläche zu schwimmen.

Ethan hatte wie eine Puppe zwischen ihnen gehangen und ließ sie einfach ihren Job machen. Er ist sich sicher, dass er ohne die beiden längst tot wäre. Wie dumm war er auch, einen Beweis für Xibalbá zu suchen? Wie hirnrissig musste er sein.

Zum gefühlt hundertsten Mal bricht er durch die Wasseroberfläche. Gischt nimmt ihm die Sicht, dann prallt wieder einer der weichen Säcke gegen ihn.

Ethan keucht und schiebt ihn weg. Er vermutet, dass es Treibgut ist, irgendetwas Pflanzliches, Wurzeln oder so was in der Art. In jedem Fall fühlt es sich wie totes Fleisch an.

Still jetzt!, ermahnt er sich selbst, denn er weiß, wenn das Gedankenkarussell zu sehr Fahrt aufgenommen hat, kommt er daraus nicht mehr heraus. Wenn er einmal in Panik verfällt, könnte ihn das noch schneller das Leben kosten.

Er muss auch voll da sein, denn wieder packt ihn ein unsichtbarer Sog, der ihn abtreiben will. Und wieder wappnet er sich für die nächste Welle, aber die fällt diesmal nicht so heftig aus. Sie hebt ihn nur kurz in die Lüfte und lässt ihn wieder herunter. Zu seiner Überraschung klärt sich nach den nächsten Wellen sogar die Dunkelheit.

Ein roter Lichtstrahl erfasst ihn, in den er blinzelt. Er sieht plötzlich einen rostbraunen Himmel über sich, an dem ein Planet wie ein träges Auge hängt. *Der Saturn*, geht es ihm durch den Kopf. Wie gebannt starrt er auf das Firmament und kann nicht fassen, dass er wirklich in einer anderen Welt gelandet ist.

Allerdings währt das Erstaunen nicht allzu lange, denn neben ihm taucht ein Gesicht auf. Es ist der Tauchguide, an dessen Namen sich Ethan nicht einmal mehr erinnert. Der Marine gestikuliert wild und kommt dann mit kräftigen Kraulzügen zu ihm geschwommen.

Ethan hebt nur den Daumen. Sein Arm zittert dabei, so schwach ist er von der Anstrengung. Ihm ist übel, aber er weiß, dass er mit der Atemmaske jetzt nicht erbrechen darf. Allein die Vorstellung, die Maske abnehmen zu müssen, bringt ihn so nah an den Rand des Wahnsinns, dass die Übelkeit verschwindet.

Als er wieder bei sich ist und klar denken kann, ist auch El Flaco, der Düne, bei ihnen. Der Mexikaner und der Marine gestikulieren wild miteinander, während Ethan einfach zu müde dafür ist. Er lässt den Blick schweifen, aber selbst das strengt ihn zu sehr an.

Also schließt er sie und merkt, dass er sofort mental abdriften will. Doch er kann jetzt nicht schlafen, nicht hier, nicht auf dieser fernen Welt. Also müht er sich, die Augen wieder zu öffnen.

Das rote Firmament ist geblieben. Der Planet mit seinem Ring ebenfalls. Und eine unglaublich hoch anmutende Sturmwolke. Schwärzlich dunkelgrau erhebt sie sich vom Horizont bis in den Himmel. Es ist ein beängstigender Anblick, und noch mehr, als Ethan klar wird, dass sie sich wohl im Auge des Sturms befinden müssen.

Im Auge des Sturms.

Langsam dreht er sich einmal um die Achse und es stimmt: Sie befinden sich in einem gigantischen, wirbelnden Wolkenzylinder.

Kurz kommt ihm die Abbildung der Wirbel auf dem Maya-Relief in den Sinn, und bei der Vorstellung fängt er am ganzen Körper zu zittern an. Ihm wird klar, was das bedeutet: Sie haben gerade einmal die Hälfte der Hölle hinter sich. Sie müssen wieder hinein in den Sturm.

Ethan kommen bei der Erkenntnis die Tränen. Er will aber nicht weinen, nicht vor den anderen.

Zum Glück zerrt sich in dem Moment El Flaco die Tauchmaske vom Kopf. Das grau melierte, wirre Haar steht dem Mexikaner in alle Richtungen ab, während er sich Wasser aus dem Gesicht streift. Sein Mundstück hängt wie eine schlaffe Schlange ins Wasser.

»Vete a la mierda, Xibalbá!«, stößt er aus. »Was für ein Ritt!«

Ethan kann den Mexikaner nur entgeistert anstarren. Dann wird ihm bewusst, dass er nur wegen dieses Idioten hier ist, weil er das Portal mit ihrem Blut ausgelöst hat, und plötzlich kommt die Wut und mit der Wut kommt die Kraft.

Mit zwei harten Brustzügen ist er bei dem Mexikaner und versucht, sich auf ihn zu stürzen. Er schreit in seine Maske hinein und will seine Hände um den Mann schlingen und ihn ertränken.

Doch El Flaco packt ihn plötzlich am Ellbogen. Ihm fährt ein stechender Schmerz den Arm hinauf. Dabei taucht der

Mexikaner auch noch ab und ist plötzlich hinter ihm, verdreht Ethans Arm.

Ein weiterer Schmerz fährt ihm durch das Handgelenk, den Arm hinauf bis in die Schulter. Er schreit erneut in seine Maske hinein, die der Mexikaner ihm plötzlich mit der anderen Hand vom Kopf zerrt.

»Idiot!«, hört er ihn schreien. »Wollen Sie uns umbringen?«

Ethan keucht und spuckt und ringt nach Atem, weil er sich beinahe verschluckt hätte, als er die seltsam nach Knoblauch stinkende Luft eingeatmet hat, aber viel Zeit zum Nachdenken hat er nicht. Die Wut beherrscht alles.

»Sie!«, kreischt er. »Sie haben uns hierher gebracht!«

El Flaco, der Dünne, knurrt hinter ihm. »Weil Sie mich sonst beseitigt hätten! Geben Sie es doch zu, Sie Arschloch! Sie hätten mich umgebracht, damit ich nichts mehr sage.«

Ethan antwortet nicht darauf, denn der Schmerz in seinem Arm raubt ihm den Atem, als der Mexikaner noch mehr an seinem Handgelenk dreht.

Dann ist plötzlich der Tauchguide bei ihnen und hat sich ebenfalls die Maske abgenommen.

»Auseinander!«, brüllt er und drängt sich zwischen sie. »Seid ihr von allen guten Geistern verlassen? Schaut euch mal um, wo wir sind! Ja, auf irgendeinem Scheißplaneten im Auge eines Sturms, und ihr wollt euch prügeln? Das könnt ihr danach machen, wenn wir hier lebend herauskommen.«

Der Mexikaner knurrt einen Fluch, den Ethan nicht versteht, doch dann ist sein Arm frei.

Er reibt ihn sich und blinzelt Tränen des Schmerzes weg, bevor er sich den beiden zuwendet. »Und was schlagen Sie vor?«, bellt er den Tauchguide an. »Haben Sie irgendeinen Plan? Nein? Ich auch nicht. Scheiße, Mann!« Drohend hebt er den Zeigefinger Richtung El Flaco. »Sie wussten, dass es uns herübersaugen würde, oder? Sie wussten es!«

Der Mexikaner schnaubt und winkt ab. »Ich habe nur getan, was getan werden musste.«

»Sie egoistisches Schwein!«

»Ich? Sie sind die Ratte hier!«

Ethan sieht wieder rot und will sich auf den Mexikaner stürzen, doch plötzlich trifft ihn ein Schlag mitten ins Gesicht. Es ist der Tauchguide, der ihm eine gewischt hat. Der Schlag wäre wohl deutlich heftiger ausgefallen, würden sie nicht im Wasser schwimmen.

»Jetzt reißen Sie sich zusammen! Alle beide. Herrgott, ich bin auch nicht begeistert, dass wir hier gelandet sind. Und ich werde mit Ihnen«, er zeigt auf den Mexikaner, »ebenfalls ein Hühnchen rupfen. Aber erst *nach* der Rückkehr. Jetzt müssen wir zusammenarbeiten, um diesen Wahnsinn zu überleben. Also: Faktenanalyse. Was haben wir?« Er deutet in die Ferne zum Sturm. »Die Hälfte haben wir jetzt wahrscheinlich gerade so überlebt. Aber was da auf uns zukommt, könnte noch heftiger sein. Also, welche Optionen haben wir?«

Ethan ist plötzlich ganz müde und die Kraft scheint aus all seinen Gliedern zu weichen. »Keine Ahnung«, sagt er. »Im Auge des Sturms bleiben?«

El Flaco knurrt. »Das wird nichts. Wenn mich nicht alles täuscht, kommt das Ding verdammt schnell näher. So schnell können wir nicht mitschwimmen.«

»Das sehe ich auch so«, bestätigt der Marine. »Wir könnten abtauchen und hoffen, unter Wasser nicht in irgendwelche Strömungen zu geraten.«

»Hat ja vorhin super geklappt«, entgegnet der Mexikaner bissig.

»Immerhin besser als diese Achterbahnspülung an der Wasseroberfläche!«

Der Dünne nickt. »Das stimmt. Nüchtern betrachtet, ist Tauchen die sicherste Variante.«

Die sicherste Variante. Ethan würde lachen, wenn er nicht so erschöpft wäre. »Gut«, sagt er müde, »das klingt doch nach einem Plan. Nach einem Plan ...« Wieder fallen ihm die Augen zu, und diesmal kann er sich nicht mehr dagegen wehren.

Es ist, als schalte man ihm einfach das Licht aus.

Eᴉɴ Rᴜ̈ᴛᴛᴇʟɴ ᴡᴇᴄᴋᴛ ɪʜɴ ᴀᴜs ᴅᴇᴍ Sᴄʜʟᴀғ ᴅᴇʀ Erschöpfung. Ihm ist ganz schwummrig im Kopf und er muss mehrfach blinzeln, bis er überhaupt wahrnimmt, wo er ist. Dann reißt er die Augen auf, als er die schwarze Wolkenwand unweit von ihnen in den Himmel ragen sieht.

Eigentlich ist alles nur noch eine brodelnde Masse, in der es immer wieder grell aufleuchtet.

El Flaco und der Tauchguide treiben neben ihm, die Gesichter grimmig, die Masken über die Stirn geschoben, um sie nur noch aufsetzen zu müssen. »Da kommt was auf uns zu«, sagt der Tauchguide leise. »Ich schlage vor, wir tauchen dann so langsam ab.«

Ethans Herz pocht wie wild beim Anblick der Sturmwand. »Wie lange war ich weg?«

»Vielleicht zwei Stunden.«

»Wir haben derweil unseren Plan nochmals diskutiert.«

»Sehr schön. Und wie lautet er?«

»Wir werden abtauchen, auf circa dreißig Meter Tiefe. Juan hat die Tiefe überprüft, während Sie gepennt haben. Hier ist das Meer deutlich tiefer. Wir konnten keinen Grund mehr feststellen.«

Ethan kann nur nicken und abwechselnd auf die wetterleuchtende Wand vor ihnen und die Dunkelheit unter ihm starren. Er weiß nicht, was schlimmer ist. Die Vorstellung der Tiefe unter ihm oder der nahende Sturm.

Der kündigt sich langsam an. Immer wieder rumort es grollend, sodass sogar das Wasser erzittert.

»Wie lange werden wir tauchen müssen?«

El Flaco zuckt mit den Achseln. »Vielleicht zwei Stunden oder drei? Der Sturm ist laut unseren Schätzungen unglaublich schnell. Wenn wir Glück haben, zieht er zügig über uns hinweg. Allerdings kennen wir die Dimensionen nicht. Es kann auch sein, dass wir länger unten bleiben müssen. Wir werden sehen.«

»Haben wir genügend Sauerstoff?«

»Ja, genügend.« Ein harter Blick des Tauchguides trifft Ethan und dann El Flaco, aber der verkneift sich wohl seinen bissigen Kommentar und greift nach seiner Maske. »Na gut, dann tauchen wir ab. Zwanzig Meter Leine zwischen uns. Alle bereit?«

Nein, will Ethan sagen, aber natürlich ist er bereit, was bleibt ihm auch anderes übrig? Er zieht sich die Maske über den Kopf, aktiviert seine Sauerstoffzufuhr, hält den Kopf kurz unter Wasser, um die Dichtigkeit zu prüfen, und gibt dann sein Zeichen mit dem Daumen nach oben. Die anderen beiden nicken nur, und dann tauchen sie auch schon ab.

Ethan blickt ein letztes Mal in den Sturm, der wie ein zorniger Gott auf sie zurast. Ihm ist schlecht und er muss pissen, aber dafür hat er keine Zeit mehr. Trotz der Maske holt er wie im Schwimmbad noch einmal instinktiv tief Luft und taucht dann ab in die Dunkelheit.

Um schneller zu sinken, stellt er seine Tarierweste auf Sinken ein. Gemeinsam geht es für die drei dann hinab auf dreißig Meter Tiefe.

Dort schweben sie in der Dunkelheit, während El Flaco an einem der Tauchinstrumente herumhantiert und in eine Richtung zeigt. Offenbar haben sich die zwei mit den Geräten auf irgendeine Richtung geeinigt. Ethan hat davon keine Ahnung. Er will einfach nur woanders hin, raus aus diesem Meer, weg von diesem Planeten, heim in sein Büro, am besten gar nicht mehr in den Außeneinsatz.

Aber er kann nicht weg. Er muss jetzt hindurch, so wie man im Leben überall durch muss.

Also schwimmen sie mit langsamen Zügen in die Gegenrichtung des Sturms. Einige Zeit geht es auch gut, aber dann bemerkt Ethan, dass sein Tiefenbarometer schwankende Angaben fabriziert.

Es hebt und senkt uns. Außerdem sieht er, wie der Mexikaner und der Tauchguide immer wieder näher zusammenrücken und dann die Position wieder verändern. Es sind Strömungen unter Wasser. *Der Sturm ist also über uns.*

Ethan wird ganz mulmig im Kopf, und sein Herz pocht so

laut, dass er jeden Schlag wie eine Trommel hören kann. Trotzdem schwimmt er weiter und weiter und weiter.

Die Verwirbelungen werden aber immer schlimmer. Es ist, als zögen unsichtbare Hände an ihnen. Dazu kommen wieder die flirrenden Lichtpunkte. Immer wieder tauchen sie auf wie Glühwürmchen, zischen an ihnen vorbei und verstärken den Effekt der Orientierungslosigkeit. Allerdings scheint El Flaco ihnen weiterhin den Weg zu weisen. Immer wieder korrigiert er den Kurs und zeigt in eine Richtung. Er ist wie ein Leuchtturm in der Nacht. Der Dünne, der Mexikaner, den er umbringen lassen wollte, hätte er ihm nichts verraten. Und nun rettet er ihm möglicherweise das Leben.

Ethan verscheucht die Gedanken und konzentriert sich auf das Hier und Jetzt. Schwimmen und Kurs halten. Allerdings wird das immer schwieriger. Die zerrenden Hände werden zu Stößen, und immer wieder schleudert es ihn herum. Auch die anderen beiden kämpfen mittlerweile heftig. Und dann ist es plötzlich, als würde eine Kraft wie im Brunnenschacht sie erfassen. Es zerrt sie vorwärts. Es ist ein heftiger Sog, der sie in Spiralen antreibt – schneller und schneller. Und immer tiefer. Seine Tiefenanzeige dreht sich wie verrückt.

Ethan weiß, dass sie schnellstmöglich das Sinken unterbrechen müssen, denn mit der Standardausrüstung können sie nicht besonders tief tauchen. Der Druck auf ihre Lungen wird zu groß. Im Crashkurs hieß es, dass der Sauerstoffpartialdruck in der Atemluft so hoch werde, dass es zu einer Sauerstoffvergiftung kommen würde. Dies kann zu Symptomen wie Krämpfen, Bewusstlosigkeit und schlussendlich zum Tod führen.

Möglicherweise sind die Verhältnisse auf Xibalbá anders auf der Erde. Es herrscht womöglich eine andere Gravitation und eine andere Wasserzusammensetzung. Aber wie viel Unterschied wird das ausmachen? Ein paar Prozent mehr oder weniger.

Er wagt erneut den Blick auf den Tiefenmesser. Sie sind

schon auf minus fünfzig Metern. Einundfünfzig, zweiundfünfzig.

Die anderen beiden kämpfen heftigst dagegen an. Der Tauchguide schwimmt mittlerweile senkrecht nach oben, und El Flaco ist plötzlich bei ihm und hantiert an Ethans Weste herum. *Sie wollen aufsteigen,* wird ihm bewusst. *Aufsteigen.* Allerdings ist seine Tarierweste schon auf maximalen Auftrieb eingestellt, und trotzdem sinken sie weiter.

Der Strom ist einfach zu stark. Wenn sie nicht ein Wunder rettet, wird sie der Sog das Leben kosten.

Nein, meine eigene Dummheit.

Die Dummheit wird ihn nur nicht retten, und auf ein Wunder kann er auch nicht hoffen, nicht in einem fremden Ozean der Maya-Götter. Vielleicht hatten die Maya doch recht. Es ist die Hölle, die Unterwelt, der Ort der Angst.

Die will wieder nach Ethan greifen, aber er ist zu betäubt von all dem Wahnsinn und der Überlastung. Er kann nur mit ansehen, wie sie tiefer sinken. Sechsundfünfzig, siebenundfünfzig, achtundfünfzig Meter.

Bald ist Schluss, wie sich Ethan erinnert. Er fragt sich, wie das Sterben wohl sein wird. Eine Sauerstoffvergiftung. Es ist so höhnisch. Da reist er auf einen fremden Planeten und wird dort an einer Sauerstoffvergiftung sterben. Aber wie wird das ablaufen? Wird er einfach bewusstlos und schläft ein? Oder wird er nach Atem ringen und bis zuletzt kämpfen? Er meint, sich zu erinnern, dass es wohl zu Bewusstseinstrübungen kommen kann.

Irgendwie hat die Vorstellung etwas Tröstliches. Dann wäre der Wahnsinn endlich vorbei. Allerdings meint es Xibalbá nicht gut mit ihnen. Vielleicht verhöhnt die Welt Ethan, denn aus der Dunkelheit tauchen wieder flirrende Lichter auf. Diesmal nur deutlich komprimierter. Es sieht wie ein Schwarm aus, eine gewaltige Blase, die sich in pulsierenden Bewegungen ihnen entgegen schiebt.

Ethan meint zu halluzinieren, als er begreift, was er da sieht, aber tatsächlich ist es eine riesige Qualle. Sie leuchtet blau und weiß und rot und glitzert. Eine fluoreszierende, transparente Außenhaut spannt sich um sie, während eine wunderbare Krone aus Lichtern den unteren Ausgang bildet. Lange Tentakel aus glitzerndem Licht winden sich in die Dunkelheit.

Noch beeindruckender ist das Innere des transparenten Tiers, denn dort flimmern Schlieren und bunte Lichter umher. Es sieht aus, als wäre die Qualle gefüllt mit großen Kammern und dünnen Verästelungen, die in der Dunkelheit leuchten.

Für einen Augenblick vergisst Ethan, dass er gleich sterben wird und betrachtet fasziniert die übergroße Qualle.

Auf der Erde sind sie oft faust- oder eimergroß, doch die vor ihnen ist gigantisch, mehrere Meter im Durchmesser. Mit pulsierenden Bewegungen kommt sie gegen den Strom näher, während die Tentakel in den Verwirbelungen hin und her peitschen.

El Flaco und der Tauchguide sind plötzlich bei ihm. Während der Ex-Marine immer noch gegen den Sog ankämpft, starrt der Mexikaner genauso entgeistert auf die Qualle. Sie ist noch einige Meter entfernt und nähert sich ihnen weiter.

Ethan senkt den Blick auf seine Tiefenanzeige: minus zweiundsechzig Meter. Sie haben den kritischen Punkt erreicht. Er fühlt auch einen seltsamen Druck auf den Lungen. Er atmet ein und es fühlt sich unangenehm an.

Plötzlich ist die Panik da und er versucht, Luft in seine Lungen zu pumpen. Er atmet heftig ein und wieder aus und wieder ein und wieder aus. Niemand nimmt allerdings von seiner Panik Notiz. Der Tauchguide kämpft mit seinen muskulösen Beinen und den Powerflossen immer noch gegen den Abwärtstrieb, während der Dünne einfach neben ihm schwebt und das Ding anstarrt.

Plötzlich wird es richtig hell um sie herum. Die Qualle hat sie erreicht und schwebt keinen Meter entfernt vor ihnen. Der Tauchguide hört mit seinen Bewegungen auf. Es ist ein krasser Anblick, die drei dunklen Gestalten schwebend vor der überdimensionierten, leuchtenden Qualle.

Das war's also. Ethan erinnert sich an einen alten Filmklassiker, bei dem sich die Hauptfigur mit einer hochgiftigen Qualle das Leben nahm. Er meint sich zu erinnern, dass die giftigste Qualle der Welt die Seewespe ist, die in den Gewässern Australiens und in der Südsee vorkommt. Ihr Gift ist extrem stark und kann innerhalb von Minuten zum Tod führen. Ob die Qualle vor ihnen auch giftig ist?

Sie werden es gleich wissen, denn einer der Tentakel nähert sich ihnen. Er fährt sogar mit sanften Berührungen über ihre Körper.

Ethan will schreien, doch er kann nicht. Seine Lungen brennen.

Außerdem ist er wie erstarrt. Er kann sich einfach nicht mehr bewegen. Er ist ganz paralysiert von den Berührungen.

Das einzige, das sich an ihm noch bewegt, ist die Tiefenanzeige. Minus fünfundsechzig, minus sechsundsechzig Meter.

Er kann nicht mehr atmen. Ihm wird schwummerig. An den Rändern seines Blickfelds wabern schwarze Wolken, die nicht aus dem Wasser stammen, sondern von seiner eigenen Wahrnehmung.

Vielleicht soll es so sein. Vielleicht ist es ein Zeichen der Götter Xibalbás, dass sie ihnen im Angesicht des Todes noch einen schönen Anblick schenken. Wer weiß?

Plötzlich verspürt er den unbändigen Drang, die Qualle zu berühren. Er streckt den Arm aus und gleitet mit den Fingern an dem Hauptkörper entlang. Ein Wabern geht durch die Oberfläche. Und dann noch eins. Die wellenförmigen Bewegungen der Oberfläche werden vom Glitzern feinster Lichtpunkte begleitet. Es ist ein wunderschöner Anblick, mit dem er getrost sterben kann.

Nur El Flaco hat keine Lust zu sterben. Sein purer Überlebensinstinkt scheint die Kontrolle über ihn zu übernehmen. Ethan beobachtet irritiert, wie der Mexikaner mit harten Bewegungen weiter in die Tiefe schwimmt. Er hat ein Messer in der Hand. Plötzlich durchtrennt er auch die Sicherheitsleine. Wie eine schlaffe Schlange schwimmt sie davon.

El Flaco schwimmt weiter bis zur Unterseite der Qualle.

Mit den Fingern berührt er den leuchtenden Kronenkranz, packt zu und schiebt den Kopf dazwischen ins Innere.

Ein rhythmisches Wabern geht durch die Qualle, als sich der Mexikaner immer weiter hineinschiebt und sich mit einem Mal innerhalb der Qualle befindet. Wild gestikuliert er. Doch Ethan begreift es nicht. Ethan begreift nichts mehr.

Er sieht nur noch Schlieren und bekommt keine Luft mehr. Was auch immer der Mexikaner vorhat, für ihn kommt es zu spät.

Nur lässt der Marine niemanden zurück. Er packt Ethan am Tauchgürtel, zieht ihn mit sich auf den Kranz zu und drückt ihn dort mit Gewalt in das Innenleben der Qualle.

Ethans Kopf wackelt im Schlaf hin und her. Er spürt noch Hände, die ihn ergreifen und hineinzerren, als er ohnmächtig wird.

Es scheint nur ein kurzer Moment gewesen zu sein, denn als er wieder zu sich kommt, befinden sie sich immer noch in der Qualle. Der Tauchguide schiebt sich neben ihn. Alles leuchtet blau und weiß. Lichtpunkte flirren vor ihren Gesichtern herum.

Ihm gegenüber ist El Flaco. Der Mexikaner hat zu seiner Überraschung immer noch das Messer in der Hand.

Wozu?, fragt sich Ethan mit den letzten klaren Gedanken.

Dann sieht er nur noch, wie der Mexikaner mit der Klinge zusticht.

Puerto Aventuras, 3. Juli 2045

»Wen haben wir denn da?«, fragt George und kommt auf sie zu.

»Hast wohl meinen Namen vergessen?«, fragt Adriana.

Das Lächeln des Kanadiers fällt in sich zusammen. Er hat sich das Wiedersehen wohl anders vorgestellt. Aber Adriana kann nicht anders. Wie konnte er mit dem Direktor verhandeln, als wäre sie sein Eigentum?

»Ich bin froh, dass alles geklappt hat«, versucht es George noch einmal.

»Ich bin auch froh«, sagt Diego. »Was ist denn mit dir los, Adriana? Ist es wegen El Flaco?«

Sie haben lange überlegt, wo sie ihre dritte Reise nach Xibalbá vorbereiten sollen. Puerto Aventuras, ihr Heimatort, war ihr erst als schlechte Wahl erschienen – welcher Ausbrecher fährt denn als Erstes nach Hause? Aber dann haben sie festgestellt, dass El Flaco sich nicht meldet. George hat dann die Tauchbasis ausgekundschaftet – und festgestellt, dass Juan unterwegs sein muss. Und das sicher nicht allein. Dann war er offenbar auch der Verräter, der zu ihrer Verhaftung geführt hat.

»El Flaco ist mir egal«, sagt Adriana. »Er ist für mich gestorben. Probleme habe ich nur mit den Lebenden.«

Die Klimaanlage läuft auf höchster Stufe, aber ihre Worte sind kälter.

»Du bist sauer auf mich«, sagt George, und Adriana nickt.

»Aber Schwesterherz – ohne ihn würdest du noch immer im Gefängnis schmoren.«

Nein, dann hätte der Breitschultrige sie mitgenommen. Diesen Teil der Geschichte hat sie noch gar nicht erzählt. Aber Diego hat natürlich recht. Ohne George wären jetzt weder sie noch Diego hier. Ihr Bruder hätte allein versucht, sie da rauszuholen, und wäre vermutlich gescheitert, also entweder eingesperrt oder tot.

Wäre sie vernünftig, sollte sie George deshalb vergeben. Aber das ist sie nicht. Sie ist niemandes Eigentum.

»Soll ich gehen?«, fragt George.

»Besser wäre es wohl.«

»Adriana, seit wann bist du denn so undankbar?«, fragt Diego. »Wenn George geht, gehe ich auch.«

Adriana seufzt. Diego macht es ihr schon wieder schwer. Wann ist diese scheiß Pubertät denn endlich vorüber? Aber das ist ungerecht. Er ist einfach ein guter Junge und setzt sich für George ein, den er ungerecht behandelt sieht. Er ist besser als sie. Adriana kann das nicht einfach so schlucken.

»Nein, lass mal, Diego. Deine Schwester hat recht. Ich sollte gehen.«

George regt sie auf. Könnte er ihr nicht wenigstens einen Kampf liefern? Sie fühlt sich, als würde sie einen Unbewaffneten mit einem ganzen Arsenal bedrohen.

»Ich bleibe nicht hier«, sagt Diego. »Und die Motte kommt auch mit. Komm, It-ti.« Die Motte, die in der Ecke des Raumes liegt, rührt sich nicht. »Dann bleib da. Du bist ja wohl erwachsen.«

»Diego, es ist gut. Deine Mutter hat recht. Ähm, deine Schwester, meine ich. Ich habe etwas über sie gesagt, das ich nicht hätte sagen dürfen.«

»Weil du etwas gesagt hast, stellt sie sich so an?«, fragt Diego.

»Wenn du es unbedingt wissen willst – ich habe behauptet, ich würde sie für Sex bezahlen.«

»Wie bitte?« Diego steht auf und spannt sichtbar die Muskeln. »Du hast Adriana eine …?«

»Lass es gut sein, Diego«, sagt Adriana. »Ich bin erwachsen und kann das selbst klären. Du musst mich ebenso wenig schützen wie ich dich.«

»Es tut mir leid, ihr beiden. Ich wollte das Vertrauen des Gefängnisdirektors gewinnen. Sonst hätte er mich nicht zu Adriana gelassen. Dazu musste ich auch lügen. Ich weiß, was solche Leute hören wollen. Es hat geklappt, aber ich bin nicht stolz darauf.«

Adriana erinnert sich an die anzüglichen Blicke des Direktors. So ein unangenehmer Typ! Sie hat ja selbst versucht, mit ihm einen Deal einzugehen. Das wissen George und Diego zum Glück nicht. Aber es gibt einen wichtigen Unterschied: Sie hat sich selbst verkauft, nicht andere.

»Pass auf, George«, sagt sie. »Erstens – ich gehe davon aus, dass so etwas nie wieder passiert. Zweitens – du hilfst uns bei der Beschaffung eines Panzeranzugs für die Motte und eines Protimos Aqua für mich, und du kommst mit nach drüben.«

»Den Panzer besorgen wir heute Nacht. Aber brauchst du mich wirklich auf der anderen Seite?«

»Ja. Wir müssen die Motte nicht nur durch ein Portal bringen, sondern durch zwei. Und dann müssen wir beide wieder sauber verschließen.«

Adriana sieht sich auf dem Planeten der Luftwesen. Sich und ihr Scheitern. Hätte sie nicht versagt, wäre die Motte längst zu Hause und ihre Spezies könnte Xibalbá nicht mehr bedrohen. Auch diese dunkle Episode kennt nur sie selbst. Eigentlich hat sie keinerlei Recht, George zu verurteilen.

»Aber das war's dann?«, fragt George.

»Womöglich brauchen wir einen Freiwilligen, der bei den Flugwesen bleibt.«

»Ich, ich«, sagt Diego. »Ich würde mir gern von der Motte ihren Planeten zeigen lassen.«

»Du wirst auf keinen Fall dieser Freiwillige sein.«
George schluckt, dann nickt er.

»Es gibt ein Problem«, meldet sich George.
Eines? Wenn es bloß so wäre! »Ich höre«, antwortet Adriana.

»Der Schuppen, bei dem wir uns den Panzertauchanzug, ähm, ausgeliehen haben … Er wird jetzt bewacht, und zwar Tag und Nacht.«

»Lass mich raten – nicht von Einheimischen?«

»Nein. Sie sind technisch hervorragend ausgestattet und unterhalten sich auf Englisch. Da ist kein Reinkommen.«

Wie hat George das wohl herausgefunden, ohne dass sie ihn geschnappt haben? Egal. Sie muss ihm wieder vertrauen, sonst scheitert das ganze Vorhaben.

»Mist. Die Motte kann nicht tauchen«, sagt sie.

»Dazu habe ich eine Idee. Wir brauchen den Panzer doch nur als Druckbehälter für den Transport des außerirdischen Wesens. Wieso besorgen wir nicht einfach eine wasserdichte Kiste?«

Das könnte funktionieren. Wenn sie nicht zu tief tauchen, muss die Kiste bloß zwei, drei Atmosphären aushalten. Ein stabiler Behälter aus Metall sollte das Problem lösen.

»Das klingt gut. Hast du schon etwas im Auge?«

»Ich dachte zuerst an eine Munitionskiste, aber da fiel mir keine Bezugsquelle ein. Wir können ja schlecht zur Polizei oder Armee gehen. Aber dann habe ich beim Einkaufen im Supermarkt die großen Kühlschränke gesehen … Die haben eine gute Wärmeisolierung.«

»Ein Kühlschrank, genau«, sagt Adriana. »Warte!«

Sie steht von El Flacos Schreibtischsessel auf und geht in die Küche. Da steht er. Der Kühlschrank reicht ihr über den Scheitel. Sie ruckt daran herum. Schwer, aber zu zweit zu tragen. Unter Wasser werden sie eventuell zusätzlichen Auftrieb brauchen. Sie dreht den Kühlschrank um und prüft das Typenschild. Hundertfünfzig Liter Volumen. Das ergibt an der Wasseroberfläche eine Tragfähigkeit von hundertfünfzig Kilogramm. Wie schwer mag die Motte sein? Das Gerät selbst schätzt sie auf achtzig Kilo, aber davon entfällt einiges auf die Einbauten und die Kühltechnik.

»Problem gelöst. El Flaco leiht uns seinen Kühlschrank. Wir montieren das Aggregat ab und bauen ein zusätzliches Schloss ein. Das kann Diego übernehmen.«

»Mir fällt ein Stein vom Herzen«, sagt George.

»Was ist mit dem Protimos?«, fragt sie.

»Ich besorge gerade eine neue Drohne. Die erste ist bei der Untersuchung des Schuppens verloren gegangen. Ich befürchte, dass sie spätestens seit eurer Flucht auch das Lager dieser Fluggeräte im Barceló überwachen.«

»Hm. Du meldest dich?«

»In zwei Stunden.«

»Fast fertig«, sagt Diego.

Ihr Bruder steht über den auf dem Boden liegenden Kühlschrank gebeugt. Er schwitzt so stark, dass eine Dampfwolke von ihm aufzusteigen scheint. In der Hand hält er einen Schraubendreher. Adriana begutachtet sein Werk. Das Innere des Kühlschranks ist zwar leer, riecht aber so unangenehm, dass sich Adriana fast der Magen herumdreht. El Flaco hat ihn wohl nie geputzt. Hoffentlich ist die Motte da nicht empfindlich.

An der Rückseite klaffen Löcher, wo die Schläuche des Aggregats verliefen. Die Tür hat Diego aus den Angeln gehoben und gegen den Herd gelehnt.

»Diese Löcher …«, setzt sie an.

»… verstopfe ich mit Spachtelmasse und setze dann diesen Boden einer Plastikflasche drauf.« Diego zeigt ihr das abgeschnittene Unterteil einer Flasche. »Passt perfekt! So können wir den Behälter notfalls auch mit Luft füllen. Siehst du, ich setze diesen Schlauch von einem alten Luftbehälter in die Spachtelmasse.«

Das ist perfekt. So übersteht die Motte den Ausflug auch dann, wenn es länger dauern sollte. Im Gegensatz zum Panzertauchanzug hat der Kühlschrank ja keine Lebenserhaltung.

»Geniale Idee«, sagt Adriana und Diego lächelt. »Was ist mit der Tür?«

»Die werde ich mit drei Metallwinkeln sichern.« Er bückt sich und hebt ein glänzendes, abgewinkeltes Teil auf, dessen Ende so in einen zweiten Winkel passt, dass man den Bügel eines Vorhängeschlosses hindurchschieben kann. »Wir müssen dann bloß noch drei Codeschlösser besorgen. El Flaco hat nur ein altes Vorhängeschloss mit Schlüssel, aber der kann verloren gehen.«

Adriana nimmt ihr Telefon aus der Tasche und gibt die Information schriftlich an George weiter.

»Du bist ein Schatz, Diego.«

DER BEHÄLTER RIECHT IMMER NOCH FISCHIG. ADRIANA IST froh, dass sie nicht darin reisen muss.

»Kannst du die Motte holen?«, fragt Diego. »Ich muss nur kurz warten, bis der Sekundenkleber richtig fest ist.«

Er hat die Metallwinkel nicht mit Schrauben befestigt, weil er das Material dann hätte anbohren müssen, hat er ihr erklärt. Sehr schlau! Adriana verlässt das Büro. Draußen geht gerade die Sonne unter. Die feuchte Luft benetzt ihre Haut mit einem dünnen Film. Ein Moskito schwirrt vor ihrem Gesicht herum. Adriana versucht, es zu erschlagen, aber es ist zu schnell.

Sie läuft um das Haus herum in den Garten. Die Beleuchtung dort aktiviert sich automatisch, und als hätten sie darauf gewartet, stürzen sich ein paar Motten mit schwarzen Flügeln darauf. Ob ihr außerirdischer Besucher die Tiere als artverwandt erkennt? Adriana stellt sich vor, wie winzige Zweibeiner durch das Gestrüpp des ungepflegten Gartens rennen. Aber da die Motte auch das Produkt der Evolution ist, wird sie von der Existenz ähnlicher Arten nicht überrascht sein.

Ihre Besucherin sitzt auf den unteren Ästen des Mangobaums. Adriana beobachtet sie. Sie kriecht den Ast entlang, stoppt und fährt dann einen dünnen Fühler aus. Der untersucht eine Frucht. Plötzlich schießt ein Dorn aus seiner Spitze und bohrt sich in die reife Mango. Der Fühler dehnt sich periodisch, als würde er schlucken, und im gleichen Rhythmus leert sich die Frucht. Am Ende hängt sie mit faltiger Haut herunter, fällt aber nicht zu Boden. El Flaco wird sich wundern, was mit seinen Mangos geschehen ist.

»It-ti. Timi«, spricht Adriana die einzigen beiden Worte aus, die sie gemeinsam haben.

Die Motte horcht auf, so wirkt es zumindest, weil sich ihre Flügel ordnen. Jetzt sieht sie nicht mehr aus wie ein Ball aus weißer Wolle, sondern wie eine richtige Motte.

»Komm, It-ti«, sagt Adriana.

»It-ti. Timi.«

Tatsächlich flattert sie los, direkt auf Adriana zu, die sich umdreht und um das Haus herum zur Eingangstür läuft. Die Flattergeräusche verraten, dass It-ti ihr brav folgt. Kurz vor dem Eingang streift sie etwas Hartes, Kratziges am Rücken.

»Nein, It-ti.« Sie schüttelt den Kopf. »Du musst mich nicht tragen.«

»Timi«, antwortet die Motte und neigt den Kopf mit den vielen Augen nach vorn. »-- - --- - -«, ergänzt sie dann.

Adriana lächelt. »Prima, dass wir uns so gut verstehen.«

TATSÄCHLICH SCHEINT DIE MOTTE ABER IHREN PLAN verstanden zu haben. Sie ziert sich nicht lange, als Diego auf die leere, auf dem Boden liegende Kiste zeigt, und flattert auf die Öffnung. Dann schlingt sie die Flügel derart um sich, als würde sie sich selbst verpacken. Das muss Teil der evolutionären Veranlagung sein. Vielleicht verpuppen sich die Wesen

irgendwann? Oder It-ti erinnert sich daran, wie sie herge-
kommen ist – und ihr ist klar, dass der Weg nach Hause
genauso funktionieren muss.

»Schließ doch mal die Tür«, sagt Adriana. »Aber
langsam.«

Diego hebt die Tür auf und dreht sie in den Scharnieren,
bis nur noch eine schmale Lücke bleibt. Die Motte beschwert
sich nicht, also drückt er die Tür ganz zu und schließt das
erste Schloss provisorisch mit einem Bolzen. Das ist anscheinend dann doch zu viel. Die Tür springt mit Wucht wieder
auf, wobei das Schloss abreißt.

»Die hat ganz schön viel Kraft«, sagt Diego. »Hoffentlich
versucht sie das nicht unter Wasser. Selbst alle drei Schlösser
zusammen werden das nicht verhindern können.«

Adriana nickt. Aber wie soll sie das dem Wesen sagen?

»It-ti. Du musst ruhig in der Kiste liegen, bis wir dich
rauslassen, okay? It-ti. Kiste.«

»It-ti. Kiti.«

»Genau, It-ti muss in der Kiste bleiben. It-ti kiti.«

»It-ti kiti.«

»Versuch es noch mal, Diego.«

Ihr Bruder schließt die Tür wieder. Selbst, als er den
Bolzen durch den Riegel schiebt, wehrt sich die Motte nicht.
Diego wartet einen Moment, dann öffnet er die Kiste
wieder.

»It-ti kiti. Das hast du sehr gut gemacht«, sagt Adriana.

»It-ti kiti. --- -- -- --- -«

Adriana lächelt, auch wenn sie keine Ahnung hat, was It-ti
meint. Sie ist aber lange genug hier, um womöglich gelernt zu
haben, welche Bedeutung das Lächeln hat.

»Ich denke, du kannst jetzt rauskommen«, sagt Adriana.

»It-ti kiti.«

»Ja, wirklich. Das reicht.« Adriana zeigt auf den Durchgang zu El Flacos Büro.

»It-ti kiti.«

»Sie will vielleicht lieber in der Kiste bleiben«, sagt Diego.

»Willst du das, It-ti?«

Inmitten der weißen Flügel erscheint ein Teil des Facetten-auges. »It-ti kiti.«

»Ist gut, dann sehen wir uns morgen früh wieder.«

»ICH HABE ES SCHON BEFÜRCHTET.« GEORGE GREIFT NACH dem Schädel, der auf El Flacos Schreibtisch liegt. Etwas Asche fällt zu Boden. »Mist.«

»Mach dir keine Gedanken. Mein Onkel hat so viel kassiert, der wird sich hier nie wieder blicken lassen.«

Besser wäre es für ihn jedenfalls, denn Adriana kann nicht für sich garantieren, sollte er ihr je wieder unter die Augen treten.

»Ja, also wie ich es mir dachte«, sagt George. »Die überwachen auch das Barceló-Hotel. Zumindest meine neue Drohne haben sie aber nicht erwischt.«

»Wir müssen wohl etwas um die Ecke denken«, sagt Adriana. »So wie bei dem Kühlschrank.«

»Okay.« George greift von unten in den Schädel und steckt den Zeigefinger durch das Nasenloch. »Umgekehrtes Popeln«, sagt er und grinst.

Männer. Nur Unsinn im Kopf. Aber Adriana muss trotzdem lächeln.

»Schau mal, Diego«, sagt George und führt seinen Trick auch ihrem Bruder vor.

»Haha. Aber pass auf, dass das die Götter von Xibalbá nicht mitbekommen«, sagt Diego. »Die hacken dir die Hand ab.«

»Könnten wir vielleicht wieder ernsthaft diskutieren?«, fragt Adriana.

»Wieder? Haben wir das denn je?«, fragt Diego zurück.

»Also bitte! Wir haben eine wichtige Aufgabe.«

»Der Junge hat recht.« Natürlich stellt sich George auf Diegos Seite. Genau wie ihr Vater, wenn er denn mal da ist. Dabei hat sie den Alltags-Stress mit ihm.

»Im Ernst, unsere Erlebnisse sind doch viel zu unglaublich«, sagt George. »Da kommen wir mit ernsthafter Diskussion gar nicht weiter. Wir brauchen fantastische Ideen für fantastische Probleme.«

»Bla, bla, bla«, sagt Adriana. »Der fantastische Fakt ist, dass wir eine Plattform erreichen müssen, die sich hundertneununddreißig Meter über dem Meeresspiegel befindet. Also, wie lautet deine fantastische Idee? Das Torpedodings hat das gerade eben geschafft.«

»Der Protimos Aqua«, sagt George.

»Wie auch immer die exakte Typenbezeichnung lautet. Ich mag Torpedodings lieber.«

»Der Protimos ist leider keine Option. Die werden nur auf Bestellung gebaut, und die Lieferzeit liegt bei drei Monaten.«

»So viel Zeit haben wir nicht«, sagt Adriana.

»Bist du sicher? In drei Monaten ist bestimmt Gras über die Sache gewachsen. Wir müssen ja auch irgendwie das Tor erreichen. Das könnte dann viel einfacher sein. Der Motte scheint es doch hier nicht schlecht zu gehen.«

»In ein paar Tagen kommt sicher El Flaco zurück.«

»Glaubst du, der traut sich noch einmal her?«

Wahrscheinlich ist sich ihr Onkel gar keiner Schuld bewusst. Die haben mich so mit Geld vollgeschissen, dass ich gar nicht anders konnte, meine liebe Nichte. Juán, du verfickter *cabrón*.

»Zutrauen würde ich es ihm. Er wird auf jeden Fall seine Sachen abholen. Diesen Schädel da zum Beispiel, darauf ist er ganz stolz.«

Am liebsten würde sie ihn gegen die Wand werfen. Aber das wäre seinem wahren Besitzer gegenüber unfair. Sie wird ihn mit in die Chac Mool nehmen. In dem versunkenen Maya-Tempel ist er richtig. Das wird El Flaco mehr ärgern, als wenn sie ihn zerstört.

»Okay, ich versuche bloß, etwas außerhalb der Box zu denken«, sagt George. »Wie bist du denn beim letzten Mal runtergekommen von dem Podest? Auch mit dem Protimos?«

»Nein, da hat mich die Motte getragen.«

»Dann ist das unsere Lösung.«

Adriana schüttelt den Kopf. Den Sturz hätte sie beinahe nicht überlebt.

»Ich bin auf Xibalbá deutlich schwerer. Die Motte selbst auch. Sie hat mich bloß etwas gebremst, aber da hochtragen könnte sie niemanden von uns.«

»Mist.«

»Du sagst es.«

»Ich hatte an einen Schwarm von Drohnen gedacht, aber die sind für Erd-Schwerkraft gebaut.«

»Drohnen kannst du vergessen. Die Luft ist da auch deutlich dünner.«

»Wieso bitten wir nicht einfach jemanden um Hilfe?«, fragt Diego.

»Die CIA? Oder wen meinst du?«, fragt Adriana.

»Die Wesen dort. Den Leviathan und seine Freunde. Die leben seit Milliarden Jahren auf ihrem Planeten. Da werden sie doch einen Weg gefunden haben, einen kleinen Berg zu besteigen?«

Hm. Das Argument ist gut. Auf der Erde gibt es keinen Punkt mehr, den die Menschen nicht in kürzester Zeit erreichen könnten. Und ihre Zivilisation ist jünger als die auf Xibalbá. Aber was, wenn die Bewohner drüben gar kein Interesse haben, auf den Berg zu steigen? Was, wenn ihnen das genügt, was sie haben, der den Planeten umspannende Ozean?

»Das ist ein riskanter Vorschlag«, sagt George.

Adriana nickt. »Du nimmst an, dass sie so sind wie wir. Aber da bin ich überhaupt nicht sicher. Vielleicht interessieren die Berge sie nicht. Und hätten sie nicht längst etwas gegen dieses Portal getan, wenn sie es erreichen könnten? Darüber dringen immerhin ständig die Luftwesen in ihre Welt ein und machen Jagd auf sie.«

»Du vergisst, dass sie im Wasser leben«, sagt Diego. »Es hilft ihnen nichts, das Portal zu erreichen, weil sie es weder bedienen noch durchschreiten können.«

Damit hat ihr Bruder allerdings recht. Trotzdem hat Adriana kein gutes Gefühl. Sollen sie wirklich diese riskante

Reise antreten, ohne alle zu erwartenden Probleme wenigstens theoretisch gelöst zu haben?

»Ich denke, wir haben keine andere Wahl, als auf der anderen Seite um Hilfe zu bitten«, sagt George. »Es sei denn, wir warten drei Monate, um einen Protimos Aqua zu erhalten. Ich kenne kein anderes Fluggerät mit ähnlichen Leistungsdaten. Klar, wir könnten ein Kleinflugzeug chartern, aber das bekommen wir doch nicht durch das Tor. Und ob es unter den Verhältnissen drüben überhaupt abheben kann, ist fraglich.«

»Was ist dein Vorschlag, George?«, fragt Adriana.

»Wir verstecken uns irgendwo und warten.«

Sie seufzt. Abzuwarten ist wirklich nicht ihre Stärke. Aber wenn sie das Portal zur Welt der Flugwesen nicht schließen können, bringt der ganze Ausflug nichts. Wobei das nicht korrekt ist: Die Motte hätte die Chance, ihre Heimat zu erreichen. Sie ist die einzige, die die Höhe aus eigener Kraft überwinden kann.

Moment. »Wenn wir warten, schaffen wir es vielleicht, echte Kommunikation mit unserer Besucherin aufzubauen«, sagt Adriana. »Dann könnten wir sie bitten, das Tor hinter sich zuzumachen, wenn sie das Portal durchflogen hat.«

»Das wäre eine zusätzliche Hoffnung«, sagt George. »Aber ich würde mich nicht darauf verlassen. Die Motte scheint zwar irgendetwas für uns zu empfinden. Wir dürfen sie aber nicht vermenschlichen. Wer weiß, worum es sich dabei handelt. Vielleicht sind wir ihr Rudel, oder sie sieht uns als hilfreiche Idioten an, die sie nach Hause bringen.«

»Das glaube ich nicht«, sagt Diego. »Ich habe das Gefühl, dass sie uns mag.«

»Wir wissen nicht einmal, ob es so etwas wie Gefühle auf ihrer Welt überhaupt gibt. Vielleicht wird ihr Sozialleben von Gerüchen geleitet oder von irgendwelchen uns unbekannten Regeln. Was wir als Intelligenz wahrnehmen, kann eine ausgeklügelte, in den Genen verankerte Strategie sein. Selbst wenn sie wollte, kann sie das Tor vielleicht gar nicht schließen, so wie du kein Baby umbringen kannst.«

»Nein, George. Ich spüre das«, sagt Diego.

Adriana versteht, was Diego meint. Die Motte verhält sich nicht rein opportunistisch. Oder interpretiert sie das nur so, weil sie will, dass dieses außerirdische Wesen Empathie mitbringt? Wollen wir uns nicht oft genug mit aller Macht in dem Anderen selbst erkennen – weil es uns ein Bedürfnis ist, nicht, weil es um die Anderen geht?

»Es ist ja auch egal«, sagt Adriana, obwohl es ihr ganz und gar nicht gleichgültig ist. »In drei Monaten haben wir den Protimos. Dann müssen wir uns nicht darauf verlassen, dass wir die Motte zu etwas überreden können, wozu wir selbst nicht bereit sind.«

»So lange dürfen wir nicht warten«, widerspricht Diego. »Bis dahin wird man uns schnappen, und dann hat die Motte überhaupt keine Chance mehr. Und wie meinst du das überhaupt? Ich bin zu allem bereit.«

»Wenn uns jemand bitten würde, das Tor nach Xibalbá zu schließen, weil die Menschen dort Schaden anrichten, würden wir denn diesen Wunsch erfüllen?«

Xibalbá, 4. Juli 2045

DER GESCHMACK VON EISEN ERFÜLLT SEINEN MUND. ES IST ein hässlicher, metallischer Geschmack, der ihm aber nicht unbekannt ist. Es ist der Geschmack von Blut.

Er schmatzt und spuckt, um den Film auf seiner Zunge loszuwerden, aber er bleibt. Genau wie das rote Licht, das durch seine geschlossenen Augenlider dringt.

Dann fährt er hoch, als die Erinnerung zurückkehrt. Der Sturm, ihr Tauchversuch, der erbarmungslose Strudel in die Tiefe, die Qualle und El Flaco mit dem Messer.

Ethan schlägt die Augen auf und blinzelt in das rötliche Licht. Partikel schweben vor seinem Gesicht. Ihm gegenüber sieht er den Schemen des Mexikaners. Er kauert auf der Seite in angedeuteter Embryonalhaltung und scheint zu schlafen. Ein Messer sieht er nicht, dafür die Qualle, in der sie sich immer noch befinden. Sie hat ihr Leuchten von blau zu rot verändert. Was außerhalb des Körpers vor sich geht, kann Ethan nicht erkennen. Es ist alles verschleiert und dunkel.

Er reckt den Hals und bemerkt zu seiner Linken den Tauchguide. Der hantiert an seinem Tiefenmessgerät herum und scheint in Gedanken versunken.

Die Tiefe. Auch Ethan senkt den Blick und stellt fest, dass

sie aus der gefährlichen Zone heraus sind. Sie befinden sich nur noch zehn Meter unter dem Meeresspiegel.

Er kann es nicht fassen. *Wir wurden gerettet. Die Qualle hat uns nach oben getragen.*

Ob freiwillig oder weil El Flaco das Messer benutzte, um das Wesen zu verletzen, kann er nicht sagen. Es ist ihm auch egal. Er fühlt sich so erschöpft, dass ihm wieder die Augen zufallen.

Allerdings rüttelt ihn jemand wach. Es ist der Tauchguide, der seine Regungen bemerkt hat. Er gestikuliert, und Ethan blinzelt ihn an, bis er die Gesten begreift. Der Mann will nur wissen, ob alles okay ist.

Ethan zuckt mit den Schultern, dann hebt er den Daumen und senkt ihn in die Horizontale. Der Tauchguide nickt zufrieden und signalisiert ihm, er solle sich noch weiter ausruhen. Das lässt sich Ethan nicht zweimal sagen. Sein Körper fühlt sich ganz geschunden an. Der Geschmack von Blut in seinem Mund ist immer noch da und wirklich ekelhaft. Offenbar hat er sich im Schlaf in die Wange oder auf die Zunge gebissen. Oder ihm sind Äderchen geplatzt vom viel zu tiefen Absinken.

Auch das ist ihm egal. Noch lebt er und scheint vorerst in der Qualle sicher zu sein. *Sicher.* Mit dem Gedanken dämmert er wieder ein.

ALS ER DAS NÄCHSTE MAL VON EINEM RÜTTELN AM ARM geweckt wird, ist das rote Quallenlicht erloschen. Ein grelles Leuchten erhellt die Außenhülle der Qualle über ihnen, während Dunkelheit unter ihnen liegt.

Wir sind an der Oberfläche, wird Ethan bewusst.

Zu seiner Überraschung ist nur El Flaco bei ihm. Der Tauchguide ist verschwunden. Offenbar ist er hinaus, um sich umzusehen. El Flaco hingegen kauert ihm gegenüber und starrt ihn an. Ethan ist sich nicht sicher, welche Regungen er hinter der Tauchmaske in den Augen des Mexikaners sieht. Ist es Wut? Hass? Oder pure Entschlossenheit, diesen Wahnsinn zu überleben? Vielleicht träumt er auch mit offenen Augen. Wer weiß, was in dem Kerl vor sich geht.

Immerhin hat er ihm mit der Quallenaktion das Leben gerettet. Der Gedanke ist bitter für Ethan, denn er hat ungern Schulden.

Da scheint der Mexikaner plötzlich zu registrieren, dass Ethan wach ist. Er signalisiert ihm irgendetwas, das Ethan nicht versteht. Er zuckt mit den Schultern und zeigt Richtung Kranz, der sich unterhalb von ihnen wie eine Rosette verschlossen hat.

El Flaco scheint zu verstehen. Er zeigt mit dem Finger einen Bogen erst nach unten, dann nach oben an und deutet wieder auf den Kranz. Schon schiebt er sich dorthin, vergräbt seine Hände zwischen den Falten der Qualle und öffnet mit Muskelkraft das Loch.

Es scheint wie eine Art Muskel zu funktionieren, denn im ersten Moment wehrt es sich, bevor es sich plötzlich entspannt und öffnet. El Flaco schiebt nun die Hände hindurch, dann den Kopf und gleitet schließlich hinaus. Die Rosette verschließt sich direkt wieder, doch nicht so dicht wie zuvor.

Ethans Herz pocht schneller, als er sich auch an das Loch heranschiebt, tut es dann aber genauso wie der Mexikaner und verlässt so die Qualle.

Als er unter ihr im Wasser schwebt, sieht er erst das wirkliche Ausmaß des Lebewesens. Sie ist noch größer als gedacht, die kugelförmige Form hat sicher einen Durchmesser von mindestens vier Metern. Die Tentakel müssen eher zwanzig Meter lang sein oder noch länger. Das helle Leuchten ist allerdings verschwunden; nur noch ein sanftes Glimmen lässt es erahnen.

Ihm soll es recht sein. Mit ein paar halbherzigen Bewegungen schwimmt er um die Qualle herum, die an der Oberfläche des Meeres treibt, und durchbricht das Wasser.

Was er sieht, raubt ihm den Atem. So weit das Auge reicht, sind sie umringt von dunklem Ozean. Der Wellengang ist verschwunden. Das Wasser schwappt gemächlich vor sich hin. Vom Sturm ist auch nichts zu sehen. Über ihnen spannt sich ein grelleres Firmament auf, wolkenlos, an dem blass auf rotem Hintergrund der saturnähnliche Planet hängt, dicht daneben eine rötlich funkelnde Sonne.

Sofort wird Ethan warm, als die Sonnenstrahlen durch die Tauchmaske dringen. Er nimmt sie sich vom Kopf und atmet tief durch. Die Luft ist überraschend kühl. Die Meeresoberfläche gibt einen sanften Dunst ab, der sich nach ein paar Zentimetern verliert.

»Da weiß man nicht, ob man lachen oder weinen soll.« Die Stimme des Tauchguides. In Ethans Erinnerung flackert ein Name auf: Benjamin.

Da ruft El Flaco knurrig, wie er eben ist: »Wir leben. Ich würde also lachen.«

Benjamin schnaubt. »Wir leben, ja, aber wir sind hier inmitten eines Ozeans. Es gibt nichts außer Wasser.«

»Wir haben Tarierwesten und gehen zumindest nicht unter.«

»Ein schwacher Trost. Irgendwann werden wir verhungern oder verdursten. Wie viele Rationen haben wir dabei?«

»Ein paar Energieriegel«, sagt El Flaco. »Verhungern werden wir also nicht sofort.«

»Aber dann verdursten, oder willst du dieses Wasser hier testen?«

El Flaco verzieht den Mund. »Bevor ich verdurste, werde ich es ausprobieren, so viel ist gewiss. Aber ich mache mir jetzt keine Sorgen über Schritt zwei und drei, sondern wir sollten uns überlegen, was wir als Nächstes tun. Unser Taxi hier scheint sich auszuruhen. Es scheint die Energie der Sonne zu tanken.«

»Durch Photosynthese vermutlich«, meint Benjamin. »Aber es wird uns auch nicht viel weiterbringen, denn mit Sicherheit wird es wieder abtauchen.« Plötzlich mustert er El Flaco neugierig. »Woher wusstet ihr, dass man in die Qualle steigen kann?«

»Ich hatte keine Ahnung. Es war einfach nur Hoffnung.«

»Eine gute Idee. Danke dafür.«

El Flaco nickt in Benjamins Richtung, aber sein Blick wandert weiter zu Ethan. Der hat die Unterhaltung schweigend verfolgt und drückt nun selbst ein »Danke« hervor. Und dann: »Und jetzt?«

»Eine gute Frage. Irgendwo gibt es eine Insel mit einem Portal. Hat Tyler Drake erzählt. Und das Portal führt uns zurück auf die Erde.«

»Eine Insel.« Benjamin brummt. »Ich sehe weit und breit keine Insel. Hat Tyler Drake das Ganze näher spezifiziert?«

»Hat er nicht. Er hat die Insel wohl mit Hilfe eines Leviathans gefunden.«

»Ah ja.« Benjamin lacht höhnisch. »Alien-Kontakt auch noch ... wunderbar.«

»Na ja.« El Flaco deutet auf die Qualle, die neben ihnen im Wasser treibt. »Auch das war ein Alien-Kontakt, oder nicht?«

Ethan mustert das Wesen und erschaudert. »Haben wir einen Plan, in welche Richtung wir uns fortbewegen sollen?«

Benjamin und El Flaco schütteln die Köpfe.

»Wir könnten eine Münze werfen«, meint der Mexikaner schnippisch.

»Ah, toller Witz.«

»Im Ernst. Ob wir hierhin oder dorthin schwimmen, ist scheißegal. Wir müssen uns nur auf eine Richtung festlegen, damit wir nicht am Ende im Kreis paddeln.«

»Ich schlage vor, wir versuchen, mit der Strömung zu schwimmen.«

Ethan sieht sich um, kann aber keine erkennen. Für ihn treiben sie wie Korken in der endlosen Schwärze des Ozeans.

»Vielleicht können wir auch die Qualle fragen«, sagt El Flaco in die Stille hinein.

Wieder lacht Benjamin sein höhnisches Lachen. »Und wie? Glaubt ihr, die Qualle hat einen Mund?«

»Glaubt ihr«, äfft der Mexikaner, »ein Leviathan hat einen Mund? Trotzdem hat es Tyler irgendwie geschafft, mit ihnen zu kommunizieren.«

»Indem er Würmer im Gesicht hatte! Irgendeine Art beschissene Symbiose! Wollt ihr das?«

El Flacos Gesicht verdüstert sich. »Ich will leben, meine Herren. Wenn der Preis dafür ein paar Würmer im Gesicht sind, dann bezahle ich ihn.« Mit den Worten streift er sich die Tauchmaske wieder über und taucht ab. Offenbar will er zurück in die Qualle.

Ethan ist es recht. Er ist immer noch zu erschöpft von all den Ereignissen. Sein Kopf pocht zu allem Überfluss auch noch, und der eklige Geschmack von Blut in seinem Mund ist auch nicht verschwunden.

Als er jedoch in seine Hand spuckt, ist es nur farbloser Speichel. Wenigstens das.

Er wischt den Fleck von seiner Hand im Wasser ab, als ihm ein heller Schimmer schräg unter ihm auffällt. Ihm entweicht ein Schrei und er fängt wie wild an zu paddeln.

Auch Benjamin brüllt. »Was ist los? Was haben Sie?«

»Da ist was im Wasser! Hier, hier, sehen Sie!«

Tatsächlich nähert sich etwas der Oberfläche, und dann wallt es schon aus dem Wasser.

Eine weitere Qualle. Die Haut ist fahl und halb transparent. Wie ein schwimmender Teppich breitet sie sich neben ihnen aus. Ein paar Tentakel rollen sich gemächlich durch die Oberfläche, bevor sie wieder in der Tiefe versinken.

Und dann tauchen immer mehr auf. Hier und dort und da.

Ethan sieht in ihrem Umfeld mindestens zehn, zwanzig, nein, dreißig oder vierzig der riesigen Quallen, die wie ein gigantischer Teppich an die Wasseroberfläche drängen.

Still wird es zwischen den Männern, bis Benjamin leise sagt: »Unglaublich.«

Eine ganze Population, fügt Ethan in Gedanken hinzu. *Der Ozean von Xibalbá verbirgt wohl noch so manche Überraschung.*

El Flaco hat auch eine Überraschung für sie parat, denn plötzlich geht ein Pulsieren durch die Qualle, die sie nach oben gebracht hat, und ein Glitzern läuft durch die Oberfläche.

Unter der Haut flirren Lichtpartikel hin und her.

Sie wandern nach unten, wird Ethan klar. Es ist ein interessantes Schauspiel und ihn würde interessieren, was unter der Oberfläche vor sich geht. Aber bevor er sich die Maske übergestreift hat, taucht El Flaco zwischen ihnen auf.

Sein linker Arm leuchtet ganz seltsam. Es sind die Lichtpunkte, die über ihn kriechen und seine komplette Hand zu einer Art Klumpen geformt haben. Ein Klumpen aus flirrendem Licht.

Mit der anderen Hand zieht sich der Mexikaner die Maske vom Gesicht und bestaunt seine leuchtende Klumpenhand.

»Also«, sagt er trocken, »entweder das ist diese außerirdische Intelligenz, von der Tyler sprach und mit der wir in Kontakt treten müssen, oder es ist einfach nur ordinäre Quallenkacke.«

OFFENBAR IST ES NUR ORDINÄRE QUALLENKACKE, DIE DER Mexikaner aus der Qualle herausgedrückt hat. Und davon jede Menge.

Die flirrenden Lichtpunkte treiben wie eine Art Konglomerat zwischen ihnen auf der Wasseroberfläche. Allerdings nimmt das Leuchten langsam ab. Es ist mittlerweile eher ein Glimmen und Glitzern wie von einem Feuerwerk, das erlöschend zur Erde trudelt.

»Also ich kann beim besten Willen hier keine intelligente Lebensform erkennen«, sagt Benjamin das Offensichtliche. Er streicht mit den Fingern durch den Glitter und betrachtet seine Hand. Mit geschürzter Lippe schnippt er das Zeug wieder von seinem Tauchanzug. »Ich glaube, so kommen wir nicht wirklich weiter.«

Ethan sieht das genauso. Für ihn ist das einfach simple Quallenkacke.

Nur der Mexikaner scheint das anders zu sehen. Er schöpft mit beiden Händen das Plankton aus dem Wasser, hält es sich vor das Gesicht, reibt es sich über die Haut. Er vergräbt sogar sein Gesicht einmal darin, aber nichts passiert. Trotzdem scheint er unermüdlich zu sein.

»Irgendwie muss es funktionieren«, murmelt er. »Drake hat es auch geschafft.«

Benjamin knurrt. »Der scheint mir eher ein reicher Schnösel zu sein, der Geschichten erzählen kann. Wer weiß, ob er wirklich mit diesem Zeug hier in Kontakt war.«

El Flaco nickt. »Ich habe es in seinem Gesicht gesehen! Er war in Kontakt damit.«

»Von mir aus! Das bedeutet trotzdem nicht, dass er damit *kommunizieren* konnte. Das ist ein kleiner, aber feiner Unterschied. Und bevor wir hier noch weitere Stunden herumhängen und unnötig Kräfte verbrauchen, schlage ich vor, dass wir endlich aktiv werden.«

»Das finde ich auch«, hakt Ethan ein.

El Flaco lässt sich nicht davon überzeugen. Er zuckt die Achseln und sagt: »Dann überlegt euch mal einen Plan. Ich schaue mir hier weiterhin das Plankton an.« Leise fügt er hinzu: »Vielleicht ist es auch einfach noch nicht genug.« Er schiebt sich die Tauchmaske wieder übers Gesicht und taucht ab, um zur nächsten Qualle zu schwimmen.

Ethan und Benjamin wechseln Blicke. Leise fragt Ethan: »Was schlägst du vor?«

Der ehemalige Kampftaucher zuckt mit den massigen Schultern. »Keine Ahnung. Der Kompass scheint nicht richtig zu funktionieren. Zumindest nicht im Sinne von Norden, Süden, Westen und Osten auf der Erde. Aber er zeigt eine Richtung an und in die könnten wir schwimmen. Einfach, um einen Kurs einzuschlagen und vorwärts zu kommen.«

Ethan nickt und sieht sich um. Immer noch brennt die Sonne auf die Quallen, die unverändert träge im Wasser treiben. Wie lange sie wohl an der Oberfläche bleiben? Bis das Wetter schlechter wird? Bis der Tag vorbei ist? Wie lange ein Tag hier auf Xibalbá wohl dauert? Wie lange dreht er sich um die eigene Achse? Und wie groß ist er überhaupt? Wie riesig ist dieser Ozean?

Ethan erschaudert, als ihm die Weite wieder bewusst wird und wie klein der Mensch ist. *Wir sind so klein auf dieser Welt. Und die Erde scheint nur eine von ganz vielen Welten zu sein.*

Während er das denkt, taucht der Mexikaner wieder auf. Beide Hände sind von glitzerndem Plankton übersät. Es schimmert deutlich heller als das, was im Wasser treibt.

»Ob es an der Oberfläche stirbt?«, murmelt der Mexikaner nachdenklich. »Irgendwie muss das doch funktionieren.« Er dreht seine Finger hin und her, um plötzlich mit den Händen ins Wasser zu schlagen, dass es nur so spritzt. »Scheiße! Wie kommuniziert ihr bitte miteinander?«

Das Plankton bleibt ihm eine Antwort schuldig.

»Vergiss es!«, sagt der Tauchguide trocken. »Es wird nicht mit dir kommunizieren, Juan. Das war eine Geschichte von Tyler Drake.«

»Nein, das glaube ich nicht! Er hat uns keinen Scheiß erzählt. Wenn jemand lügt, dann sehe ich das!«

»Trotzdem funktioniert es nicht, oder siehst du hier in diesem Flackern irgendetwas? Vergiss es einfach. Befreie dich von der Idee.«

Juan schüttelt entschieden den Kopf. »Vielleicht brauchen wir noch mehr.« Er will wieder abtauchen, doch der Tauchguide ist plötzlich bei ihm. Er funkelt ihn grimmig an. »Komm zu dir! Hey! Nicht abdrehen!«

»Ich drehe nicht ab!« El Flaco versucht sich zu befreien, doch Benjamin hat zu starke Hände. Er hält den Mexikaner einfach fest.

Ethan spürt bei dem Anblick der beiden Männer wieder die Wut in sich aufsteigen. Sie sind nur wegen des verdammten Mexikaners hier, weil der das Tor aktiviert hat. WEIL. DER. ARSCH. DAS. TOR. AKTIVIERT. HAT!

Mit zwei Zügen ist er bei den beiden.

Sie schreien. Jemand schlägt um sich. Wasser spritzt.

Ethan sucht nach dem Messer am Gürtel des Mexikaners und findet es. Grimmig zieht er es aus der Halterung und reißt es aus dem Wasser. »Du willst mehr von diesem Glimmer?«, brüllt er. »Ich gebe dir mehr von diesem Glimmer, und dann können wir endlich von hier verschwinden!«

Mit zwei weiteren Brustarmzügen ist Ethan neben der nächsten Qualle. Unter der transparenten Oberfläche sieht man die Partikel träge dahinschweben.

Als er das Messer in die weiche Außenhaut treibt, kommt Bewegung in die Qualle. Ein Zittern erschüttert den Körper, und die ganze Qualle zuckt. Auch die Partikel flackern rötlich auf.

Ethan ist trotzdem erbarmungslos und zieht mit aller Kraft das Messer nach unten. Ein circa fünfzig Zentimeter langer Spalt klafft auf, aus dem das Plankton austritt. Es ergießt sich ihm wie ein funkelnder Strom über Arme und Brust.

»Hier! Hier hast du genug von diesem Scheiß.« Er drückt auch noch mit den Händen heftig auf die Qualle, sodass noch mehr austritt. Ein Strom von Plankton ergießt sich um ihn herum ins Meer.

Die Qualle erzittert noch heftiger, dann scheint das Leben in sie zurückzukehren. Sie zuckt zusammen, ihr Körper kontrahiert und taucht abrupt ab. Ihre Tentakel winden sich heftig, kommen an die Oberfläche, peitschen aus dem Wasser und zischen durch die Luft. Plankton und Gischt spritzen umher.

Ethan schreit, als ihn etwas hart an der Hand trifft und ihm das Messer aus den Fingern schlägt.

Wasser spritzt ihm in die Augen. Es brennt. Er bekommt auch den Mund voll mit übelschmeckender, schwefliger Flüssigkeit und spuckt sie wieder aus. Er hustet. Wild rudert er mit den Armen, geht unter, schlägt noch heftiger um sich und kommt zurück an die Oberfläche. Immer noch zischen die Tentakel der Qualle durch die Luft.

Und dann plötzlich Stille. Es gurgelt und schäumt, wo die verletzte Qualle gewesen ist. Zurück bleibt nur das ausgetretene Plankton. Es glimmt noch rötlich, während das Flirren verschwunden ist. Es ist überraschend viel Plankton. Es ist ein richtiger, mehrere Meter umfassender Teppich, der sich nun um sie herum ausgebreitet hat.

Schwer atmend kommt Ethan wieder zu sich. Sein Körper bebt vor Adrenalin.

Die anderen beiden mustern ihn, und Benjamin scheint sich als Erster wieder zu fassen.

»Ganz ruhig, Ethan, ganz ruhig.«

Ethan atmet aus. »Ich bin ruhig.«

»Nein, du bist nicht ruhig, du bist immer noch im Ausnahmezustand. Also durchatmen! Tief durchatmen.«

Ethan brummt, gehorcht aber. Er atmet mehrmals tief durch.

»Gut so! Einatmen, ausatmen. Einatmen, ausatmen.«

Ethan schließt die Augen und folgt der Anweisung. Der Tauchguide hat ja recht, er ist kurz vorm Durchdrehen gewesen. Es war zum Glück nur ein kurzer Aussetzer, aber in dem war er der Panik sehr nahe.

Doch Panik kann man sich in offenem Gewässer nicht leisten.

Schon gar nicht auf einer fremden Welt. Irgendetwas scheint Ethan auch ausgelöst zu haben, denn immer mehr der anderen Qualen verschwinden plötzlich von der Oberfläche.

El Flaco betrachtet das Geschehen mit grimmiger Miene. »Großartig. Jetzt macht sich unsere Planktonquelle vom Acker.«

Ethan wird bei der Stimme des Mexikaners sofort wieder grimmig. »Scheiß auf dieses Plankton! Hat es uns bisher irgendwas gebracht? Nein!« Er schlägt mit der Faust in das um ihn herum schwimmende, glitzernde Zeug. »Es bringt uns also keinen Schritt weiter. Wir müssen was anderes tun.«

»Und was?« Der Mexikaner bleibt überraschend ruhig, auch wenn ein sarkastischer Unterton geblieben ist. »Schwimmen? Was glaubst du, wie weit du kommst? Ein paar Kilometer? Von mir aus, aber dann ist Schluss. Dann wird zuerst dir und uns etwas später die Luft ausgehen. Dann werden uns die Arme schwer und wir schwimmen nur leider immer noch im Ozean. Was glaubst du, wie weit wir bei dieser klaren Sicht sehen können? Ja? Irgendeine Ahnung? Nein! Also auf der Erde rund zwanzig bis dreißig Kilometer unter Idealbedingungen. So weit kommen wir gar nicht. Also: Ist schwimmen eine Lösung? Nein! Hörst du: nein! *Wir sind verloren ohne das Plankton.* Irgendwie müssen wir ...« Der Mexikaner bricht mitten im Satz ab. Seine Augen weiten sich.

Ethan wird ganz mulmig. »Was ist?«

El Flaco antwortet nicht, sondern starrt nur in die Ferne hinter ihm. Auch Benjamin hat den Blick dorthin gerichtet und auch seine Augen werden weit.

Ethan wird es noch flauer im Magen. Langsam paddelt er mit den Armen und dreht sich um die eigene Achse. Auch ihm stockt der Atem.

In der Ferne nähert sich ihnen etwas. Eine Erhebung pflügt durch das Wasser, und Ethan muss spontan an ein auftauchendes U-Boot denken, aber das ist Quatsch. Auf Xibalbá gibt es keine Boote, nur ...

Die Erhebung taucht plötzlich ab, doch dahinter steigt eine gewaltige graue Flosse aus dem Ozean, bevor sie mit glitzerndem Plankton überzogen in der Tiefe verschwindet.

Ethan hat einen harten Kloß im Hals. Ihm ist schlecht, als er sich zu den anderen beiden umdreht.

»Was war das?«, hört er sich mit zittriger Stimme fragen.

»Keine Ahnung«, entgegnet Benjamin, »aber was auch immer es ist, es kommt direkt auf uns zu.«

FÜR ETHAN FOLGEN DIE LÄNGSTEN SEKUNDEN SEINES Lebens. Mit pochendem Herz blickt er abwechselnd zum Horizont und in die Tiefe. Er weiß nicht, was schlimmer wäre: dass das Wesen mit der riesigen Flosse wieder vor ihnen auftaucht und auf sie zurast, oder dass es unter ihnen herumschwimmt und aus der Dunkelheit zuschnappt.

Beim Gedanken an letztere Variante tritt Ethan instinktiv mit den Füßen, aber was sind schon ein paar Tritte gegen ein Monster? Die Flosse sah wie die eines Wals aus. Es muss einer der Leviathane sein, von denen El Flaco erzählte, dass Tyler Drake einen solchen fand.

Ein Leviathan.

Ethans Atem geht immer schneller. Er spürt, dass er in Panik ausbricht. Ihm ist auch ganz heiß. Schweiß rinnt ihm unter dem Anzug hervor über das Gesicht.

Er tastet nach dem Messer, aber das hat er vorhin beim Kampf mit der Qualle verloren. Ihm wollen die Tränen kommen. Welche Möglichkeiten hat er noch, sich zu wehren? Hände und Füße und Zähne gegen ein tonnenschweres Monster, das sie wahrscheinlich gleich erreichen wird?

Witzlos.

Ethans Finger tasten in dem Moment über die seitlichen Taschen des Spezialanzugs. Dabei fühlt er die schmalen Erhebungen: Proteinriegel, Adrenalinspritzen für den Notfall und noch eine andere Spritze. Die hat er fast vergessen. Sie ist für El Flaco gedacht gewesen, sollte er sie in der Cenote verarschen.

Die Spritze beinhaltet ein hochwirksames Gift, das die Proteine im Blut angreift und gerinnen lässt. In Sekunden stockt einem also das Blut in den Adern, verstopft die Venen und Arterien und führt so zum Tod. Die Dosis ist für den Dünnen gedacht, aber womöglich wirkt das Gift auch bei einem Monster Xibalbás.

Ethans zittrige Finger hantieren am Verschluss der Tasche herum, bis er ihn unter Wasser aufbekommt. Vorsichtig zieht er die Autoinjektion heraus. Es ist eine stiftartige Konstruktion mit einem Dreifachmechanismus. Man muss mit dem Daumen wie bei einem Kugelschreiber drücken. Gleichzeitig schiebt man mit dem Zeigefinger eine Arretierung zur Seite, um die Injektion freizugeben. Und als letzte Sicherheitsvorkehrung, um sich nicht aus Versehen selbst zu vergiften, muss man noch die Spitze gegen die Haut drücken, damit die Injektion dort hineinstechen kann.

Er hat also auch nur einen Versuch, und nicht mal Gegengift dabei.

Es wäre schon ein Hohn, wenn der Mexikaner ihnen indirekt ein zweites Mal das Leben rettet.

Ethans Finger klammern sich also um den Spritzstift, während er wieder abwechselnd zum Horizont und unter sich ins Wasser starrt.

»Wenn es ein Leviathan ist«, hört er El Flaco sagen, »dann bleiben wir alle ruhig! Habt ihr verstanden? Ruhig bleiben!«

Benjamin atmet hörbar ein. »Das ist leicht gesagt, Juan.«

»Nein, im Ernst! Tyler Drake kommunizierte mit einem solchen Wesen. Es half ihnen am Ende sogar, zurückzukehren. Wir werden also nichts tun, um das Monster zu vertreiben. Reicht schon, dass der Trottel hier die Qualle verletzt hat.«

Ethan fährt herum. »Du hast selbst ein Messer in der Hand gehabt, als du uns in die Qualle gebracht hast. Ich habe es genau gesehen.«

El Flaco nickt grimmig. »Ja, für den Notfall, falls das Teil nicht nach *oben* geschwommen, sondern weiter abgetaucht wäre. Dann hätte ich es verletzt. Wo ist überhaupt das Messer?«

Ethan verzieht grimmig den Mund. »Die Qualle hat es mir aus der Hand geschlagen.«

»Oh, super, wir haben also nicht mal mehr das Werkzeug. Wunderbar.« Der Mexikaner will noch etwas entgegnen, aber dieses Mal ist es Benjamin, der einen spitzen Schrei ausstößt.

Ethan weiß sofort, warum. Unter ihnen bewegt sich etwas. Die Dunkelheit zu ihren Füßen wallt seltsam auf und wird grauer und grauer.

Gott, ist das Teil riesig.

Ethan bleibt die Luft weg. Was sich der Oberfläche nähert, ist gewaltig. Er kann die Länge gar nicht richtig abschätzen, aber er meint, dass es mindestens dreißig oder vierzig Meter sein müssen.

Und dann taucht das Monster einfach vor ihnen auf. Eine heftige Welle schwappt ihnen entgegen und schüttelt sie durch.

Das noch von den Quallen übrige Plankton flackert. Ebenso flackert die Haut des Monsters.

Vielleicht fünf Meter von ihnen entfernt treibt es im Wasser. Es hat einen riesigen Schädel mit einem vertikal verlaufenden Maul. Die Haut ist schartig, fleckig und von seltsamen Auswüchsen übersät.

»Oh mein Gott«, wispert Benjamin.

Ethan schafft nicht mal das. Er kann nur die Spritze umklammern und das Ding anstarren, das sich ihnen langsam nähert.

Plötzlich flirren Lichter über den Schädel und den Körper.

»Was macht es?«, will Benjamin mit zitternder Stimme wissen.

El Flaco knurrt. »Es will vielleicht mit uns reden! Verdammt! Das hätten wir vorher mit dem Plankton rausfinden sollen, ihr Idioten. Jetzt haben wir nichts.« Er will sich nach vorne schieben, um mit dem Wesen irgendwie zu kommunizieren, doch das Ding taucht urplötzlich wieder ab. Eine zweite, höhere Welle schwappt ihnen entgegen und wirft Ethan wie einen Ball auf hoher See herum.

Diesmal ist er darauf vorbereitet, schließt die Augen, tritt mit den Beinen und taucht wieder auf. Doch nur um zu spüren, wie sich das Wasser unter ihm bewegt.

Der Leviathan muss direkt unter ihnen sein.

Wieder tritt Ethan mit den Füßen, doch diesmal greifen seltsame Tentakel nach ihm. Es sind harte, schlauchähnliche Stränge überzogen von grauer, fleckiger Haut, die sich um ihn winden.

Ethan schreit, als sich der Schlauch um sein Bein wickelt.

»Nein! Geh weg! *Nein!*«

Ethan kreischt und keucht, wird aber trotzdem in die Luft gehoben. Wie in einer Achterbahn geht es rapide einige Meter in die Höhe, als sich der Leviathan aus dem Wasser hebt.

Die Stränge halten Ethan dabei jedoch eisern fest, winden sich sogar um seine Hüfte und seine Brust.

Ihm bleibt nur noch eines: Er hebt den Giftstift. Mit dem

Daumen drückt er den Auslöser. Mit dem Zeigefinger schiebt er die Entriegelung zur Seite.

Plötzlich sackt die Achterbahn ab und Ethan wird schwarz vor Augen. Wasser schwappt über ihm zusammen.

Das Monster will mit mir abtauchen, wird ihm bewusst.

Und da schlägt er zu und rammt den Giftstift in den ihn umklammernden Tentakel.

Er spürt das Auslösen der Injektion in den Fingern.

Für eine Sekunde passiert gar nichts, doch dann peitscht der Schlauch, der ihn umklammerte, heftigst zurück.

Ethan ist wieder über Wasser. Er wird katapultartig in die Höhe geworfen.

Im Flug sieht Ethan, wie sich der gewaltige Leviathan unter ihm wie wild gebärdet. Von den anderen beiden ist nirgends etwas zu sehen, aber das Meer ist auch voller Strudel und schäumender Blasen. Das Maul des Monsters erscheint über der Oberfläche und öffnet sich einen Spalt. Ein schmerzerfüllter, dröhnender, alles erfassender Laut erfüllt die Luft.

Offenbar hat die Spritze geholfen.

Wirklich freuen kann sich Ethan nicht über den Erfolg, denn er klatscht im selben Moment bäuchlings ins Wasser. Der Aufschlag ist so hart, dass es dabei vollends dunkel um ihn herum wird.

Chac Mool, 4. Juli 2045

WÄHREND DER MORGEN ÜBER DEM DSCHUNGEL DÄMMERT, schlängelt sich Tyler bereits an einer Sicherheitsleine in die Höhle mit dem Tor. Obwohl er die ganzen Gerätschaften und das Zelt auf den Videoübertragungen gesehen hat, ist der Anblick in echt nochmals beeindruckender. Das Zelt ist wirklich riesig.

Und darunter lagert das Equipment.

Weitere Taucher haben alles in den letzten zwei Tagen in die Höhle geschafft, während Tyler, Eddi und die Kampftaucher sich nach vielen Planungs- und Informationsmeetings eine kurze Schlafpause gönnten. Dann ging es früh am Morgen los: Ein leichtes Frühstück, ein letzter Gesundheitscheck, die Blutabnahme, eine letzte Lagebesprechung und dann rein ins kalte Nass, während der Himmel noch dunkel war.

Das war der einzige Moment, in dem Tyler wehmütig wurde. Er wollte den irdischen Himmel nochmals sehen, denn vielleicht war es das letzte Mal ...

Dafür habe ich Sterne und den Mond gesehen.

Tyler lächelt bei dem Gedanken, dann konzentriert er sich wieder auf seine Aufgaben. Er schwimmt zum Equipment und beginnt, alles zu checken. Die CIA hat ihnen motorbetriebene Unterwasserscooter bereitgestellt, außerdem ein hochleistungsstarkes, mobiles Sonargerät, das zur Kartografierung des Meeresbodens geeignet ist. Es ist an einen der Unterwasserscooter montiert und soll ihnen helfen, die anderen aufzuspüren. *Oder einen Leviathan.*

Tyler wendet sich dem weiteren Equipment zu. Es gibt eine eingepackte Drohne mit Landefunktion im Wasser. Sie ist mit hochauflösenden Kameras und Sensoren ausgestattet, um die Umgebung filmen zu können. Außerdem haben sie Medizinprodukte und Erste-Hilfe-Ausrüstung dabei, ebenso hochenergiereiche Lebensmittelgele und sich selbst reinigende Filterbehälter für Trinkwasseraufbereitung. Mit der Ausrüstung können sie also Tage, wenn nicht sogar zwei oder drei Wochen überleben. Am schwierigsten war es, alle elektronischen Geräte gegen den starken elektromagnetischen Impuls beim Übergang abzuschirmen, der sie bei den anderen Expeditionen so unangenehm überrascht hat.

Alles ist vor Ort, wie sie es besprochen haben. Die Techniker haben gute Arbeit geleistet.

Tyler hebt den Daumen und gibt den anderen sein Okay. Über Kameras wird das auch in die Zentrale gestreamt.

»Freigabe erteilt«, hört er über den Funk in seinem Ohr.

Tyler hebt wieder den Daumen, dann machen sie sich am Brunnenschacht bereit für den Übergang. Sie packen ihr Equipment, nehmen ihre Gefährte und schieben sich nacheinander in den Schacht. Einer der Kampftaucher geht zuerst. Dann folgen Eddi, ein Kampftaucher, Tyler und zuletzt nochmals ein Kampftaucher.

Viel mehr Platz ist im Schacht auch nicht, bevor sie die kritische Tauchtiefe von sechzig Metern erreichen. Davor verharren sie, verhaken sich mit Sicherheitsleinen und deaktivieren dann die Technik. Sie würde sowieso ausfallen, wie Tyler gesagt hat.

Einzig die Kameras und der Funk sind noch an, wie Brooke es wünschte.

Er hört auch plötzlich ihre Stimme in seinem Ohr.

»Hören Sie mich, Tyler?«

Er hebt den Daumen.

»Gut. Dann ein letztes Wort: Bringen Sie alle sicher zurück.«

Das werde ich machen. Er hebt den Daumen.

»Sehr schön.« Ein Seufzen. »Was wünscht man Ihnen da jetzt? Gute Fahrt? Guten Flug? Gutes Wurmloch? Ach, egal. Geben Sie einfach Ihr Bestes.«

Sie auch. Tyler hebt abermals den Daumen, dann gibt er das Kommando zur Blutverströmung. Irgendein verrückter Techniker hat ihnen über Nacht ein Gerät mit einem 3D-Drucker gebaut, das auf Knopfdruck die Blutproben abgibt. So muss Tyler keine Röhrchen mehr zerstören.

Also hebt er die Sicherheitsabdeckung. Nochmals atmet er tief durch, dann drückt er auf den Kopf und fokussiert sich auf die Tiefe vor ihm im Schacht.

Wie bei den letzten beiden Malen dauert es nicht lange, bis der Sog einsetzt und das Funkeln am Ende der Röhre beginnt.

Bye, bye, Erde, denkt er noch, während es sie alle immer schneller in die Tiefe saugt.

Im Zelt verfolgen alle gebannt den Übergang. Brooke steht ganz vorne und betrachtet das immer schneller werdende Absinken auf den Monitoren. Dann fallen wieder die Displays aus, während eine Technikerin laut verkündet, dass es abermals zu den elektromagnetischen Impulsen gekommen ist. Die fünf GPS-Signale seien auch verschwunden.

Brooke zieht sich erschöpft das Funkheadset vom Kopf. *Das war es also.* Sie hat getan, was sie für die Rettung von Ethan Shaw tun konnte. Der Rest liegt nicht mehr in ihren Händen, *sondern in denen eines reichen Abenteurers ...*

Brooke hätte unter allen anderen Umständen über den Satz gelacht, aber ihr ist nicht nach Lachen zumute. Am liebsten würde sie sich ins Bett legen und schlafen. Tagelang einfach nur schlafen. Aber auch ihr Tag hat erst begonnen, und irgendwie ... erwartet sie Schlimmes.

Sie kann es gar nicht in Worte fassen, aber ihr Bauchgefühl sagt ihr, dass sie lieber im Bett geblieben wäre.

Und so soll es auch kommen.

Puerto Aventuras, 4. Juli 2045

EIN SCHLEIFENDES GERÄUSCH WECKT ADRIANA. ES HÖRT sich an, als würde jemand einen Sack über den Boden ziehen. Hat sie das geträumt? Im Haus ist es ruhig. Draußen ist es noch dunkel. Adriana gähnt und setzt sich auf. Die Klappliege quietscht. Diego und George schlafen in El Flacos Bett. Sie hat sich mit der Liege in die Küche zurückgezogen, um ihre Ruhe zu haben. Aus dem Büro ist ein Schnarchen zu hören.

Sie will sich gerade wieder hinlegen, als das schleifende Geräusch zurückkehrt. Es kommt von draußen. Die Wände der Hütte sind dünn. Vermutlich hört man das Schnarchen des Kanadiers bis zur nächsten Straße. Adriana steht auf, bemüht sich, dass die Liege nicht wieder quietscht. Sie will die beiden Männer nicht wecken.

Der Fußboden in der Küche besteht aus gestampftem Lehm. Das hat den Vorteil, dass hier keine Dielen knarren. Sie erreicht den ehemaligen Kühlschrank. Er ist offen – und leer. Wo ist die Motte? Als sich Adriana hingelegt hat, hatte sie sich noch im Kühlschrank verpackt. Anscheinend ist ihr langweilig geworden. Adriana nimmt einen Schluck aus der Wasserflasche. Das Wasser rinnt warm ihre Kehle hinunter. Sie räuspert sich.

Die Küche besitzt keinen eigenen Ausgang. Die Motte

muss also durch das Büro verschwunden sein. Adriana findet die Tür angelehnt vor. Kein Wunder, dass das Schnarchen so laut klang. Hier ist der Boden mit Holzdielen versehen. Adriana bemüht sich, möglichst lange auf derselben zu bleiben. So kommt sie auf dem Weg zur Tür dicht am Bett vorbei. George und Diego kehren sich den Rücken zu. Der Kanadier schnarcht mit offenem Mund, aber ihren Bruder scheint es nicht zu stören. Es riecht, als hätten beide länger nicht geduscht. Aber nachdem sie gestern noch zwei Flaschen Wein aus El Flacos Vorräten geleert hatten, war niemandem mehr nach einer Dusche gewesen.

Adriana geht zur Tür. Eine Diele quietscht. Sie sieht sich um, aber keiner der beiden Männer rührt sich. Sehr gut. Die Klinke ist in Reichweite. Die Tür öffnet nach innen. Adriana rechnet damit, als sie die Klinke drückt, aber sie ist überrascht, dass ihr die Tür entgegenkommt. Etwas kippt ihr vor die Füße. Im beinahe völligen Dunkel einer sternenklaren Nacht erkennt sie einen Sack, nein, zwei, drei, vier. Wer stellt ihr denn zu dieser Zeit Säcke vor die Tür? Sie hockt sich hin und tastet den vordersten Sack ab, der ihr bis auf die Füße gerutscht ist. Als sie in buschiges, etwas fettiges Haar greift, muss sie sich die Hand vor den Mund halten, um nicht aufzuschreien.

»Sie sind tot«, flüstert George, der die Männer mit einer Taschenlampe anleuchtet.

»Was …?«

»Schau dir die Köpfe an.«

Jetzt sieht sie es auch. Wie konnte ihr das bisher nur entgehen? Jemand hat den Männern die Köpfe um hundertachtzig Grad gedreht und ihnen damit wohl das Genick gebrochen. Es muss schnell gegangen sein, weil ihre Augen eher Staunen wiedergeben als Schmerz. Ein gnädiger Tod.

»Es sind Söldner«, flüstert George.

Er tastet einen der Männer ab und durchsucht seine

Taschen. Dann reicht er ihr eine Plastikkarte. Es ist ein Amerikaner. Die Organisation, für die er tätig war, kennt sie nicht.

»NIAA, sagt dir das irgendwas?« Sie spricht so leise wie George, obwohl sie gar nicht weiß, wieso.

»Nie gehört. Vielleicht ein Tarnname, damit niemand erfährt, wer wirklich dahintersteckt. Oder eine private Armee. Kommt aufs Gleiche raus.«

Adriana betrachtet den Mann zu ihren Füßen, den eine Stehlampe in El Flacos Büro beleuchtet. Er dürfte Mitte dreißig sein, ist durchtrainiert, hat sehr kurze Haare und einen Schnurrbart. Sein Gesicht ist schwarz angemalt. Bewaffnet ist er mit einer Pistole mit besonders langem und dickem Lauf. Ist das ein Schalldämpfer?

»Und wer hat sie so zugerichtet?«, fragt sie leise.

George dreht sich um. Da hört sie es auch. Das Schleifen ist zurück. Adriana greift nach der seltsamen Waffe. George leuchtet mit der Lampe nach der Quelle des Geräuschs. Sich bewegende Schatten verwandeln sich in flatternde Flügel. Mit dem untersten Flügelpaar zerrt die Motte einen Mann hinter sich her. Seine Augen sind geöffnet, aber der Blick ist starr, und er sieht nicht über die Brust, sondern über den Rücken ins Nichts.

Die Motte kommt näher. »It-ti«, sagt sie und lässt den Toten fallen.

»Los, Diego, wir räumen sie in die Hütte«, flüstert George. »Aber mach die Lampe aus.«

Woher weiß George so genau, was jetzt zu tun ist? Adriana ist überwältigt von dem fünffachen Tod um sich herum. Wer sind diese Leute, oder besser – wer waren sie? Warum hat die Motte sie getötet?

»It-ti, warte mal«, sagt sie, aber die Motte flattert ohne Gruß zurück in die Dunkelheit.

»Pssst«, flüstert George. »Hilf uns lieber. Muss ja nicht jeder gleich darüber stolpern.«

»Wer ist das, verdammt noch mal?«, fragt Adriana. Sie

wird gleich in Panik verfallen, wenn sie nicht ein paar Antworten bekommt.

»Adriana, bitte, du musst dich beruhigen«, sagt Diego. »Es ist doch klar. Die wollten uns festnehmen, was sonst?«

»Oder umbringen«, sagt George.

Etwas schnürt ihr die Kehle zu. Großartig, dass Diego dabei so ruhig bleiben kann. Aber es erschreckt sie auch ein bisschen. Ihr kleiner Bruder hatte auf so direkte Weise mit dem Tod bisher wenig zu tun.

»Die Motte hat sie eiskalt getötet«, sagt sie.

»Ja, sie hat uns den Hals gerettet«, sagt George.

»Woher wusste sie, dass sie kommen?«

»Keine Ahnung. Sie hat vermutlich nicht dieselben Sinne wie wir. Wenn du immer in der Luft unterwegs bist, kommst du wohl mit dem reinen Sehsinn nicht so weit.«

Aber woher wusste die Motte, dass es die Männer auf sie abgesehen hatten? Was wäre passiert, wenn mitten in der Nacht ein paar von El Flacos Freunden auf die Idee gekommen wären, ihn hier zu besuchen? Lägen sie dann jetzt ebenfalls tot vor der Tür?

»Glaubt ihr, dass die Motte unsere Gedanken lesen kann?«, fragt Adriana, während sie gemeinsam mit Diego den Neuankömmling ins Büro schleppt.

»Ich denke, nicht. Sie ist ja selbst Jägerin. Vielleicht hat sie bei den Söldnern einfach das typische Jagdverhalten entdeckt und richtig gefolgert, dass wir das Ziel dieser Jagd sind.«

»Und dann hat sie sie getötet«, sagt Adriana.

Das ist falsch. Sie ist noch dabei. Gerade bringt die Motte den nächsten Toten. Seine Uniform ist nass und voller Schlamm. Er muss an einem Gewässer gelauert haben.

»Ich bin ziemlich froh darüber, auch wenn das herzlos klingt«, sagt Diego. »Diese Leute hätten uns mindestens zurück in den Knast gebracht, und wer weiß, wohin sonst noch.«

Adriana ist unentschieden. Die Motte hat ihnen die Freiheit gerettet. Ob das sechs Tote wert ist? Oder sieben, denn nach dem Ablegen der Leiche macht sich die Motte wieder auf den Weg. Und was passiert, sollte sie aus dem Verhalten ihrer menschlichen Bekannten schlussfolgern, dass sie ihr feindlich gesinnt sind? Schlägt sie dann auch so erbarmungslos zu? Die Motte sieht, von ihrem Auge abgesehen, harmlos aus. Aber sie ist eine verdammte Killermaschine.

Schüsse hallen durch die Nacht. Adriana springt auf. Ihr Herz rast. Diesmal hatte die Motte wohl weniger Glück.

»Wir müssen hier weg«, sagt Adriana.

»Warte, die Schüsse haben aufgehört«, sagt George.

»Sie haben sie erwischt.«

»Ich glaube, nicht.«

Sie warten. Adriana kann nichts anderes tun in dieser Zeit. Ihre Finger zittern. Bis sie das schleifende Geräusch wieder hört. Der Kopf dieser Leiche sieht noch nach vorn. Dafür hat sie mehrere Löcher im Rumpf, aus denen immer noch Blut rinnt. Auch zwei der Flügel der Motte weisen Durchschüsse auf. Der Mann muss sie bemerkt haben. Er hat sich mit der Waffe gewehrt, bis die Motte sich seines Arms bemächtigt hat und ihn zwang, sich selbst zu erschießen.

Diesmal entfernt sich die Motte nicht wieder.

»Sieben Mann, eine schöne Zahl«, sagt George.

Adriana sieht ihn an, aber er bemerkt ihren Blick nicht. Wie kann man so abgestumpft sein? Es ist, als hätte George selbst früher bei so einem Verein gearbeitet. Sie weiß viel zu wenig über ihn. Aber nun hat sie keine Wahl mehr.

»Wir räumen die Toten auf, und dann sehen wir zu, dass wir in die Cenote kommen. Die kommen bestimmt wieder, aber das nächste Mal mit zehnmal mehr Leuten.«

»--- - -- - -- - - -«

Jetzt ist es ihm wieder rausgerutscht. Immer, wenn es aufgeregt ist, verfällt es in Standard-Kommunikation. --- - - muss daran denken, dass die Duos ihn nicht verstehen, so wie er nur ein tiefes Brummen hört, wenn sie ihr Sprachorgan benutzen.

»_____ - _____ __ __«, ruft Duo 1.

Das ist das Wesen, das es als Erstes kennengelernt hat. Es scheint körperlich leistungsfähiger zu sein als seine Geschwister, wird aber besonders intensiv von Fehlsynchronisationen geplagt. So nennt It-ti den Prozess, wenn sich die beiden Teilwesen nicht einigen können, aus denen diese Spezies besteht. Es ist eine unperfekte Symbiose. Es hat Duo 1 nur deshalb nicht als Nahrung genutzt, weil ihm diese Eigenart sofort aufgefallen ist.

Zunächst hat es Duo 1 für einen Ausreißer gehalten, eine Laune der Natur. Auf dem Wasserplaneten kommen viele ungewöhnliche Pflanzen vor, auch solche, die sich bewegen können. Sie sind die perfekte Beute für die Ernährung der Keimlinge. Ohne sie könnte seine Spezies nicht überleben. Jedenfalls nicht in der gegenwärtigen Zahl.

Dann hat es bemerkt, dass Duo 1 überlebensfähig ist. Es muss nicht nur Instinkt, sondern auch ein Mindestmaß an Intelligenz besitzen, sonst wäre es nicht in der Lage gewesen, die Waffen der Jagdexpedition zu benutzen und sogar gegen sie zu wenden. It-ti nimmt ihm das nicht übel. Jedes Wesen wird mit diesen Instinkten geboren. Es braucht Jahre intensiver Ausbildung, um zu lernen, sie zu benutzen, statt von ihnen benutzt zu werden. Diese Duo-Wesen scheinen zwar recht langlebig zu sein, womöglich sogar über einen Umlauf um ihr Gestirn hinaus, doch um ihre Ausbildung scheinen sie sich kaum zu kümmern.

Dabei hätten gerade sie es dringend nötig. It-ti würde wirklich gern die Daten der Genetiker sehen. Vielleicht kann es einen der Duos dazu bewegen, es in seine Heimat zu begleiten und sich dort untersuchen zu lassen. Wie um alles im Kosmos können zwei Augeneinheiten derart zusammenwachsen? Jedem Auge entspricht ein Bewusstsein. Das haben die Biologen immer wieder bestätigt. Und obwohl sie so eine Absonderlichkeit darstellen, scheinen diese Weise die These noch zu bestätigen, lässt sich das Vorhandensein eines doppelten Bewusstseins doch klar an ihren Handlungen ablesen.

Duo-2 schließt zu ihnen auf. »It-ti. Timi«, sagt es. Es hat wirklich versucht, ihnen weitere Wörter beizubringen, war aber nicht erfolgreich. Duo-2 hat es erst relativ spät kennengelernt. Irgendwie mag es dieses primitive Wesen. Deshalb hat es sich sogar entschlossen, ihm zur Wasserwelt zu folgen, und es hat sich sogar bereitwillig in dem künstlichen Ei versteckt, das es hierhergebracht hat.

It-ti spürt in die Umgebung. Das Magnetfeld dieses Planeten ist so stark, dass sein Blick fast bis zum Horizont reicht. Es musste allerdings erst lernen, welche Störung für welche Gefahr steht. Unbekannte Duos gehören fast immer in diese Kategorie, aber auch die mobilen und immobilen Pflanzen dieses Planeten können eine Gefahr darstellen.

It-ti markiert die neuen Beobachtungen. Zwei Duos bewegen sich in ähnlicher Geschwindigkeit geradeaus nebeneinander her. Keines davon zeigt Jagdverhalten. Generell scheint Jagdverhalten unter den Duos nicht ausgeprägt. It-ti war fast überrascht, als es während der Ruhephase genau das im Umfeld des temporären Nestes bemerken musste. Wirklich clever hatten sich die Duos nicht angestellt. Vor allem die gedankliche Kommunikation schien ihnen zu fehlen, womöglich dadurch verursacht, dass die beiden Bewusstseine in ihrem Symbionten stets miteinander ringen müssen. Das Auge ist der Spiegel des Bewusstsein, hat ein großer Beobachter einst gesagt. Aber zwei Spiegel sind einer zu viel.

»It-ti«, ruft Duo-2. It-ti versteht, was es will: Duo-3 kann nicht mit ihnen Schritt halten. Warum lassen sie das Wesen nicht einfach zurück? Seine Leistungsfähigkeit macht es zum schwächsten Glied, was Duo-3 auch nicht dadurch kompensieren kann, dass es offenbar seine Bewusstseinskonflikte effektiver löst. It-ti lässt sich etwas zu Boden sinken und setzt das künstliche Ei ab, das es trägt. Diese Wesen verlassen sich nach seinem Geschmack zu sehr auf Technik, statt einfach die Biologie ihres Planeten so zu verändern, dass sie optimale Lebensbedingungen bietet. Aber manchmal ist diese Vorgehensweise praktisch. Eine Pflanze zu klonen, die als Frucht einen solchen Behälter ausbildet, dauert einfach zu lange.

Andererseits ist natürlich die Frage, warum diese Wesen bei ihrer doch sehr langen Lebenszeit so ungeduldig sind. Wer, wenn nicht sie, könnte biologische Prozesse einfach abwarten? »It-ti. Timi«, sagt es. Darauf reagieren die Duos fast immer, und in letzter Zeit jedes Mal passender. Jetzt möchte es damit ausdrücken, dass sie sich beeilen sollten. Am Horizont ist eine Flugmaschine aufgetaucht. Ihre Motoren erzeugen zwei helle, fast blendende Punkte in seinem Magnetsinn. It-ti wischt sich mit einem Flügel über das Auge. Diese sich schnell drehenden Felder sind ausgesprochen schmerzhaft für seine feinen Magnetzellen, die sich in seinen Facetten verbergen.

»_ _, __ _ ___«, sagt Duo 2.

It-ti prüft die Situation. Sie haben maximal noch den vierzigsten Teil eines Tages, um die Wasserfläche zu erreichen. Dann wird die Flugmaschine hier sein. Duo-2 deutet auf Duo-3. Ja, es weiß, Duo 3 ist zu langsam. Aber Duo-2 kommt nicht auf die Idee, sein älteres Geschwister zurückzulassen. Also zeigt It-ti nun auch auf Duo-3 und dann auf das Ei.

»It-ti«, sagt es.

»_ _ _ __ _ ___«, sagt Duo 2 und wiederholt It-tis Geste. Duo-3 gehorcht und kauert sich in das Ei. Endlich! It-ti greift nach dem Ei und erhebt sich damit in die Lüfte. Boden ist gleich Gefahr und Gefahr ist gleich halber Tod. Das lernt jedes It-ti kurz nach der Geburt, oder es stirbt dabei. It-ti rast mit dem Ei auf die Wasserfläche zu, aus der sie gekommen sind.

HECHELND BLEIBT ADRIANA STEHEN. WIESO HATTE ES DIE Motte plötzlich so eilig? George in den Kühlschrank zu packen, war allerdings eine gute Idee. Er hat sogar schon die Tauchanzüge bereitgelegt, die sie ebenfalls darin transportiert haben. Die Motte flattert hektisch um sie herum. Ein solches Verhalten ist sehr ungewöhnlich. Sie muss etwas sehen, wovon sie noch keine Ahnung haben.

Adriana ist froh, dass hier keine Feinde auf sie warten.

Dort wieder in die Cenote zu steigen, wo sie sie verlassen haben – für so dumm hält sie vermutlich niemand, und gerade deshalb war es eine gute Idee. Wer hatte sie eigentlich? Sie hatten sich in El Flacos Büro eine Karte der Umgebung angesehen, und dann hatte der Schlauch im Auge der Motte zufällig auf diesen Einstieg gezeigt. Oder war es kein Zufall?

Egal. Jetzt sind sie hier.

»Beeil dich, Diego.«

»Beeil dich selbst.«

»Streitet nicht«, sagt George.

Adriana zieht den Reißverschluss zu und prüft die Flasche mit der Atemluft. Dass die Motte all das hierherschleppen konnte … Nur, als sie plötzlich in so große Höhe aufgestiegen ist, ist Adriana erschrocken. Einmal wegen George, der ohne Gurt in der Kiste saß, aber dann auch, weil dieser Planet so viel besser für die Luftwesen geeignet ist als Xibalbá. Was, wenn die Motte ihren Freunden den Weg zur Erde zeigt? Die Wesen scheinen sehr effiziente Killer zu sein. Die meisten Bewohner von Xibalbá sind vor ihnen geschützt, weil ihnen die Unterwasserwelt verschlossen bleibt. Auf den Landmassen der Erde sähe es anders aus. Was, wenn sie eine große Invasion auslösen, indem sie die Motte zurückbringen?

»George, ist das wirklich eine gute Idee, was wir hier machen?«, fragt sie.

»Wie meinst du das? Sollen wir uns lieber stellen?«

»Nein, aber wenn die Motten nun eine Gefahr für die Erde sind?«

»Jetzt hör auf, Adriana. Die Motte meint es nur gut mit uns«, sagt Diego. »Mach dich lieber fertig.«

Ja, diese Motte. Diego, George und sie stellen auch keine Gefahr für Xibalbá dar. Bei der Menschheit insgesamt ist sie weniger sicher. Aber dürfen sie dieser Motte die Hilfe verweigern, weil ihre Spezies auf fremden Planeten jagt? Adriana seufzt und überprüft die Waffe in ihrer Bauchtasche. Es sitzt tatsächlich ein Schalldämpfer auf dem Lauf, das hat George bestätigt. Wer weiß, wozu so etwas gut sein kann.

»It-ti, ab in den Kühlschrank mit dir«, sagt sie.

Die Motte gehorcht. Diego verschließt den Behälter. Sie haben sich auf den Code 0412 geeinigt. Das ist der Geburtstag ihres Vaters. Diego stellt die Kombination auf allen drei Schlössern ein. In der Ferne ist das rhythmische Rütteln eines Helikopters zu hören.

»Sie kommen«, sagt Adriana.

»Und wir gehen«, sagt Diego.

SIE HÄTTE NICHT SO FRÜH IN DAS EI SCHLÜPFEN SOLLEN. Die Duos brauchen überraschend lange. Sind sie denn mit ihren Sinnen gar nicht in der Lage, die Annäherung der Flugmaschine zu spüren? Sie gibt doch auch Schallwellen ab und besitzt keinerlei Tarnung im optischen Bereich. Wenn sie bei einer Jagdexpedition auf dem Wasserplaneten auf allen Wellenlängen so einen Lärm machen würden, wäre die Beute längst verschwunden.

Mit einem Mal kommt It-ti das Ei zu klein vor. Es will seine Flügel ausbreiten, um sich selbst vor dem Feind schützen zu können. Zwar besteht dieses künstliche Ei aus Metall, doch wenn die Feinde mit Stromwaffen arbeiten, wird It-ti bei lebendigem Leib gebrutzelt. Es hat gesehen und gespürt, wie diese Waffen funktionieren, als es Duo-1 besucht hat.

Jetzt. Es wäre vernünftig, in diesem Moment zu starten. Spätestens. It-ti spürt nun auch die Vibrationen, die der seltsame Antrieb der Flugmaschine verursacht. Das Gerät ist tatsächlich schwerer als Luft. In seiner Heimat haben die Fertiger lange geglaubt, dass Flugmaschinen stets leichter als Luft sein müssten, selbst, als die Wissenserwerber ihnen mathematisch das Gegenteil bewiesen haben. Aber die Duos scheinen prinzipiell auf diese ineffiziente Technik zu setzen.

It-ti versucht, sich umzudrehen. Die ersten Treffer erwartet es an der Oberseite des Eies. Die Duos scheinen es auf ein Zusammentreffen mit der Gefahr anzulegen, wo doch Stratege -- - --- - -- schon vor Urzeiten gezeigt hat, dass jede vermiedene Schlacht eine gewonnene Schlacht ist. Die Duos müssen wirklich noch viel lernen, wenn sie zu Partnern werden wollen. It-ti stellt sich vor, wie sie mit den Luftschiffen seiner Spezies und den hiesigen Flugmaschinen gemeinsam auf die Jagd gehen. Es weiß, dass das für lange Zeit pure Phantasie bleiben wird. Über die Tore lassen sich größere Objekte nicht transportieren. Sein Volk musste erst ein Raumschiff bauen und zu dem Planeten der Wasserwesen schicken.

Oh, es hat etwas Wichtiges vergessen. It-ti presst von innen gegen die Öffnung seines Behälters. Die Duos müssen ihn unbedingt noch einmal den Himmel betrachten lassen. Es muss sich die Positionen der hellsten Sterne einprägen, damit die Wissenserwerber daraus die Koordinaten dieses Planeten berechnen können! It-ti strengt seine Flügelmuskeln an, aber hier drin ist zu wenig Platz, um sie wirklich einsetzen zu können. Die Krallen an den Ende der Flügel scharren über das Metall der Hülle. Die Duos müssen das Geräusch hören können, aber sie reagieren nicht darauf. Stattdessen kippt das Ei mit einem Mal auf den Kopf und versinkt im Wasser, das It-ti aufgeregt gurgeln hört, als freue es sich, so eine wertvolle Beute schlucken zu dürfen.

Seine Muskeln zucken unkontrolliert. Das Gefühl, komplett von Wasser umschlossen zu sein, ist überwältigend. Es muss sich beruhigen. Aber Wasser ist tödlich. Seine Flügel saugen es auf. It-ti wird schwerer und schwerer und versinkt in den Tiefen. Wissenserwerber haben herausgefunden, dass der zunehmende Wasserdruck tötet, noch bevor ihm die Luft zum Atmen ausgeht.

Das Ei schützt dich. It-ti malt sich aus, wie Duo-1 ihm beruhigend zuredet. In der Fantasie beherrscht Duo-1 auch die normalen Tonlagen. It-ti spricht die Worte aus, um ihrem Klang nachzuspüren.

»-- - --- --- - --«

Es gelingt ihm nicht, die Worte aus der Sprachöffnung von Duo-1 zu hören, aber sie wirken auch so. Er versucht es noch einmal.

»-- - --- --- - --«

Zum Glück hört ihn niemand. Es ist doch albern, sich

selbst etwas zuzuflüstern. Aber es hilft ihm, das Gefühl zu ignorieren, immer tiefer ins Wasser zu sinken. Tatsächlich spürt er gerade keine Beschleunigung. Das Ei könnte sich im freien Fall befinden, wie im Orbit, aber vermutlich hat es wegen des Wasserwiderstands längst das Maximum der Fallgeschwindigkeit erreicht.

»-- - --- --- - --«

Ja, genau. Das Ei schützt. It-ti tastet die Innenseiten des Behälters ab. Sie sind rechteckig geformt. Als es eingestiegen ist, hatten sie noch eine glatte Oberfläche besessen. Jetzt dellt sie sich allmählich ein, am stärksten im jeweiligen Zentrum der Seite, aber auch durch nur um wenige Flügelstärken. Das Ei ist stabil, als wäre es exakt für diesen Zweck gebaut worden. It-ti schmeckt allerdings chemisch, dass es eher als Lager gedient haben muss oder als biochemisches Labor, denn die Wassertropfen, die an den Wänden kondensieren, sind von verschiedensten Abbauprodukten von Kohlehydraten, Eiweißen und Fetten verunreinigt.

»-- - --- --- - --«

Das ist so ein Moment, in dem It-ti gern das Auge schließen würde. Das ist eine Fähigkeit, um die er die Duos beneidet. Er war richtig erschrocken, als er das bei Duo-1 zum ersten Mal beobachtet hat, und hielt ihn damals schon für tot. Gerade wollte er es als Nahrung nutzen, da hat das Wesen seine Augen wieder geöffnet. Wie mag es sich anfühlen, einmal nichts sehen zu müssen? Wird die Welt der Duos dann einfach nur schwarz, oder besitzen sie gar eine innere Leinwand, auf der sie ihre Gedanken verbildlichen können?

Es ist schade, dass sie sich nicht darüber austauschen können. In der Heimat könnte ein Fertiger bestimmt einen Wandler bauen, der normale in tiefere Töne umsetzt, die auch die Duos differenzieren können. Wie hören sie wohl, was It-ti sagt? Es ist schwer, sich das vorzustellen. Seine eigene Sprachmelodie kennt es einfach zu gut. Die Duos scheinen Laute zu besitzen, die für It-ti keine Entsprechung besitzen. Umgekehrt gilt das wohl ebenso. Vermutlich unterscheiden sich die Organe, die die Sprache bilden, einfach zu stark. It-ti braucht bloß bestimmte Teile des Flügelansatzes aneinander zu reiben.

Bei den Duos scheint die Sprache aus dem Inneren des Körpers zu kommen. Die Strukturen dort sind vermutlich weitaus fester gefügt, sodass die Duos grundsätzlich auf niedrige Frequenzen beschränkt sind. Zudem scheint ihr Hörsinn an ganz anderer Stelle lokalisiert zu sein. Das hat es jedenfalls aus ihrem Verhalten beim Zuhören extrapoliert. Grundsätzlich scheint das Augenorgan eine wichtige Rolle zu spielen, aber die Greifwerkzeuge an dem riesigen Rumpf sind wohl auch wichtig.

Sein Magnetsinn meldet sich. Es ist ein Gefühl, als quetsche jemand seine Flügel zusammen. It-ti konzentriert sich darauf – und schreckt zurück. Sie bewegen sich auf etwas zu, das einem Alptraum entsprungen scheint: eine kreisende Masse, die alles, was sich ihr nähert, zu zerquetschen droht. It-ti verringert die Empfindlichkeit seines Magnetsinns, bis das Bild etwa dem entspricht, an das es sich aus den anderen Durchgängen durch ein Tor erinnert. Es muss das starke Magnetfeld dieses Planeten sein, das ihre Empfindungen so heftig ausfallen lässt. Oder sollte das hiesige Tor wirklich so ungeheuer energiegeladen sein?

Unter den Wissenserwerbern gibt es eine Theorie, wonach die Tore umso mehr Energie gespeichert haben, je weiter die zu überbrückenden Entfernungen sind. Zwischen seiner Heimat und der Wasserwelt liegen etwa achtzig Lichtumläufe, also die Strecke, die Licht in achtzig Umkreisungen des Heimatplaneten um die Sonne zurücklegt.

It-ti regelt die Empfindlichkeit durch einen Gedanken wieder auf Normalmaß. Sofort krampfen seine Muskeln zusammen, versuchen, es von dem gewaltigen Strudel wegzuzerren, der sie alle zu verschlingen droht. Das Tor auf diesem Planeten und damit diese Welt insgesamt müssen extrem weit von der Wasserwelt entfernt sein. Vielleicht befinden sie sich sogar in einer anderen Galaxie! Wieso war es so dumm und hat sich die Sternbilder nicht eingeprägt? Das heißt aber auch, dass die Duos nie in der Lage sein werden, diese Entfernung zu überwinden. Das ist schade, denn in diesem Fall werden sie wohl nie gemeinsam Wasserwesen jagen. It-ti hätte wirklich Lust, seine Fähigkeiten darin mit Duo-1 und Duo-2 zu teilen.

Sie nähern sich dem Strudel, der nun wieder wie ein gewöhnlicher Abfluss wirkt. It-ti hat trotzdem Angst, was selten vorkommt, denn es weiß, dass unter dem sanften, kreisförmigen Rinnen etwas viel Gewaltigeres schlummert. Es hat es gesehen! Ob die Duos auch so beeindruckt sind? It-ti kratzt an der Tür, erhält aber keine Reaktion. Da erst fällt ihm auf, dass es in einem Metallbehälter steckt, der einen Teil des Magnetfelds abschirmt. Der Strudel muss also noch mächtiger sein als in seiner Wahrnehmung.

Es tastet nach draußen. Die drei Duos sind nicht zu sehen. Das Ei bewegt sich auch nicht mehr. Entweder, ihre Signale gehen im großen Krawall der Senke unter, oder sie haben sich entfernt. Bestimmt kommen sie gleich zurück. Immerhin müssen sie das Tor ja auch noch öffnen. Wie das wohl hier funktioniert? Die unbekannten Erbauer des Tor-Netzwerks haben anscheinend jeweils Mechanismen installiert, die nur Bewohnern der jeweiligen Welt mit einer gewissen Mindestintelligenz den Zugriff erlauben. Wie die Überprüfung funktioniert, darüber streiten sich die Wissenserwerber. Es gibt einfach zu wenige bekannte Tore, um da schon verallgemeinern zu können. Die Wissenserwerber wären vermutlich sehr an den hiesigen Verhältnissen interessiert.

Oh, es geht los! Die Duos sind immer noch nicht zurück. Haben sie It-ti etwa vergessen? Selbst mit der verringerten Empfindlichkeit wächst die Senke zu einem kreiselnden Strom an, dessen Ausläufer nun das Ei erreichen. Es bewegt sich! Die Kiste kippt nach vorn, sodass It-ti kurz die Übersicht verliert. Da, dieser Punkt, der an ihm vorbeischießt, könnte das einer der Duos sein? Hoffentlich! Wenn es allein auf der anderen Seite ankommt, ist es verloren. Ohne wenigstens einen der Duos kann es das Ei nicht verlassen. Das darf auf keinen Fall passieren.

»-- - --- --- - --«

Nicht einmal diese Beruhigungsformel funktioniert noch. It-ti hat schon oft ein Tor durchquert, aber so aufgeregt war es selbst beim ersten Mal nicht. Es ruft gedanklich nach den Duos. Damit verbunden sind Veränderungen im eigenen Körper-Magnetfeld, die andere spüren können. Doch bei den Duos macht es sich da keine Hoffnungen. Sie sind in dieser Hinsicht völlig gefühllos. Was seltsam ist, weil ihm gleich mehrere Spezies begegnet sind, die sich erkennbar am Magnetfeld orientiert haben. Wieso hat sich diese nützliche Fähigkeit evolutionär nicht breiter durchgesetzt?

Es passiert. It-ti presst die Flügel auf das Auge. Jede einzelne Facette schmerzt beim Übergang, weil sie so voller Magnetflüssigkeit ist. Es kommt sogar vor, dass einzelne Teilaugen platzen. Die Flügel fest darauf zu pressen, hilft zwar nicht dagegen, aber es lenkt zumindest von den Schmerzen ab, die das Tor seinem ganzen Körper bereitet. Einige Wissenserwerber glauben, dass die Erbauer diesen Schmerz absichtlich in ihre Konstruktion integriert haben, damit ihre Nachfahren sie sparsam benutzen. Darum wäre es sicher interessant zu erfahren, ob es den Duos ähnlich geht.

Den Duos, seinen Rettern. Hoffentlich sind sie da, wenn diese Qual ein Ende nimmt. Falls sie ein Ende nimmt. Angeblich bleibt die Zeit beim Übergang ja stehen. Für It-ti scheint sie sich eher endlos zu dehnen. Stillstand oder Unendlichkeit, das ist wohl nur eine Frage des Standpunkts. Faktisch sind beide identisch.

Xibalbá, 4. Juli 2045

Über Tylers Lippen kommt ein wohliges Seufzen. Die Augen hat er geschlossen, denn er schwelgt noch im Moment des Übergangs, in dem er wieder Sterne und Galaxien gesehen hat. Doch diesmal waren die Eindrücke nicht verbunden mit Ängsten oder einer schwarzen Sphäre. Es war einfach nur das Gefühl, in der Ewigkeit zu wandeln, während die Zeit stillsteht.

Er weiß, dass er mittlerweile auf Xibalbá angekommen ist. Er spürt den Druck der Wassersäule auf seinen Körper. Sie sind – wie erwartet – irgendwo unter Wasser in Xibalbás Ozean herausgekommen. Er gönnt sich trotzdem eine weitere Minute des Schwelgens, der Zufriedenheit und des Gefühls, eins mit dem Universum gewesen zu sein.

Dann seufzt er ein weiteres Mal, diesmal nicht wohlig, sondern entschieden, und öffnet die Augen. Um ihn herum ist nichts als Schwärze. Die Tauchanzüge sind vom Übergang ausgefallen, allerdings sieht er, wie vor ihm ein Lichtspeer durch das Wasser schneidet. Dahinter erkennt er Eddis Gesicht im schwachen Schein. Er hat seinen Anzug aktiviert, und auch Tyler tut es ihm gleich. Nach und nach folgen auch die drei Taucher der Marines.

Schließlich knistert es auch in seinem Ohr, als der Funk aufgebaut ist.

Eddis Stimme ist klar und deutlich zu hören. »Eddi ist schon mal live, Jungs! Wir sind angekommen.«

Tyler grinst, denn auch wenn Eddi überhaupt nicht mehr nach Xibalbá wollte, sein Entdeckergen und die Lust auf Abenteuer kann man nicht einfach wegentscheiden. Es ist in einem drin oder nicht.

Tyler sieht im Head-up-Display, dass sein Funk ebenfalls aktiviert wurde. Auch die anderen leuchten grün. »Herzlich willkommen auf Xibalbá!«, raunt er stimmungsvoll.

Einer der Soldaten stöhnt. »Das war krass.«

Ein anderer grunzt nur, und der dritte schiebt hinterher: »Irres Feeling. Das war ja wie Fliegen.«

»Oh ja«, meint Eddi, »und es kommt noch besser! Wartet erst mal ab, bis wir an der Oberfläche sind.«

»Ach, mach sie doch nicht auch noch heiß, mein Freund.« Tyler lacht. »Wir starten jetzt die Scooter und das Sonar, orientieren uns und tauchen erst mal auf.«

Die ehemaligen Soldaten geben militärisch gedrillt ihre Zustimmung. Die Unterwasserscooter erwachen zum Leben. Die Systeme fahren hoch und alle Geräte funktionieren.

Besser könnte es nicht laufen. Tyler startet das Sonar und initiiert einen ersten Scan. Auf dem Display des Scooters kann er verfolgen, wie die Umgebung vom ersten Impuls kartografiert wird. Sie sind in der nahen Umgebung allein. Die Wassertiefe beträgt über einhundert Meter. Von einem Portal ist nichts zu erkennen, aber das wusste er ja schon.

»Alles klar!«, ruft Tyler und ändert am Scooter die Parameter für eine größer angelegte Messung. »Wir tauchen auf!«

Mit dem Scooter gibt er Stoff und lässt sich gemütlich davon nach oben Richtung Oberfläche ziehen.

Es ist eine kurze Fahrt durch die Dunkelheit. Was sie wohl erwartet? Die Gezeitenwand? Ein Sturm?

Tyler ist gespannt.

Schließlich stoßen sie durch die Oberfläche, gehen in den Schwimmmodus über und treiben dahin. Er lässt den drei

Marines einige Momente, um sich zu akklimatisieren, auch wenn sie Profis sind und mit Stress umgehen können. Die ersten Momente auf einer fremden Welt können doch verstörend sein.

Während sie sich also staunend umsehen und den Ringplaneten über ihnen mustern, hat Tyler ganz andere Interessen. Er sieht sich aufmerksam um. Von der Gezeitenwand ist zum Glück nichts zu erkennen und von einem Sturm auch nicht. Gute Voraussetzungen.

Er klinkt sofort die Drohne aus dem Scooter und bestaunt, wie sich das Päckchen von selbst entfaltet und aufbläst. Es besitzt eine schwimmende Landungszone, auf der die Drohne nun steht. Die Einfassung glimmt in schwachem Rot. Sanft schwappen die Wellen dagegen.

Als die Systeme hochgefahren sind, surren die Motoren auch schon los und die Drohne hebt automatisch ab.

»Drohne in der Luft!« Tyler wartet, bis die Videoübertragung mit dem Display des Wasserscooters synchronisiert ist. Es zeigt ihm ein spannendes Bild: So weit das Auge reicht, erstreckt sich der Ozean in die Ferne, eingefasst vom roten Himmel und ein paar treibenden Wurzelstücken, die sich zu einem kleineren Teppich formiert haben. Von Menschen ist nichts zu sehen, aber das hat Tyler auch nicht erwartet.

»Kein Sichtkontakt«, gibt er durch und lässt die Drohne, wo sie ist. Sie wird funkferngesteuert direkt über ihnen am Himmel bleiben. Strom erhält sie von integrierten Solarzellen. So kann sie eine ganze Weile fliegen.

Tyler widmet sich derweil wieder dem Sonar.

Der Scan mit dem Maximalradius des Geräts ist abgeschlossen. Sie sind immer noch allein. Auf dem Sonar ist kein Leviathan oder ein anderes Lebewesen zu erkennen.

»Systeme sind ready. Ich wäre bereit. Wie sieht es mit euch aus?«

Eddi nickt, während sich die drei Soldaten vom Anblick Xibalbás losreißen und ihm zunicken.

»Einsatzbereit!«, rufen sie aus.

Tyler lächelt. »Sehr gut. Dann lasst uns mit der Suche starten.«

●

»DORT!«, RUFT EINER DER SOLDATEN.

Auch Tyler sieht es in seinem Display. Das Sonar hat bei der letzten Messung am Rand des erfassten Bereichs ein Objekt wahrgenommen.

Schnell checkt er die Entfernungsangabe: drei Kilometer nordwärts. Ob die Entfernung exakt stimmt, kann er nicht beurteilen. Zumindest waren sich die Techniker nicht sicher, denn das Sonargerät ist mit breitbandiger Signalverarbeitung ausgestattet, kann Schallwellen präzise senden und die Empfangssignale mit hoher Auflösung verarbeiten. Dazu kommen fortschrittliche Algorithmen zur Unterdrückung von Störungen und zur Verbesserung der Signalerkennung, was unter irdischen Bedingungen mehrere Kilometer Reichweite bringen kann. Aber die Umweltbedingungen Xibalbás konnten nicht eingeschätzt werden. Temperatur, Wasserzusammensetzung, Wassertrübung, Salzkonzentration, falls sich denn überhaupt Salz hier im Wasser befindet, waren alles unwägbare Faktoren.

Die Tiefe des Objekts wurde mit circa vierzig Metern Tiefe angegeben.

Eddi schwimmt mit seinem Scooter neben Tyler und stupst ihn an. »Glaubst du, es sind die Taucher als Gruppe?«

Tyler schüttelt den Kopf. »Das ist was Größeres. Hier siehst du die Vermessungsangaben. Das Objekt ist deutlich umfangreicher.«

»Ein Leviathan?«

Tyler schürzt die Lippen und nickt. »Könnte sein. Ich warte auf das nächste Messergebnis.« Er präzisiert die Messung auf das Objekt, um die Energie entsprechend auszurichten und die Zeit der Messung zu verkürzen. Mit den neuen Parametern dauert die Vermessung nur wenige Sekunden.

Das Objekt hat sich um einhundert Meter genähert und ist zehn Meter weiter in die Tiefe gesunken. Die Größenmessung schätzt das Objekt nun in der Berechnung auf mindestens zehn oder zwanzig Meter. Möglicherweise auch größer. Auf diese Distanzen kann bei bewegenden Objekten die Größe deutlich differieren.

»Ein Leviathan, oder?«, fragt Eddi grimmig.

»Höchstwahrscheinlich.«

»Und was bedeutet das?«, will einer der Marines wissen.

»Dass Sie gleich Ihren ersten Erstkontakt haben werden.«

Tyler lächelt hinter seiner Maske. »Keine Sorge, die Leviathane können zwar wirklich furchteinflößend sein, aber sie tun uns nichts. Verhalten Sie sich einfach ruhig. Ich werde mit ihm kommunizieren.«

Die Marines sehen grimmig drein, nicken jedoch. Tyler kann sie verstehen. Wenn zu ihm irgendein dahergelaufener Abenteurer sagen würde, dass er mit einem Alien kommunizieren könne, würde er ihn auch so ungläubig ansehen.

Aber was andere denken, ist ihm egal. Er muss jetzt nur noch den Leviathan dazu bringen, zu ihnen zu kommen.

Tyler aktiviert seinen Scooter und meint: »Wir tauchen wieder ab und nähern uns dem Leviathan.«

Die Männer nicken und gehen umgehend in den Tauchmodus über.

Kurz darauf ist die Gruppe von der Oberfläche verschwunden und hat Ziel auf den Leviathan genommen. Einzig die Drohne treibt über ihnen im Wasser und lädt unbeeindruckt noch ihre Batterien auf.

»Noch fünfhundert Meter Entfernung!«, sagt einer der Soldaten mit gepresster Stimme.

»Kein Sichtkontakt«, meint ein Zweiter.

Tyler schwimmt mit dem Scooter voraus und starrt in die Dunkelheit des Ozeans.

Sie sind in fünfunddreißig Metern Tiefe und treiben in

Formation durch die Dunkelheit. Vom Leviathan ist nichts zu sehen.

Irgendwie hat Tyler ein seltsames Gefühl. Das Sonar hat die gemessenen Positionen des Leviathans in ein Diagramm eingetragen und die zurückgelegte Strecke visualisiert. Die gezackte Linie sieht äußerst wirr aus und keinesfalls zielgerichtet. Es scheint fast, als würde der Leviathan taumeln oder wie eine Mücke wirr durch die Lüfte fliegen.

Das hat Tyler noch nie gesehen. Bisher schwammen die Leviathane immer ruhig und zielgerichtet.

»Vierhundert Meter.«

Eddi meint leise. »Das Ding ist direkt vor uns. Gleiche Höhe.«

»Dreihundert Meter.«

»Es nimmt offenbar auch Fahrt auf.«

Tyler ist sich dessen nicht sicher. Durch die niedrige Distanz konnte er am Sonar die Scanfrequenz erhöhen, was womöglich einen anderen Eindruck vermittelt.

»Zweihundertfünfzig Meter.«

»Zweihundert.«

Einer der Soldaten räuspert sich. »Das Teil kommt verdammt schnell auf uns zu, oder?«

Tyler kann nicht widersprechen. Der Leviathan scheint sie wahrgenommen zu haben, denn er hält direkten Kurs auf sie.

»Einhundertfünfzig Meter.« Eddi klingt aufgeregt. »Einhundert!«

Alle starren in die Dunkelheit. Nichts ist zu sehen. Nur die Strahlen ihrer Laternen schneiden vielleicht zwanzig Meter durch das Wasser.

»Fünfzig Meter!«

Er hört einen der Soldaten murmeln: »Gott steh uns bei.«

»Vierzig! Dreißig!«

Aufregung erfasst Tyler. Der Leviathan muss wirklich direkt auf sie zurasen. Er wird auch nicht langsamer. Es ist nicht das neugierige Herankommen wie bei seinen letzten Besuchen, sondern es ist ein wildes Schwimmen.

Eddi muss es auch spüren, denn er meint: »Irgendwas stimmt nicht!«

Noch bevor sie reagieren können, erscheint aus der Dunkelheit wie ein graues U-Boot der Leviathan. Er schießt direkt auf sie zu. Ein paar Lichter funkeln auf seiner Oberfläche.

Ein seltsames Geräusch dringt an Tylers Ohren. Dabei flackern die Head-up-Displays und die Lichter ihrer Anzüge und der Scooter.

Er hört einen der Soldaten schreien und abdrehen.

Dann erfasst ihn schon der Strom, als der Leviathan unmittelbar zwischen ihnen vorbeirauscht.

Ein zweiter Soldat brüllt, aber Tyler ist mit dem Sog selbst beschäftigt, der an ihm zerrt. Beinahe lässt er den Scooter los, aber er hält sich fest. Ihm entweicht ein Stöhnen und er beißt sich in die Lippe, als er hart gegensteuert und mit Vollgas den Scooter weglenkt.

Er spürt noch, wie etwas an ihm vorbeirauscht, die Flosse wahrscheinlich.

Dann nur noch ein schwacher Sog und Stille.

Das Sonar zeigt an, dass sich der Leviathan entfernt. Zehn Meter, zwanzig, dreißig, vierzig.

Einer der Soldaten keucht. »Was zur Hölle war das?«

»Unser Erstkontakt«, antwortet Tyler gepresst.

»Das war eher ein Angriff!«

Tyler kann nicht widersprechen. Es war eben keine freudige Annäherung wie sonst.

»Das Teil wollte uns rammen!«

Einer der Soldaten schreit schon wieder. »Er wendet!«

Im Sonar ist es zu sehen: fünfzig, fünfundfünfzig, fünfzig, fünfundvierzig.

Aufregung kommt in die Gruppe und Tyler brüllt: »Dann taucht auf! Alle vier auftauchen!«

»Und du?« Eddi.

»Ich bleibe hier. Wer sonst soll mit ihm kommunizieren?«

Ein Soldat will widersprechen, doch da taucht aus der Dunkelheit schon wieder der Leviathan auf. Er hält direkt auf sie zu, macht einen Schlenker, und Tyler wirbelt es nur noch durchs Wasser. Ihm entfährt ein Schrei und er klammert sich erneut an seinen Scooter. Von den anderen ist nichts mehr zu sehen. Offenbar sind sie auf der anderen Seite des Leviathans.

»Auftauchen!«, brüllt er. »Auftauchen! Verschwindet!« Er selbst aktiviert den Scooter und gibt Vollgas.

Damit zieht er sich aus dem Strudel und wendet so schnell er kann, um dem Leviathan nicht den Rücken zuzudrehen.

Der ist wieder in der Dunkelheit verschwunden. Nur noch seine Schwanzflosse ist wie die eines riesigen Hais zu sehen, bevor auch sie im trüben Wasser verblasst.

Einer der Soldaten schreit, dass sie niemanden zurücklassen, doch Eddi dirigiert die drei weiter nach oben. »Weiter! Weiter!«, peitscht er sie an. »Los. Wenn Tyler sagt, er managt das, dann managt er das.«

Tyler ist sich zum ersten Mal nicht so sicher, aber er schluckt seine Furcht hinunter und wendet sich wieder in die Richtung, in die der Leviathan verschwunden ist. Und dann blitzt eine Idee durch seinen Kopf.

Er schaltet den Scooter auf *Position halten*, lässt ihn los, schwimmt mit schnellen Zügen direkt davor, mitten in den Schein der Lampen. Dort macht er sich so groß, wie Tyler Drake sich nur machen kann. Er spreizt die Beine und die Arme. So bildet er eine Art menschliches X.

Er hofft, dass er vor den Scheinwerfern als schwarzes Symbol gut zu erkennen ist. Ein X mit einem Kopf. In der Maya-Kultur gibt es eine Hieroglyphe, die dem X annähernd ähnelt. Es ist das Glyphenzeichen AYAW, das oft als Königssymbol interpretiert wird und eine gekrönte Person darstellt.

Tyler hat keine Ahnung, ob das funktioniert, aber der Leviathan konnte mit ihm über Symbole kommunizieren.

Und Tyler bleibt nur eine Möglichkeit, selbst zum Symbol zu werden. So verharrt er, schwebend mit voller Körperspannung im Scheinwerferlicht, und blickt mit pochendem Herzen in die Dunkelheit.

Die verwandelt sich in das graue Maul des Leviathans.

Es schießt wieder auf ihn zu. Diesmal flirren mehrere

Lichter über die Oberfläche. Tyler starrt auf den Untergang und spannt sich. Er wappnet sich für den Aufschlag, fünf, vier, drei, zwei, doch der Leviathan dreht im letzten Moment ab und zieht an ihm vorbei.

Tyler müsste nur den Arm ausstrecken und könnte ihn an der Flanke entlang berühren. Er sieht die Flecken, die Wucherungen, das Alter, die Jahrhunderte des Leviathans. Zuletzt die ausgefranste Flosse, dann ist das Monster wieder an ihm vorbei.

Tyler dreht sich herum und schnappt sich seinen Scooter. Er richtet ihn erneut in die Richtung aus, in die der Leviathan verschwunden ist, und positioniert sich erneut als X, als König, als der, der das Sagen hat in der Dunkelheit Xibalbás.

Aus dem Headset hört er Eddi rufen: »Was ist da los bei dir?«

»Ruhe!«, stößt Tyler hervor. »Ruhe! Ich ... ich habe eine Idee.«

Wieder erscheint der Leviathan aus dem Nichts, scheint ihn zu rammen, dreht aber erneut im letzten Moment ab.

Tyler wird vom Sog des Leviathans herumgewirbelt, aber nicht verletzt. *Zumindest rammt er mich nicht und er scheint Interesse zu haben.*

Ein gutes Zeichen, oder etwa nicht?

Tyler muss an eine Katze denken, die mit einer Maus spielt. Er hat keine Ahnung, was passiert, aber er weiß, dass irgendetwas nicht stimmt. Der Leviathan ist völlig aufgewühlt, völlig außer sich, und da fällt ihm noch eine Möglichkeit ein, um das Symbol zu verbessern.

Sie haben wieder ihre Leuchtpunkte dabei, um Positionen im Meer markieren zu können. Er knipst sie sich vom Gürtel und aktiviert die Lichter. Eines hakt er sich an jeden Knöchel und zwei nimmt er in die Hand.

Nun hat er vier grüne Punkte, die die Enden seines X markieren. Dazu sein erhelltes Gesicht vom Head-up-Display.

Er, Tyler Drake, der gekrönte König.

So wartet er ein drittes Mal auf den Leviathan und spannt sich, als die Dunkelheit vor ihm wogt.

Diesmal nähert sich der Leviathan ihm viel langsamer. Er dreht auch nicht ab. Die Distanz beträgt vielleicht zehn Meter, fünf Meter, vier Meter.

Unmittelbar vor Tyler bleibt er schließlich stehen.

Tyler sieht das riesige, gezackte, vertikal verlaufende Maul, in welches er schon einmal gestiegen ist, um sich mit einem Leviathan zu verbinden. Ein drittes Mal will er das nicht tun, wenn er an die Würmer denkt. Er will nur reden. Ob der Leviathan damit einverstanden ist?

Tyler schließt die Augen und denkt nach. Er konzentriert sich auf das, was Izamná ihm gezeigt hat, was er bei der Verbindung mit dem Leviathan gelernt hat. Und dann vollführt er mit den Händen Kreise und Bewegungen. Er zeichnet Symbole in die Luft, ein flirrendes Licht in der Dunkelheit.

Der Leviathan rührt sich nicht. Er ist eine graue, gefleckte Wand, über die einzelne Lichter flackern.

Komm schon, denkt Tyler, als er die Glyphe für *Frieden* und die Glyphe für *Reden* wiederholt.

Frieden, Reden, Frieden, Reden, Frieden, Reden.

Als er jedes Symbol mehrfach wiederholt hat, ist er sich nicht sicher, ob der Leviathan noch reagiert. Ob er das Interesse verliert? Er scheint sich sogar einen oder zwei Meter rückwärts zu bewegen.

Nicht gut, nicht gut.

Komm schon! Rede mit mir! Rede!

Als ob der Leviathan ihn verstanden hätte, flammt der gesamte Kopf in grellen Farben auf. Das Licht ist so grell, dass es Tyler vollends blendet. Er schließt die Augen vor Schmerz, verharrt aber in seiner Position als König.

Die Lichter flackern durch seine Augenlider.

Was geschieht?

Tyler blinzelt in das Licht und erblickt, wie sich Symbole vor ihm offenbaren.

Was Tyler Drake nicht mitbekommt, sind seine Zuschauer. Denn Eddi und die drei Taucher verfolgen sein Tun über die Live-Übertragung der Frontkamera von Tylers Scooter.

Sie sehen, wie er vor dem Leviathan herumhampelt, wie der ihn anstarrt und dann schließlich aufleuchtet. Die vier sind zu dem Zeitpunkt an die Oberfläche getaucht und verfolgen das Schauspiel mit offenen Mündern.

Sie sehen die Symbole, die über den Kopf des Leviathans huschen.

»Unglaublich«, meint einer und kann es nicht fassen. »Was steht da?«

Eddi schüttelt den Kopf. »Ich hab keine Ahnung. Der Einzige, der die Sprache der Maya beherrscht, ist Tyler.«

»Der kann die Sprache der Maya?«

»Fließend sogar. Und er kann sie lesen. Deswegen war er auch mit einem der Leviathane verbunden.«

»Und was sagen sie da?«, fragt einer der Soldaten.

»Ich habe keine Ahnung, Jungs. Wir können nur hoffen, dass dieses Gespräch uns irgendwie weiterbringt.«

Wir können nur hoffen.

Hoffen kann auch Tyler.

Er starrt immer noch in die bunten Symbole. Er hat dabei vergessen, wo er ist. Er sieht nur das Licht, die grelle Wand und die grimmig dargestellten Symbole.

Es sind Symbole des Krieges, *Kampf* und *Wut* und *Schmerz*. Dazwischen taucht immer wieder eines auf: *Angreifer*.

Tyler kann immer wieder nur *Nein* sagen und mit seinen händischen Symbolen wiederholen, dass sie Freunde sind.

Freunde und *Frieden*.

Woher der Zorn und der Schmerz des Leviathans stammen, ist ihm unklar. Irgendetwas muss passiert sein, und irgendwie wird Tyler die Vermutung nicht los, dass es mit Ethan Shaw und den anderen zu tun hat, die keine Ahnung von Xibalbá haben. Auch El Flaco hat keine Ahnung. Ob sie den Leviathan angegriffen haben?

Doch womit nur?

Freunde und *Frieden*.

Plötzlich wird der Kopf des Leviathans dunkelblau und ein sanftes Pulsieren geht hindurch.

Tyler wartet angespannt, was als Nächstes passiert.

Pulsieren und die Farbe blau assoziiert er zumindest nicht mit Aggression. Er wartet, bis sich der Leviathan näher an ihn heranschiebt. Er kommt ihm ganz nah, bis Tyler ihn mit seinen Händen am Kopf berührt.

Es ist eine zarte Berührung, vorsichtig, aber auch irgendwie kritisch. Tyler weiß instinktiv, dass er keine hastigen Bewegungen machen darf. Er verhält sich also ganz ruhig und denkt dabei *Frieden* und *Freunde. Helfen, helfen. Ja, wir wollen helfen.*

Dort, wo er den Leviathan berührt, fahren Spiralen bunten Lichts über die Oberfläche. Sie wandern über den Körper und wiederholen sich.

Zeitgleich schieben sich Auswüchse aus der Stirn des Leviathans und biegen sich Tyler entgegen.

Er lächelt, denn er kennt das. Auf diese Art sind Eddi und er schon einmal mitgereist. Er lässt sich also umschlingen und bleibt in seinem Kopf bei dem Mantra *helfen. Helfen, helfen.*

»Was zum Teufel geht da vor?«, will einer der Soldaten wissen. »Will das Ding ihn fressen?«

Eddi schüttelt den Kopf. »Nein, es will mit ihm reisen. Scheiße. Macht euch bereit!«

»Wofür?«

»Wir müssen ihnen folgen! Das Ding ist viel zu schnell, wenn es Fahrt aufnimmt. Scheiße! Können wir die Drohne auf Tylers Position einstellen?«

Einer der Soldaten nickt.

»Dann los«, verlangt Eddi.

Zu seinem Glück beginnt der Soldat sofort, an der Steuerung seines Scooters herumzuhantieren. Eddi hat keine Ahnung, wo die Drohne ist. Sie war noch im Lademodus, vermutlich einen oder zwei Kilometer hinter ihnen. Aber für die Drohne ist das keine Entfernung.

Sein Blick hastet wieder zur Live-Übertragung. Er sieht, wie Tyler nun vollends umschlungen ist von den Auswüchsen. Nur ein Kopf und seine Hände sind noch zu sehen. Die hat er auf den Kopf des Leviathans gelegt. Links und rechts des Mauls eine Hand. Bunte Lichtspiralen fahren um sie herum.

Sie kommunizieren also noch miteinander.

Dann doch ein Ruck im Bild, als der Leviathan abrupt wendet. Die Bewegung ist so heftig, dass Tylers Scooter die Position nicht mehr halten kann. Die Kameraübertragung bewegt sich dadurch zur Seite und zeigt nur noch, wie eine dunkle Flosse vorbeizischt. Dann Schwärze.

»Sie starten!«, brüllt Eddi. »Los, los, los!« Und schon taucht auch er ab und gibt am Scooter Vollgas.

Xibalbá, 4. Juli 2045

Schmerzen wecken Ethan aus der samtenen Dunkelheit. Es ist Benjamins Stimme. Er rüttelt an seinem linken Arm, der wie Feuer brennt.

Ethan stöhnt und versucht, nach dem Störenfried zu schlagen, doch er kann seinen Arm nicht bewegen. Die Schmerzen rauben ihm fast den Atem. Benjamin scheint das zu begreifen und packt ihn an der anderen Seite.

»Ethan! Hörst du mich?«

Der blinzelt in das rötliche Licht dieser Hölle. »Was ist passiert?«

El Flaco erscheint auf der anderen Seite seines Gesichtsfelds. Der Mexikaner blickt grimmig drein. »Die Frage ist eher, was ihr getan habt? Der Leviathan hat sich wie wild gebärdet und ist dann abgetaucht. Er hätte uns beinahe umgebracht!«

»Beinahe.« Ethan versucht wieder, seinen Arm zu bewegen, doch es klappt nicht. »Mein Arm!«, wimmert er.

Benjamin schwimmt näher. »Sieht ausgekugelt aus.«

El Flaco brummt. »Das hat uns gerade noch gefehlt.« Zornig blinzelt er ihn an. »Was hast du gemacht?«

»Gemacht? Ich ... ich ...« Dann kehrt die Erinnerung zurück. »Die Giftspritze!«, wispert er.

El Flacos Gesicht verdüstert sich noch weiter. »Giftspritze. Welche Giftspritze?«

Ethan brüllt vor Schmerz, als Benjamin ihn am Arm packt und ihn mit einem Ruck verdreht. Etwas schnalzt in seiner Schulter. Irgendetwas anderes knackt. Bewegen kann er sie immer noch nicht, nur der Schmerz raubt ihm fast den Atem.

»Die Giftspritze. Eine Giftspritze«, keucht Ethan.

Auch ohne Erklärung scheint der Mexikaner endlich zu verstehen. »War die für mich gedacht, oder? Damit ihr mich in der Höhle töten könnt.«

Ethan schnaubt vor Schmerz und Zorn. »Was glaubst du denn? Hättest du geschwiegen? Nein. Natürlich war sie für dich gedacht.«

»Und du Idiot hast die Giftspritze dem Leviathan injiziert. Was hast du da genutzt?«

»Keine Ahnung! Irgendein hochwirksames Gift. Es wird ihn sicher nicht umbringen mit seinen zwanzig Tonnen. Es war für dich bestimmt, für deine sechzig Kilo!«

Der Mexikaner reagiert überraschenderweise nicht mit Wut, sondern schüttelt nur den Kopf. »Ihr verdammten, überheblichen Amerikaner.« Dann verschwindet er aus Ethans Blickfeld.

Der blickt ihm auch nicht hinterher, sondern sucht Benjamins Blick.

Der Kampftaucher mustert ihn ausdruckslos. »Stimmt das?«, fragt er.

Ethan schnaubt nur. Wieder versucht er, seinen Arm zu bewegen, doch es gelingt ihm nicht. Die Reaktion scheint den Taucher zu verärgern, denn er schüttelt nur den Kopf und wendet sich ebenfalls ab.

Ethan lässt den Kopf wieder ins Wasser sinken. Auf dem Rücken treibt er mit voll aufgeblasener Tarierweste dahin und kann es nicht glauben. Er hat den Leviathan vertrieben. Dafür hat er einen hohen Preis gezahlt, aber er ist noch am Leben. Die Frage ist nur, wie lange noch, wenn er seine Verbündeten verliert.

Der Gedanke macht ihn zornig. Eigentlich sollten sie ihm dankbar sein für sein heldenhaftes Handeln.

Die anderen beiden scheinen das anders zu sehen. Er hört El Flaco sagen: »Jetzt haben wir die Kacke am Dampfen. Der Leviathan wäre unsere Hilfe gewesen.«

Benjamin sagt dazu nichts. Es folgt lange Stille, nur das Plätschern des Wassers ist zu hören.

Ethan hebt schließlich den Kopf, doch sein Nackenmuskel brennt ebenfalls wie Feuer. Er muss sich mehr als nur die Schulter ausgekugelt haben. Vielleicht ist irgendwas gerissen, ein Gelenk zertrümmert. Der Schlag des Leviathans und der Flug waren auch heftig. Trotzdem kämpft er sich in eine aufrechte Position.

Die anderen beiden treiben einige Meter neben ihm und blicken in die Ferne. Benjamin zeigt auf irgendetwas. Ethan kneift die Augen zusammen, weil er nichts erkennen kann. Doch dann bemerkt er einen winzigen Punkt am Himmel, der kurz aufblitzt wie eine Reflexion.

Eine Reflexion auf Xibalbá? Was kann das sein?

Dann gibt El Flaco die Antwort: »Ist das eine Drohne?«

Benjamin ist auch ganz erstaunt. »Scheint so.« Die beiden Männer wechseln Blicke, dann paddeln sie einfach los.

»Hey!«, ruft Ethan. »Ihr könnt doch nicht einfach abhauen!«

Mit der anderen Hand versucht er, ihnen zu folgen, doch die Schmerzen zwingen ihn zum Innehalten. Entgeistert blickt er den beiden hinterher, aber die schwimmen einfach auf die Drohne am Himmel zu.

TYLER SPÜRT, DASS DER LEVIATHAN WIEDER NACH OBEN steigt. Der Druck auf seine Lungen wird nämlich weniger. Der Leviathan muss an der Grenze dessen geschwommen sein, das für einen Menschen noch möglich ist.

Tyler hat die Hände immer noch an das Maul des Wesens gedrückt und sieht die spiralförmigen Strudel dahinter kreisen. Er spürt auch so etwas wie eine Verbindung. Der Leviathan ist argwöhnisch. Er weiß noch nicht, ob er ihm glauben darf, aber er will ihm eigentlich glauben. Er will, dass Tyler die Wahrheit sagt.

Plötzlich glitzert es rot über ihnen, als sie durch die Wasseroberfläche brechen. Die Auswüchse lockern sich, und Tyler rutscht aus der Umarmung des Leviathans ins Wasser. Kurz taucht er unter, bevor er sich wieder an die Oberfläche kämpft.

Zu seinem Erstaunen sieht er zwei Gestalten, die mit Kraulbewegungen auf sie zukommen und stoppen, als sie den Leviathan erkennen.

Tyler traut seinen Augen nicht. Es ist niemand anderes als El Flaco und der Tauchguide. Er winkt heftig und ruft: »Hier! Hey! Hier, keine Angst.«

Die beiden hören ihn, reden kurz miteinander und setzen ihren Weg fort.

Noch während sie auf ihn zuschwimmen, nimmt Tyler ein weiteres Geräusch wahr: ein hohles Surren. Er hebt den Blick und sieht die Drohne direkt über ihm in der Luft stehen.

Da begreift er und muss grinsen. Eddi hat wohl die Drohne auf sein Funksignal umprogrammiert, um ihm folgen zu können. *Guter Eddi.*

»Tyler, bist du das?«, fragt El Flaco.

»Ja, verdammt! Wer soll es sonst sein? Santa Claus? Kommt näher, der Leviathan wird euch nichts tun.« Ganz sicher ist sich Tyler dessen zwar nicht, denn das Pulsieren auf der Außenhaut des Leviathans hat gestoppt. Stattdessen fahren weiße Glitzerpunkte darüber, und Tyler spürt eine Art Anspannung, die nicht von ihm stammt.

Er legt wieder die Hand auf den Kopf des Leviathans und sagt laut: »Ruhig! Freunde! Ruhig.«

Die Anspannung bleibt, und auch die anderen beiden scheinen sie zu spüren, denn sie nähern sich mit großer Vorsicht. Der Tauchguide macht große Augen, als er in einigen Metern Entfernung stoppt und Tyler und das Wesen mit unverhohlener Neugierde angafft.

Nur El Flaco schwimmt bis zu Tyler. »Schön, dich zu sehen!«

»Da bin ich mir noch nicht so sicher.« Tyler schüttelt den Kopf, während er den Dünnen mustert. »Du bist echt eine Knalltüte! Wir hatten einen Vertrag!«

»Und sie hatten Adriana und Diego!«

»Ich weiß, aber irgendwie hätten wir das schon gelöst.«

»Irgendwie ...«

»Ja, irgendwie, Juan! Wieso musstest du ihnen auch zeigen, wie das Portal funktioniert?«

Juan winkt ab. »Die wollten mich umbringen. Ich musste handeln.«

»Und da hast du gedacht, wenn du deine Klappe aufreißt, tun sie das nicht?«

Juan brummt etwas Unverständliches, und Tyler schüttelt den Kopf. »Egal, wir sind ja jetzt da, um euch zu retten. Wo ist der Trottel?«

»Ethan?«

»Ja.«

Der Tauchguide zeigt in die Ferne. »Der hat sich verletzt, und vielleicht ist es auch besser, wenn er dem Leviathan nicht zu nahe kommt.«

»Wieso?«

Juan spuckt ins Wasser. »Weil er dem Leviathan hier eine Giftspritze verpasst hat.«

Tyler will es nicht glauben, mustert den Leviathan und spürt wieder die Anspannung. »Eine Giftspritze?«, wiederholt er irritiert. »Wieso eine Giftspritze?«

»Weil er die mitgebracht hat. Die wäre nämlich für mich gedacht gewesen. Der drollige Kerl wollte mich in der Cenote beseitigen, hat es dann aber nicht geschafft, und dann brauchte er mich, um hier nicht abzusaufen.«

Tyler versteht. »Und als endlich ein Leviathan da war –«

»– hat er ihn vertrieben.«

»Das klingt wirklich nach einem Vollidioten. Und das ist jetzt ein Problem.«

»Inwiefern?«, will der Tauchguide wissen.

»Na ja, wir werden den Leviathan brauchen. Er muss uns den Weg zum Tor zeigen.«

Tyler denkt fest an das *Tor* und streicht mit der Hand über die Flanke des Wesens. Er zeichnet damit ein Symbol auf die Außenhaut. Es leuchtet auf. Ein Glitzern überfährt den Leviathan. Ein Symbol manifestiert sich vor Tyler. *Tor*, wiederholt das Wesen.

Er lächelt. »Genau. Aber erst, wenn die anderen da sind.«

»Welche anderen?«, fragt der Tauchguide irritiert.

»Meine Leute. Sie müssten bald aufkreuzen. Sie haben vermutlich die Drohne programmiert, um mir damit zu folgen.«

Als wäre die Erwähnung das Stichwort, leuchten Lichtsperren unter ihnen im Wasser auf und es blubbert um sie herum.

Kurz darauf erscheint Eddi mit dem Scooter, gefolgt von den drei anderen Soldaten. Als sie ihren Chef ohne Maske bemerken, reißen sie sich ihre herunter und lachen. Vier Männer liegen sich plötzlich in den Armen. Es ist ein überraschender Anblick, diese gut trainierten Kampftaucher zu sehen, die sich wie kleine Jungs freuen.

Nur der Leviathan wird immer unruhiger. »Ruhig«, sagt Tyler. »Freunde. Helfen.«

Der Leviathan zeigt ein Symbol *Angreifer* und richtet sich in eine Richtung aus. Tyler sieht dort in der Ferne Ethan Shaw. Er kämpft sich langsam durchs Wasser in ihre Richtung. Es platscht heftig, als er versucht, nur mit den Flossen und einem Arm zu ihnen zu schwimmen.

Die Außenhaut des Leviathans verändert langsam ihre Farbe. Sie verliert ihren Blauton und wird immer rötlicher. Die Warnung ist eindeutig.

»Okay«, sagt Tyler laut, »wir haben ein Problem.« Schnell erklärt er Eddi und den anderen, was passiert ist.

Schweigend blicken sich Tyler, Eddi, Juan und die vier Taucher an.

Keiner hat einen Lösungsvorschlag, und schließlich seufzt

Tyler. »Ich glaube nicht, dass ich diesen Freund hier umstimmen kann, sich Ethan Shaws anzunehmen.«

Einer der Soldaten brummt. »Wir haben den Grundsatz: Keiner wird zurückgelassen.«

Tyler nickt. »Auch mein Grundsatz.«

»Allerdings geht es hier um unser aller Leben«, schiebt El Flaco ein. »Wir müssen also entscheiden, überleben wir sieben, oder kämpfen wir für den da hinten allein um unser weiteres Überleben und sterben womöglich alle?«

»Was willst du damit sagen?«, fragt der Tauchguide.

Juan sieht böse drein. »Dass wir das Arschloch einfach sich selbst überlassen.«

»Was einer Tötung gleichkommt«, stellt Benjamin leise fest.

Juan zuckt mit den Schultern. »Erwartet bitte kein Mitleid von mir! Er wollte mich umbringen. Aber ich bin sogar gewillt, demokratisch abzustimmen. Wir sind sieben Mann, es wird also kein Patt geben.« Er hebt auch gleich die Hand aus dem Wasser und meint: »Ich bin dafür, dass wir ihn zurücklassen. Wer noch?«

Tyler schüttelt den Kopf. »Wir können ihn nicht einfach sterben lassen. Dann sind wir kein bisschen besser als er.«

»Und was schlägst du dann vor?«

Das wüsste Tyler selbst gern. Allerdings scheint Xibalbá ihnen die Entscheidung abzunehmen.

ETHANS ATEM KOMMT KEUCHEND, SO ANSTRENGEND IST ES, mit einem Arm und den unsäglichen Schmerzen im anderen zu paddeln. Am Rande seines Blickfelds sieht er sogar bunte Sterne.

Er ist vielleicht noch fünfzig oder einhundert Meter von den Männern und dem Monster entfernt, als er unter Wasser etwas an seinen Beinen spürt.

Er ist allerdings zu erschöpft, um erschrocken zu reagieren. Er hört nur auf zu paddeln und senkt den Blick.

Unter ihm sieht er einen rötlich leuchtenden Strang. Es sieht fast wie ein Tentakel aus.

Irritiert verfolgt er, wie ein zweiter und ein dritter auftauchen und sich ihm nähern.

Dazwischen leuchtet matt ein Quallenkörper.

»Nein!«, wispert er und bekommt es plötzlich doch mit der Angst zu tun. »Nein!« Ihm entweicht ein Schrei, als sich einer der Tentakel um sein Bein windet. Der zweite um seinen verletzten Arm.

Die Berührung raubt ihm fast den Atem, oder ist es ein dritter Tentakel, der sich unter die Tarierweste schiebt und ihm den Brustkorb abquetscht?

Ethan kann es nicht sagen. Er realisiert nur, dass er keine Maske trägt und die Luftversorgung seiner Rückenflasche abgedreht ist. Wenn die Qualle ihn jetzt unter Wasser zieht ...

Ein lautes Zischen ist zu hören, als plötzlich die Luft aus der Tarierweste entweicht. Ein Tentakel streicht über Ethans Kopf und windet sich um seinen Hals.

Er schreit noch einmal um Hilfe und hört in der Ferne Rufe, als die Qualle ihn mit einem Ruck unter Wasser zerrt.

Ethan sieht noch seinen Atem in silbernen Luftblasen aufsteigen. Der rötliche Himmel Xibalbás schimmert darin.

Dann verblasst auch der, als er unaufhaltsam in die Tiefe gezerrt wird.

»Nicht!«

El Flaco hält einen der Kampftaucher am Arm zurück, der zu Ethan schwimmen will. »Oder wollt ihr selbst sterben?«

Der Taucher verharrt, mustert El Flaco durchdringend, doch dann entspannt er sich, als er das schäumende Meer sieht, wo Ethan Shaw unter die Oberfläche gesunken ist. Nur noch zwei Tentakel sind zu sehen, doch auch die verschwinden im Wasser.

Stille breitet sich zwischen ihnen aus, als ihnen klar wird, dass Ethan Shaws Schicksal besiegelt ist.

Der Leviathan treibt neben ihnen und auch dessen Anspannung lässt nach. Er färbt sich wieder in sanftes Blau. Etliche Symbole huschen über seine Außenhaut.

»Was sagt er?«, will Benjamin wissen.

»Er bedankt sich.«

»Wofür?«

Tyler schluckt. »Dass wir unterscheiden konnten, wer Freund und wer Feind ist.«

Wieder folgt Stille, in die hinein plötzlich das Wasser um sie herum wallt, während eine Art Matte unter ihnen entsteht.

Aufgeregte Rufe. »Was passiert?«, fragt einer der Taucher.

Tyler sieht das Symbol auf dem Kopf des Leviathans und weiß Bescheid. »Entspannt euch! Der Leviathan bringt uns jetzt zum Tor!«

Und dann bringe ich sie zurück zur Erde und kümmere mich um das zweite.

Xibalbá, 4. Juli 2045

DIE ZEIT SETZT ZU EINEM STURMLAUF AN, DER SEINE Muskeln in Zuckungen versetzt. It-ti lässt die unwillkürlichen Bewegungen auslaufen. Dann analysiert es die Schäden. Drei seiner Teilaugen laufen aus. Es führt den Mundschlauch hinein und saugt, um die wertvolle Flüssigkeit nicht zu vergeuden. Sie wird in einem separaten Sammelorgan warten, bis die Teilaugen wieder verheilt sind.

Dann spürt es in die Umgebung hinaus – und erschrickt. Das Ei scheint in einer dicken Suppe zu schwimmen, die ihm die Sicht versperrt. It-ti muss sich konzentrieren und die Empfindlichkeit bis an die Obergrenze treiben, um überhaupt etwas erkennen zu können. Es ist, als müsste es erst ein Dickicht aus Pflanzen zur Seite schieben. Doch selbst dann ist sein Blick getrübt.

Es muss ruhig bleiben. »-- - --- --- - --«, das gilt noch immer. Die Wasserwelt besitzt ein deutlich schwächeres Magnetfeld. Seine Sinne sind nicht blockiert. Es ist einfach nur dunkel. Aber das genügt nicht als Erklärung. It-ti ist nicht zum ersten Mal hier. Vor ein paar Tagen hat es noch weitaus besser magnetisch sehen können. Da sich das Feld des Planeten nicht so schnell abschwächen kann, gibt es nur eine Erklärung: Das Wasser ist schuld. Das Ei muss mitten im

Wasserozean des Planeten eingetroffen sein. Das ist nicht normal. It-ti hat das Tor gesehen. Es befindet sich auf einer Plattform, die nur periodisch von der Gezeitenwelle überschwemmt wird.

Moment. Was, wenn sie zufällig genau in die Welle geraten wären? Das hätte das Ei vermutlich nicht überstanden, aber selbst wenn – müsste es sich dann nicht viel heftiger bewegen? It-ti hat die Welle oft genug überquert. Es kennt ihre kinetische Energie, ganz typisch für einen Wassermond, der einen großen Planeten in nahem Orbit umkreist. Nein, die Welle hat sie nicht erwischt. Es muss sich um einen Fehler im Tor-Mechanismus handeln. Normalerweise sind Abreise- und Ankunftsort identisch. Es wäre ja auch sehr unpraktisch, wenn man auf einer fremden Welt erst einmal nach dem Rückweg suchen müsste.

Aber hier ist es offenbar anders. Irgendwann muss das Tor zur Welt der Duos dejustiert worden sein. Niemand weiß, wie alt diese Tore sind. Die Wissenserwerber sprechen von vielen Millionen Jahren. Da kann es schon einmal zu Defekten kommen. Dass die Wissenserwerber bisher keine gefunden haben, liegt vermutlich an einer positiven Verstärkung – derart verstellte Tore lassen sich nicht so gut erforschen. Falls jemals ein Wesen seiner Spezies das Tor zur Welt der Duos benutzt hat, ist es im Wasser umgekommen.

Knack. Das war ein akustisches Signal. It-ti ist allein in seinem Ei. Woher kam das Geräusch? Es tastet mit den Flügeln die Wände ab. Sie biegen sich deutlich stärker nach innen als zuvor. Das kann nur eine Ursache haben: Der Wasserdruck steigt. Wie viele Flügellängen Ozean liegen schon zwischen dem Ei und der rettenden Oberfläche? It-ti versteift sich, als könnte es die Wände damit wieder geraderücken. Wo sind die Duos? Sie müssen gewusst haben, wo sie diese Welt erreichen werden. Sie trugen eine zweite Haut, daran erinnert es sich, vermutlich, um sich vor dem Wasserdruck zu schützen. Wieso kommen sie nicht und transportieren das Ei an die Oberfläche?

Knack. Knack. Das Geräusch kommt von der Rückseite.

Dort ist ein Loch im Material, das Duo-1 provisorisch verstopft hat. *Nichts hält so lange wie ein Provisorium*, hat ihm mal ein Fertiger gesagt. Nun, diese provisorische Reparatur hält sich nicht daran. It-ti presst einen Flügel dagegen, bildet sich aber nicht ein, damit den Wasserdruck ausgleichen zu können. *Gluck, gluck, gluck.* Das ist neu. Wasser rinnt an dem Flügel herab, mit dem es das Provisorium zu stabilisieren versucht. Tödliches Wasser. Vielleicht erstickt es doch, bevor es zerquetscht wird. Wenn das Ei undicht ist, kann sich die Reihenfolge leicht verändern. *Gluckerdigluck.* Es klingt fast wie ein Lied. Sehr beruhigend – es wird zu einem fröhlichen Lied ersticken.

Nein. »-- - --- --- - --«, daran muss es denken. Die Duos werden kommen, zweifellos. Sie werden es an die Oberfläche bringen. Das Lied verstummt, weil das Wasser nun in konstantem Strom durch die Öffnung fließt. Zumindest schafft es der Wasserdruck nicht, das Loch zu vergrößern. It-ti bereitet sich auf das Ersticken vor. Es atmet durch die Flügel. Ihre riesige Oberfläche erlaubt ihm, selbst in großen Höhen noch genug Sauerstoff aus der Luft zu filtern. Aber die Flügel sind keine Kiemen. Wenn sie nass werden, verlieren sie einen großen Teil ihrer Filterfähigkeit. Wasser ist der Tod. Das lernen schon die Schlüpflinge.

Angeblich ist es sogar ein besonders grausamer Tod. Aber das ist bestimmt bloß eines der Schauermärchen, die man den Schlüpflingen erzählt, damit sie sich vor dem Wasser in Acht nehmen. It-ti holt noch einmal tief Luft. Es kann mit den Vorräten in seinem Körper ein paar Zyklen durchstehen. Aber was bringt ihm das, wenn es eingesperrt am Boden des Ozeans liegt? Es wünscht sich beinahe, dass eine der Riesenpflanzen es findet, die sie hier immer jagen. Das wird dann wenigstens ein schneller Tod.

Das Wasser füllt nun schon das halbe Ei. Wenn It-ti sein Gewicht verlagert, schwappt es um ihn herum. Das ist nicht gut. Es muss stillhalten. Das ist leicht gesagt, während der Ozean das Volumen des Behälters schluckt. It-ti will nicht sterben. Wieso lassen ihn die Duos im Stich? Es hat ihnen doch auch geholfen. Vielleicht haben sie am Ende doch noch strategisch gedacht. Ihre Spezies ist seiner klar unterlegen. Allein, dass It-ti diese Information besitzt, macht es zu einer Gefahr für den Planeten. Es kann sie sogar verstehen, auch wenn es enttäuscht ist, dass ihm das nicht eher auffiel. Sie haben es geschafft, ihre Pläne vor ihm zu verbergen. Im Grunde ist es also selbst schuld.

Das Ei ist voll. Jetzt bleibt ihm nur noch der Rest-Sauerstoff, der in den acht Blutkreisläufen zirkuliert, die von den Flügelpaaren zu Körper und Auge führen. Irgendwann hat es mal gelernt, dass es nun noch drei oder vier Zyklen zu leben hat. Es zählt die Teilzyklen.

Null-Null-Eins.

Null-Null-Zwei.

Null-Null-Drei.

Null-Null-Vier.

Null-Null-Fünf.

Null-Null-Sechs.

Null-Null-Sieben.

Null-Eins-Null.

Null-Eins-Eins.

Null-Eins-Zwei.

Etwas ruckelt an dem Ei. Da, ein weiterer Stoß von hinten.

Null-Eins-Sieben.

Null-Zwei-Null.

Null-Zwei-Eins.

War das alles? Vielleicht hat eine der Riesenpflanzen das Ei bemerkt. Pech gehabt. Die Metallkiste wird es nicht verdauen können.

Null-Zwei-Sechs.

Null-Zwei-Sieben.

Null-Drei-Null.

Wieder eine Bewegung in seinem Rücken, dazu ein Hämmern. Was passiert hier? Ein ratschendes Geräusch dorther, wo sich das Loch befindet. Will die Pflanze etwa durch die

Öffnung kriechen, um ihn fressen zu können? Gerade war es noch froh über das Loch gewesen, denn seit das Ei vollgelaufen ist, drückt die Wassersäule das Metall nicht mehr ein. Es hätte eigentlich auch selbst auf diese Idee kommen können. Aber das wird nichts daran ändern, dass es stirbt. Im Grunde ist es nur fair, wenn es seine Biomasse an eins der Wasserwesen spendet. Könnte es die Tür öffnen, würde es ihm die Arbeit erleichtern.

Zwei-Vier-Null.

Zwei-Vier-Eins.

Zwei-Vier-Zwei.

Sein Gehirn hat die Aufgabe im Hintergrund fortgeführt. Jetzt holt It-ti das Zählen wieder nach vorn. Es steckt schon mitten im dritten Zyklus. Bald wird es das Bewusstsein verlieren. Aber das Gehirn wird trotzdem weiter zählen. Das Zählen ist eine primitive Operation, die in einem seiner Anhänge abläuft. Es hat schon Fälle gegeben, wo ein toter Ballonpilot sein Fahrzeug perfekt gesteuert hat – immer geradeaus.

Zwei-Fünf-Drei.

Zwei-Fünf-Vier.

Hat es denn überhaupt korrekt zu zählen begonnen? Hätte es nicht bei Null-Null-Null anfangen müssen? It-ti lässt einen Schritt aus. Nein, das war falsch, es muss einen Schritt hinzufügen. Zwei sogar, wegen des Fehlers.

Drei-Eins-Eins.

Drei-Eins-Eins.

Drei-Eins-Eins.

Es hat einen Schritt zweimal wiederholt. Jetzt müsste es wieder genau im Takt sein. Aber irgendetwas stimmt nicht. Acht Flügelpaare, acht Ziffern, Null bis Sieben. Ist Null nicht immer der Moment vor dem ersten Zählen, der Startpunkt also? Es ist verwirrt. Das Zählen haben ihm die Mütter beigebracht. Es erinnert sich nicht mehr, welche. Sie waren immer von zweien gleichzeitig betreut worden. Zwei Mütter, also Eins-Zwei, richtig gezählt, nicht Null-Eins-Zwei.

Vier-Null-Null.

Der Zählprozess hat sich von selbst in den Vordergrund geschoben, wahrscheinlich, weil das nun sein letzter Zyklus wird. Der Körper weiß über den Geist Bescheid.

Der Behälter kippt nach hinten. Das Loch ist jetzt unten. Etwas sticht ihm in den Rücken. It-ti knickt es ab, zur Seite, er braucht nicht auch noch neue Schmerzen. Da spürt es die Luftblasen, die an seinen Flügeln nach oben perlen. Sie sind winzig, aber überall, wo sie die feine Haut der Flügel berühren, übertragen sie einige wenige Sauerstoffmoleküle. Sie genügen nicht, um zu atmen, geschweige denn, um zu überleben. Aber sie reichen zumindest, um es mit neuer Hoffnung zu erfüllen. Wasser ist Tod, aber Luft ist Leben.

Fünf-Fünf-Zwei.

Fünf-Fünf-Drei.

It-ti ist nicht erstickt. Das Ei füllt sich mit Luft. Sie schmeckt seltsam, aber sie ist nahrhaft und enthält anscheinend mehr Sauerstoff als die Atmosphäre der Wasserwelt. Es muss sich um die Luft handeln, die die Duos atmen. Noch immer kann es sie nicht sehen, aber wer sonst sollte über einen Schlauch das Ei belüften? Und wer trägt den schweren Behälter der Oberfläche entgegen? It-ti kann zwar die Druckunterschiede nicht wahrnehmen, aber es spürt die Abwechslung, die Pausen, die frische Kraft, die ihre Retter dabei tanken. Sie werden es schaffen.

ADRIANA WIRFT SICH AUF DEN RÜCKEN UND ATMET SCHWER. Ihr ist egal, dass sie mitten im schwarzen Schlamm liegt. Sie waren dumm. Sie haben vergessen oder verdrängt, dass sie den alten Kühlschrank mit der Motte unter der hohen Schwerkraft von Xibalbá an die Oberfläche bringen müssen. Dann sind sie nach der Durchquerung des Tors auch noch an verschiedenen Stellen materialisiert und mussten sich erst finden.

Verdammt, hatte die Kiste da schon einen Vorsprung. Als Adriana dann die in großen Blasen austretende Luft entgegenkam, wollte sie schon aufgeben. Diego hat es nicht zugelassen, indem er dem Kühlschrank einfach hinterhertauchte. Sie konnte ihn doch nicht alleinlassen!

Jetzt kriecht er neben sie. »Wir müssen die Motte rauslassen«, sagt er.

»Gleich. Ich muss mich ganz kurz ausruhen. Frag doch George.«

George waren sie erst an der Oberfläche wieder begegnet. Er ist wohl eine Weile orientierungslos herumgeschwommen. Dann hat er sich auf diese Insel gerettet, die dann gerade im richtigen Moment bei ihnen ankam, als sie mit dem Kühlschrank durch die Oberfläche brachen. Das war bestimmt kein Zufall. Adriana glaubt nicht mehr an Zufälle, soweit es Geschehnisse auf Xibalbá betrifft. Die ganze Welt scheint stets über alles Bescheid zu wissen. Nicht, dass sie das für Magie hielte. Informationen können sich auch auf biochemischem Weg relativ schnell ausbreiten. Aber es fühlt sich verdammt nach Magie an, und zwar wie eine gute, helle Magie.

Obwohl der Himmel gerade wieder eine andere Sprache spricht. Er ist tiefrot, was beim vorletzten Besuch hier auf einen heftigen Sturm hinauslief. Adriana seufzt. Es geht schon wieder mit ungeplanten Problemen los, bevor sie überhaupt eine Chance haben, ihr bekanntes Problem zu lösen. Wie, um alles in der Welt, gelangen sie auf die Plattform des Tors zur Welt der Luftwesen?

»Nun komm«, sagt Diego. »Der alte Mann sieht noch fertiger aus als du.«

»Fertig ist fertig. Das kann man nicht steigern«, sagt Adriana.

»He, ich geb dir gleich einen alten Mann!«, sagt George.

»Wie man zwei Menschen gleichzeitig auf die Beine bringt, Lektion eins«, sagt Diego.

Tja, sie zu provozieren, darin war er schon immer gut. Adriana dreht sich um und kriecht auf allen vieren aus dem Schlamm. Sie weiß schon, dass man erst ab dem grünen Bereich, der wie ein Rasen aussieht, gut laufen kann. Dort steht auch schon der alte Kühlschrank am Ende eines breiten, braunen Streifens. Hoffentlich empfindet die Insel keine Schmerzen. Davon, wie sie das schwere Stück über ihre Oberfläche gezerrt haben, ist eine deutliche Wunde geblieben.

»Dann wollen wir mal«, sagt sie.

Der Kühlschrank liegt auf der Seite. Sonst hätten sie den Schlauch aus dem Loch an der Rückseite ziehen müssen, über den sie die Motte beatmet haben. Aber um die Schlösser zu öffnen, müssen sie den Schlauch entfernen. Diego, der ihn schon in der Hand hat, zögert.

»Einen Moment wird die Motte auch mit der Luft in der Kiste auskommen«, sagt Adriana.

»Wir könnten den Kühlschrank auch auf die Beine stellen statt auf den Rücken«, sagt Diego.

»Damit rechnet die Motte bestimmt nicht. Wir sollten sie nicht überraschen.«

»Ich weiß nicht. Manchmal hatte ich das Gefühl, sie könnte Gedanken lesen.«

»Nein, Diego, so etwas gibt es nicht«, sagt George. »Sie ist einfach eine gute Beobachterin.«

»Egal. Lassen wir sie endlich raus«, sagt Adriana.

Diego zieht den Schlauch heraus und legt ihn zur Seite. Dann drücken und ziehen sie an dem Kühlschrank, bis er auf den Rücken kippt. Adriana hört ein rappelndes Geräusch. War das die Motte? Hoffentlich geht es ihr gut. Ihretwegen veranstalten sie das alles hier.

Diego beugt sich über das untere Schloss, George kümmert sich um das obere. In der Mitte ist für sie kein Platz, aber sie hat sowieso den Code vergessen. Es war irgendein Geburtstag, aber von wem? Diego hat dieses Problem nicht. Er entfernt nun auch den Bügel des mittleren Schlosses, und ohne lange abzuwarten, reißt er die Tür auf.

Aus dem Inneren des Kühlschranks schießt ein weißer Flügel, stößt Diego weg, der mit dem Hinterteil in den Schlamm stürzt, und zieht die Tür wieder zu.

»Die Begrüßung habe ich mir etwas anders vorgestellt«, sagt er.

»Das ging ihr wohl etwas zu schnell«, sagt Adriana.

Die Motte hat eine Weile im völligen Dunkeln verbracht. Da war ihr das Tageslicht von Xibalbá bestimmt zu grell. Und wirklich öffnet sich die Tür nun einen Spalt breit. Ein Flügel schiebt sich heraus und wedelt hin und her, um gleich wieder in der Kiste zu verschwinden.

»Lassen wir ihr Zeit«, sagt Adriana und setzt sich in das Gras, das zwar aussieht wie irdisches, dessen Halme sich aber eher wie Schnittlauch anfühlen.

Vielleicht eine Viertelstunde später öffnet sich quietschend der Kühlschrank. Adriana sieht zu, wie die Motte herausklettert. Ihre Flügel hängen traurig zu Boden. Vor allem aber zittern sie. Geht es der Motte schlecht? Adriana steht auf. Das Facettenauge kommt zum Vorschein. Es weist ein paar Verletzungen auf. Die Motte wirkt ganz schön mitgenommen.

»Irgendwelche Ideen, wie wir ihr helfen können?«, fragt Adriana.

»Keine Idee«, sagt George. »Oder gibt es hier irgendwo ein Motten-Krankenhaus?«

Das nicht, aber es könnte noch weitere Jagdgesellschaften der Luftwesen geben. Die wissen sicher, wie man sich um einen Artangehörigen kümmert. Die Frage ist bloß, ob es eine gute Idee ist, so einen Ballon anzulocken.

»Du denkst an einen Ballon, oder?«, fragt Diego.

Ihr Bruder kann offenbar auch Gedanken lesen. Sie nickt.

»Vergiss es. Ich habe beobachtet, wie sie miteinander umgehen. Ein Individuum zählt dabei nichts. Wenn sie die Motte für unbrauchbar halten, verspeisen sie sie eher, als ihr zu helfen.«

»Meinst du wirklich?«, fragt Adriana. »Ist das nicht evolutionäre Pflicht, sich gegenseitig zu helfen?«

»Haha, dann fass dich mal an deine Menschen-Nase.«

Wahrscheinlich hat er recht. Selbst wenn die Motte Hilfe

bekommt, könnten ihre Artgenossen immer noch die drei Menschen angreifen. Vielleicht würde die Motte ein gutes Wort für sie einlegen, aber ob sie Gehör findet?

»Wir könnten es bei den Wasserwesen versuchen«, schlägt Diego vor.

»Wasserwesen?«, fragt George. »Was genau meinst du?«

Sie habe zwar schon ein bisschen vom hiesigen Leben berichtet, aber George kann sich bestimmt nicht vorstellen, wie gewaltig ein Leviathan ist.

»Oh, lass dich überraschen«, sagt Adriana. »Die Pflanzenwelt hier kann umwerfend sein.«

»Die Tierwelt vermutlich noch mehr?«

»Das dachten wir zuerst auch. Aber dann haben wir festgestellt, dass es sich bei allen Lebewesen hier um eine Art Pflanzen handelt. Sie ernähren sich primär von Sonnenenergie, egal, ob sie sich bewegen oder einen festen Standort haben. Ich verspreche dir aber, bei unserer ersten Begegnung mit einem Lev wirst du nicht an eine Pflanze denken.«

»Ich bin gespannt.«

»Du befindest dich übrigens bereits auf einem der Wasserwesen«, sagt Adriana. »Diese Insel ist eines. Du solltest mal ihre Unterseite betrachten.«

»Lass uns erst Hilfe für die Motte suchen«, sagt Diego.

»Gut, dann versuchen wir, Kontakt zu einem Leviathan aufzunehmen«, sagt Adriana.

Aber Diego scheint nicht überzeugt. Er reibt sich das Kinn, auf dem die ersten Haare sprießen. »Ich weiß nicht, ob das eine gute Idee ist. Die Motten machen Jagd auf die Leviathane. Meinst du, sie werden ihrem Erzfeind helfen?«

Das ist die Frage. Vielleicht haben sie Glück und der Leviathan ist selbst seinem Feind gegenüber hilfsbereit. Aber wenn nicht, können sie ihn vielleicht damit überzeugen, dass die Motte ihnen helfen wird, das Portal zu ihrer Welt zu schließen.

Falls sie dazu überhaupt bereit ist.

Adriana seufzt. Was, wenn es hart auf hart kommt und die Motte sie daran hindern will, ihre Aufgabe abzuschließen?

Adriana reibt über ihre Werkzeugtasche. Dann wird sie die Waffe einsetzen müssen.

●

»Wie habt ihr denn beim letzten Mal den Leviathan kontaktiert?«, fragt George.

»Beim ersten Mal war es wohl mehr oder weniger Zufall«, sagt Adriana. »Und dann hatte er ja diese Maden im Gesicht. Ich glaube, darüber war er irgendwie mit dieser Welt verbunden.«

»Dann brauchen wir wohl auch so ein paar Maden?«

»Als ich Tyler zuletzt gesehen habe, wirkte er nicht sehr glücklich darüber. Er hat viel Geld dafür bezahlt, um sie endlich loszuwerden.«

»Hm. Dann müssen wir wohl auf die gute alte Art vorgehen. Wir teilen uns auf und suchen systematisch.«

»He, kommt mal her!«, ruft Diego. »Ich glaube, die Motte könnte uns helfen.«

Adriana steht ächzend auf. Der Tag war anstrengend. Am liebsten würde sie ein paar Stunden schlafen. Aber die Gezeitenwelle kommt auf sie zu und womöglich auch ein Sturm, also müssen sie weitermachen. Diego steht mitten im Schlamm. Er hat schwarze Arme. Die Motte flattert in seiner Nähe und hat ihr Auge auf den Boden gerichtet. Dort zeichnet Diego gerade etwas in den Schlamm. Immer, wenn er sich aufrichtet, als wäre er fertig, wischt die Motte mit einem Flügel durch den Matsch und die Zeichnung verschwindet. Der Flügel ist schon ganz schmutzverkrustet. Dafür, dass sie vorhin noch so kraftlos war, ist das ein ziemlich hoher Aufwand.

»Was zeichnest du denn da?«, fragt Adriana.

Diego macht es ihr vor. Ein Fisch entsteht. Nein, sie erkennt die Schwanz- und Rückenflossen. Es ist ein Leviathan. Sofort wischt die Motte wieder alles weg. Als Diego beim nächsten Mal die Flossen weglässt, reagiert sie nicht so.

»Sie hat Angst«, sagt George.

»Genau«, sagt Diego. »Aber das heißt auch, dass sie etwas weiß. Sie kennt den Leviathan.«

»Dann musst du ihr bloß noch abringen, dass sie uns den Weg zu einem zeigt«, sagt Adriana. »Aber das hast du sehr gut gemacht.«

Eine Königsbeute. It-ti schüttelt sich. Seine Flügel sind schwer. Sie sind zwar schon fast trocken, aber es muss sich erst wieder an die hiesige Schwerkraft gewöhnen. Wenn es sich für den Rest seines Lebens eine neue Heimat suchen müsste, wäre die Welt der Duos die bessere Alternative. Allerdings nur ohne diese Wesen, die mit Waffen auf alles losgehen, das sie nicht kennen.

Und nun verlangen sie von ihm, dass es sie zu einer Königsbeute führt. Die Besatzung eines kompletten Luftschiffs ist nötig, um es mit dieser schwimmenden Pflanze aufzunehmen. Dass sie trotzdem ein lohnendes Jagdziel ist, liegt an den in seinem Inneren konzentrierten Nährstoffen. Dieses Wesen scheint hier die Spitze der Nahrungskette einzunehmen. Sie müssten weitaus mehr dieser grünen Matten oder von den durchsichtigen Schwebekugeln töten, um dieselbe Menge an Nahrung zu gewinnen.

Die Königsbeute weiß das, und sie wird keine Gnade kennen, wenn sie It-ti bemerkt. Was die Duos von ihm wollen, kann es ihnen nicht geben. Auch wenn Duo-1 wirklich hartnäckig ist. Immer wieder ritzt er die Umrisse der Königsbeute in den matschigen Untergrund. It-ti löscht sie erneut. Duo-1 scheint ihn aber nicht zu verstehen, denn er beginnt sofort wieder mit dem Zeichnen.

»It-ti. Timi«, sagt es. »-- - --- --- - - - - --« Das macht seine Ablehnung ein bisschen klarer, aber Duo-1 zerrt nur seinen Mund in die Breite, was, wie It-ti schon gelernt hat, ein Ausdruck seiner Freude ist. Wieso begreift dieses Wesen nicht, dass es etwas Unmögliches von ihm verlangt?

»It-ti«, sagt Duo-1 und zeigt auf die nicht komplettierte Zeichnung.

Ich verstehe dich nicht. It-ti fügt selbst die nötigen Details an, erschrickt und löscht wieder alles. So kommen sie nicht weiter. Es flattert zu dem Ei, das es hergebracht hat. It-ti hätte die Oberfläche nicht erreicht, wenn die Duos ihm nicht geholfen hätten. Es war Duo-1, der den Luft-Rüssel in das Ei geschoben hat, bevor It-ti einen schrecklichen Erstickungstod gestorben ist.

Wieso hat sich Duo-1 mit Hilfe der Atemluft nicht selbst gerettet? Und wenn schon nicht sich selbst, wieso hat er nicht zuerst seinen Artgenossen geholfen? Ist es nicht das, was die Evolution lehrt? Wie konnten diese Wesen überhaupt so lange überleben, wenn sie sich derart ineffizient verhalten? Vielleicht ist es ein Vorteil der großen Anzahl. Die Bevölkerungsdichte kam ihm hoch vor. Aber das ist natürlich kein Wunder, wenn die Oberfläche des Planeten bewohnbar ist.

»It-ti«, sagt Duo-1 wieder.

Er hat eine neue Königsbeute gemalt. It-ti kann nicht verhindern, sich davon beeindrucken zu lassen. Vielleicht muss es seine Effizienzrechnung umstellen. Ohne Duo-1 würde es nicht mehr leben. Also gehört seine Existenz gewissermaßen diesem Wesen. Natürlich ist es selbst schuld, wenn es so gehandelt hat, und es hat keinen Anspruch, daraus einen Nutzen zu ziehen. Aber It-ti kann autonom entscheiden. Es ist allein und hat keine Gruppenpartner, die es überstimmen könnten. *Gut, Duo-1. Ich überlasse dir mein Leben.*

»Timi«, sagt es und löscht die Zeichnung im Schlamm nicht aus.

IT-TI BEWEGT DIE FLÜGEL SCHNELLER. DIE DUOS SIND kaum noch zu erkennen. Der Wasserozean breitet sich unter ihm aus. Feine Linien, die von Horizont zu Horizont reichen, zeichnen ein faszinierendes Muster, das It-it an die herrlichen Gesetze der Physik erinnert. Aber sie verbergen auch die tödliche Natur des Wassers. Wenn It-ti sich im heimischen Luftozean fallen lässt, ist das schlimmstmögliche Ergebnis ein Überangebot an Sauerstoff in den Flügeln, das sein Bewusstsein in Ekstase versetzt und seinen Sexualsinn erweckt. Stürzt sich It-ti aber in den Wasserozean, der sich an der Oberfläche so weich und warm anfühlt, stirbt es.

Die Königsbeute ist nicht zu sehen, und daran scheint sich so bald auch nichts zu ändern. It-ti hätte diese Aufgabe nicht übernehmen dürfen. Es hätte sich daran erinnern müssen, wie lange die Jagdgruppen oft unterwegs sind, und das, obwohl sie schnelle Luftschiffe besitzen. Wie sollen sie ohne diese Unterstützung eine Königsbeute ausfindig machen? It-ti dreht sich mehrmals um die eigene Achse. Und wenn es nur zugesagt hat, weil ihm unterbewusst klar war, dass sie keine Chance haben würden?

It-ti verbirgt sein Auge unter einem der Flügel. So kann es sich besser auf seinen Magnetsinn konzentrieren. Auch daran muss es sich erst wieder gewöhnen. In der Heimat der Duos überlagerten die Magnetlinien sogar seine optischen Empfindungen. Hier ist das Feld weitaus schwächer.

Vor seinem inneren Auge entsteht eine Kugel, oder besser: das Segment einer Kugel. Sie besteht aus Tausenden von Linien, die von einer Quelle hinter dem Horizont kommen, sich in seine Richtung bewegen und dabei ihren Abstand vergrößern, um schließlich an einem Punkt jenseits des Horizonts wieder zusammenzufinden. Die Linien, jede einzelne, sind wunderschön. Kleine, glänzende Kügelchen wandern auf ihnen, rotieren dabei und zeigen sich von allen Seiten, als wären sie stolz auf ihre Schönheit. Ein derart perfektes Bild kennt It-ti weder aus seiner Heimat noch von dem Planeten der Duos.

Hier und heute ist It-ti davon nicht begeistert. Perfektion ist eine Wüste. Was bereits vollendet ist, bietet dem Geist keine Nahrung mehr. Es ist Völlerei, bei der niemand satt wird. It-ti sucht nach dem Unperfekten, denn nur an kleinen Dellen, Haken oder Löchern kann es die Königsbeute erkennen – oder auch eine Jagdgruppe seiner Freunde. Wie soll es den Duos erklären, dass sie nichts finden werden? Sie werden glauben, es verweigere sich erneut.

Es sei denn … Es sei denn, es nutzt die Fähigkeiten eines Luftschiffs. Das kann zwar auch nur bis zum Horizont blicken, aber es sieht mit seinen verbesserten Instrumenten viel tiefer in das Wasser. Die Königsbeute schwimmt nur selten an der Oberfläche. Mit den Sensoren des Luftschiffs finden sie sich auch noch in acht mal acht mal acht Flügelspannen Tiefe.

Es könnte ein Luftschiff rufen. It-ti kann Magnetfeldlinien nicht nur wahrnehmen, sondern auch modulieren, indem es mit ihnen wechselwirkt. Die Duos benutzen, das hat es auf ihrem Planeten gespürt, eine ähnliche Technik, allerdings benötigen sie dazu ein externes Gerät. It-ti braucht sich nur darauf zu konzentrieren, und jedes Luftschiff im weiteren Umkreis wird seinen Ruf bemerken.

Die Frage ist jedoch, was dann geschieht. It-ti will schließlich seine Freunde nicht in Gefahr bringen. Die Duos gehören zwar nicht zur typischen Beute, auf die es eine Jagdgruppe abgesehen hat. Aber vielleicht ist jemand besonders neugierig oder hungrig oder beides? It-ti hat dann auch nur eine Stimme und wird die mindestens acht mal acht Augen zählende Gruppe kaum überzeugen können.

Hat es denn überhaupt eine Wahl? It-ti sieht sich noch einmal um. Der Wasserozean hat sich nicht verändert. Was unter der Oberfläche wartet, ist nicht zu erkennen. It-ti deckt das Auge ab. Sein Bewusstsein begibt sich in eine Welt, die nur aus parallelen Linien besteht. Es klammert sich an eine der Linien, zupft daran und bringt sie zum Klingen. Was es ruft, kann es nicht einmal in seine eigenen Gedanken übersetzen, aber die Bedeutung ist jedem Luftwesen klar: *Ich bin hier, Schwestern.*

GEORGE DRÜCKT SEIN GESICHT TIEF IN DAS GRAS. AN DER Seite ragt der Schnorchel heraus. Er dreht den Kopf hin und her und bohrt tiefer.

»Was machst du denn da?«, fragt Adriana.

Er antwortet nicht. Vermutlich kann er sie nicht hören. Schließlich setzt er sich prustend wieder auf. Sein Gesicht ist voller Schlamm und Pflanzenteile. Er muss sich so tief in den Boden gebohrt haben, dass er auf die matschige Schicht gestoßen ist, die die beiden Seiten der Insel voneinander trennt. Adriana vermutet, dass sie so etwas wie den Magen darstellt, aus dem sich Ober- und Unterseite der Insel bedienen und über den sie Energie austauschen.

»Was war das?«, fragt sie.

»Ein Versuch«, erklärt George. »Ich dachte, ich könnte damit die Würmer anlocken.«

»Du nimmst das zu wörtlich, glaube ich«, sagt Adriana. »Tyler war wohl im Inneren eines Leviathans, und dort wurde er irgendwie infiziert.«

»Ehrlich gesagt bin ich froh, dass mein Versuch gescheitert ist. Aber ich kann auch nicht herumsitzen und warten.«

»Willst du dir nicht mal die Unterseite ansehen?«

Adriana erinnert sich an den wunderschönen, farben- prächtigen Garten, der sich an der Unterseite der Insel in die Tiefe erstreckt. Die Mattenwesen waren dort als Gärtner tätig gewesen. Eines dieser Wesen hatte sie zum Tor gebracht. Viel- leicht können sie helfen, einen Leviathan zu finden?

George schüttelt den Kopf. »Auf das Tauchen habe ich momentan keine besondere Lust.«

Hinter ihnen platscht es. Das muss Diego sein. Er grinst über das ganze Gesicht, das ist trotz Maske zu erkennen.

»Ihr müsst unbedingt mit runterkommen«, sagt er. »Das ist einfach märchenhaft!«

Schön, dass es ihm besser geht. Nachdem die Motte vorhin eine halbe Stunde hoch in der Luft verbracht hatte, um mit leeren Flügeln zurückzukehren, war Diego ziemlich enttäuscht gewesen. Immerhin hatte er angenommen, dass die Motte ihnen nun helfen würde. Entweder, sie hat immer noch zu viel Angst – oder sie kann nicht helfen, weil einfach kein Leviathan in der Nähe ist. Nach den Erlebnissen mit Menschen und Luftwesen kann man es ihnen kaum übel nehmen, sich nicht mehr freiwillig zu zeigen.

»He, was ist das?«, ruft Diego plötzlich, krault zur Insel und zieht sich ins Gras.

Am roten Himmel ist ein schwarzer Fleck zu sehen, der sich geräuschlos nähert.

»Ich weiß, was das ist«, sagt Diego. »Ich habe lange genug an Bord von so einem Ding verbracht.«

Adriana steht auf und geht zu ihrem Tauchanzug. Sie betastet die Werkzeugtasche. Die Waffe ist noch da. Was hat die Motte getan? Wieso hetzt sie ihnen ein Luftschiff auf die Fersen? Die Motte schwebt seelenruhig etwas abseits der Insel.

»Wir sollten uns tauchfertig machen«, sagt Adriana. »Die Waffen dieses Dings sind nicht zu unterschätzen.«

Sie hat noch das Bild vor Augen, wie bei jedem Schuss riesige Fetzen aus einem Leviathan gerissen wurden. Die Luftwesen waren nicht besonders taktisch klug vorgegangen und hatten sich vor allem auf ihre Überzahl verlassen und auf die Tatsache, dass sie in der Höhe unerreichbar waren. So ein Mist, dass sie den Protimos Aqua nicht bekommen haben. Damit hätte Adriana den Luftwesen leicht einen Besuch abstatten können.

George schlüpft bereits in seinen Anzug. »Mir wurde sowieso langsam zu warm hier oben.«

»Nun wartet doch erst einmal ab«, sagt Diego. »Vielleicht wollen sie uns nichts Böses?«

»Du bist zu …« Adriana verkneift sich das Wort »naiv«. Sie will, dass Diego auf sie hört, statt ihn gegen sich aufzubringen. »Du hast Vertrauen«, dreht sie ihr Argument um. »Das ist gut. Für mich sieht es allerdings ganz danach aus, als wäre unser vorgeblicher Freund dieses Vertrauen nicht wert.«

Sie ist nicht ganz fair. Die Motte hat nie behauptet, dass sie sie als Freunde betrachten würde. Sie will einfach wieder nach Hause und hat den für sich einfachsten Weg gewählt.

»Was passiert mit der Kiste?«, fragt George.

»Die lassen wir hier. An anorganischen Stoffen haben diese Wesen kein Interesse.«

»Du meinst, die kommen, weil sie Hunger haben und uns fressen wollen?«

»Ich weiß es nicht. Ich kann es jedenfalls nicht ausschließen. Sie jagen hier Nahrung und kennen nichts anderes.«

»Es war nicht ausgemacht, dass ich hier als Motten-Nachspeise enden würde.«

»George, ich hätte nicht gedacht, dass du genauso hysterisch wie meine Schwester bist«, sagt Diego.

Ihr Bruder zieht gerade seinen Tauchanzug aus. Er will unbedingt auf der Insel bleiben. Adriana wird heiß. Das darf sie nicht zulassen. Aber sie kann ihn doch nicht dauernd gegen seinen Willen retten? Wie soll er da lernen, dass seine Entscheidungen Konsequenzen haben?

»Mir ist egal, wie ihr euch entscheidet«, sagt Adriana. »Ich bringe mich unter der Insel in Sicherheit. Ihre Waffen dringen nicht weiter als zehn Meter ins Wasser.«

George nickt und schiebt sich die Maske über das Gesicht. Die Motte bewegt sich auf Diego zu. Will sie ihn etwa schon vor der Ankunft ihrer Freunde töten? Adriana hat gesehen, wozu sie fähig ist.

»Pass auf, Diego! Sie kommt!«

Diego rührt sich nicht. Aber so funktioniert das nicht. Wenn das Opfer stehen bleibt, wird es trotzdem gefressen.

»Diego!«

Es ist zu spät. Die Motte ist über ihm. Sie hebt einen Flügel, holt aus, dreht ihn und legt ihn flach auf den Boden. Dann schiebt sie einen zweiten Flügel links und einen dritten rechts davon, sodass so etwas wie ein Sitz entsteht. Ein Sitz für Diego. Will sie mit ihm davonfliegen? Das Luftschiff ist schon ganz nah. Adriana sieht mehrere Waffen, die auf sie gerichtet sind. Es platscht, als George ins Wasser springt, aber sie kann den Blick nicht von Diego wenden. Sollte die Motte in der Lage sein, ihn zu tragen? Dann wäre das eine Lösung für ihr Problem mit dem hochgelegenen Portal. Aber nein, das beabsichtigt die Motte gar nicht. Sie legt vielmehr den vierten

Flügel so um Diego, dass er von allen Seiten geschützt ist. Ob das gegen die Waffen der Luftwesen hilft? Sie schüttelt den Kopf. Aber vielleicht feuern sie nicht auf eine Artgenossin. Adriana wird es sehen, wenn sie wieder auftaucht. Hoffentlich ist Diego dann immer noch da.

»-- - - --- - - -- - - --«, RUFT IT-TI. SIE DÜRFEN NICHT feuern. Es zittert, weil es um den Duo in seiner Obhut fürchtet, versucht aber, sich nichts anmerken zu lassen.

»-- - - - - - -- -- ---«, antwortet jemand, und sie schließt die Flügel enger um Duo-1.

»-- - -- -- - ---«, überstimmt das kommandierende Trio, bevor ihre Schwestern die Waffen auslösen können.

»-- - - - --- ---« It-ti erschrickt. Dasjenige, das zum Feuern aufgerufen hatte, ist gerade zum Tode verurteilt worden. Eine Entladung ist zu hören, und mit starren Flügeln stürzt eine Luftkriegerin der Wasseroberfläche entgegen.

»- - -- - --- ---«, bekräftigt das kommandierende Trio. It-ti hat ein einziges Mal in dieser Funktion gedient. Es ist faszinierend und furchtbar anstrengend zugleich, weil man dabei das eigene Bewusstsein komplett unterdrücken muss. Dadurch hat der kommandierende Geist die verdreifachte Denkleistung zur Verfügung.

»-- - - --- -- -- -« Das ist eine gute Frage. Was will es überhaupt?

»- - --- --- - - -- --«, antwortet It-ti.

»- - - - - -«

Natürlich suchen sie schon die ganze Zeit nach einer Königsbeute. Das kommandierende Trio hört sich belustigt an.

»--- --- - --«, sagt It-ti. Mal sehen, ob sich daran etwas ändert.

»-- - -- - -- -«, tönt es, und ein paar Kriegsschwestern wiederholen den Ruf noch.

Jetzt sind zumindest alle ernst. Es war auch wirklich naiv,

anzunehmen, die Jagdgruppe könnte auf eine so begehrte Beute verzichten. Und wie geht es weiter? It-ti könnte das Luftschiff wegschicken. Es ist völlig legal, sich allein auf diesem Planeten aufzuhalten. Niemand kann es zwingen, sich an einer Jagd zu beteiligen. Aber dann sind sie wieder nicht weiter. It-ti muss klüger sein als das kommandierende Trio. Es muss die Instrumente des Schiffes nutzen, ohne dass jemand etwas davon mitbekommt.

»-- - --- --- --- -«, sagt es, und das kommandierende Trio beglückwünscht es zu seiner Entscheidung. It-ti hat sich noch nie so schwach gefühlt, während es ein Luftschiff bestiegen hat.

»UND DANN HAT ES SICH VON MIR VERABSCHIEDET UND IST AN Bord des Luftschiffes geflogen«, sagt Diego.

Ihr Bruder wirkt traurig, aber nicht enttäuscht. Vermutlich glaubt er immer noch, dass die Motte ihnen allen bloß helfen will. Aber es ist nicht ihre Aufgabe, ihn über seinen Irrtum aufzuklären. Als Überbringerin der schlechten Nachrichten richtet sich Diegos Wut dann bloß auf sie. Davon hat sie schon genug abbekommen.

»Wir sollten ihm folgen«, sagt Diego.

»Sie sind doch viel zu schnell«, sagt Adriana.

»Das stimmt nicht. Sieh doch selbst. Es sieht aus, als würden sie auf uns warten.«

So ein Quatsch. Das Luftschiff schwebt weit über ihnen.

»Diego hat recht«, sagt George. »Sie haben sich kaum vorwärts bewegt.«

»Du willst auch, dass wir ihnen folgen?«, fragt Adriana. »Ich kann dir nicht garantieren, dass wir bald wieder eine Insel finden, auf der wir uns ausruhen können.«

»Ich bin ja nicht hier, um mich auszuruhen.«

Das klang vorhin anders. Aber wenn George das will, wird sie es ihm nicht ausreden. Sie ist auf jeden Fall fitter als er. Hoffentlich rechnet er bloß nicht damit, dass sie ihm dann hilft. Wieso soll sie denn immer für alle anderen die Kartoffeln aus dem Feuer holen? Das nervt!

»Dann los!« Adriana zieht den Reißverschluss bis zum Hals, springt ins Wasser und schwimmt mit kräftigen Zügen in die Richtung, in die sich auch das Luftschiff bewegt.

Es ist nicht Heimat, aber doch ein Zuhause. Vielleicht könnte It-ti sich wieder eingewöhnen? Es müsste auf den Schnüren klettern und seinen Teil bei Jagd und Aufbereitung der Beute leisten sowie bei der Aufzucht des Nachwuchses helfen. Das ist alles keine schwere Arbeit, und dabei darf es jeden Winkel dieses Planeten erforschen. Auch, wenn er zu neunundneunzig Prozent vom Wasserozean bedeckt ist, unterscheiden sich doch die Regionen deutlich voneinander. Im Süden fällt sehr häufig Wasser vom Himmel. Dort sind weder der Planet noch der Stern am Himmel zu sehen.

Den Norden beherrscht dafür ein Achteck aus Wirbelstürmen, die dort wie festgemacht kreisen. Ein Achteck, wie symbolisch – ausgerechnet die heilige, perfekte Zahl! Sie war es gewesen, die nach der Überlieferung die ersten Wissens-Bewahrer hierhergelockt hatten. Die Jagdgruppen folgten erst viel später, angeblich, nachdem ein Wissensbewahrer von der Biomasse der Königsbeute probiert hatte und dadurch auf doppelte Größe angeschwollen war. It-ti hält das eher für einen elektrischen Effekt. Es hat diese Erfahrung ja selbst gerade erst gemacht.

Vielleicht sollte es die Duos einfach vergessen. Dafür, was es vorhat, gibt es seines Wissens keinen Präzedenzfall. Es zieht an einem der Seile, prüft, ob es stabil genug ist, und hangelt sich daran entlang zu einem anderen Korb. Der Behälter ist leer, wie im Moment die meisten. Die Jagdgruppe scheint relativ frisch zu sein. Bisher haben sie weder Beute noch Nachwuchs an Bord. Das erleichtert es, dem Ziel näherzukommen – dem untersten Korb, in dem sich das kommandierende Trio befindet.

Das Messinstrument, das It-ti benutzen will, ist im eigentlichen Ballon untergebracht, wie die meisten Sensoren des Luftschiffes. Es gibt keine direkte elektrische Verbindung, auf die It-ti heimlich zugreifen könnte. Vielmehr stellt das Instrument seine Daten über das lokale Magnetfeld zur Verfügung, das von der großen Spule, die die Schnüre zwischen den Körben und dem Ballon bilden, induziert wird. Der Ballon samt seinen Anhängseln bildet damit ein großes Datennetz, eine Sphäre, mit deren Hilfe das kommandierende Trio die Lage beurteilt.

Wenn It-ti darüber Informationen gewinnen will, muss es selbst zum Teil des Trios werden. Dafür gibt es nur einen Weg: Es muss ein anderes Mitglied ersetzen, indem es diese Schwester tötet. Ob das je vorgekommen ist? It-ti weiß es nicht. Normalerweise regeln Faktoren wie Dienstzeit und Alter, wer Teil des kommandierenden Trios ist. Man kann sich dafür auch nicht bewerben. Scheidet ein Mitglied aus, weiß sein Nachfolger von selbst, dass es an der Zeit ist, den verwaisten Platz einzunehmen. Nach diesem Prinzip ist die gesamte Gesellschaft strukturiert. Was, wenn sich sein falsches Vorbild durchsetzen sollte?

It-ti hat den untersten Korb erreicht, zögert aber. Dieser Akt des Ungehorsams scheint ihm schwerer zu wiegen als alles, was es vorher schon getan hat. Es muss irgendwie aus der Art geschlagen sein. Wieso hat es Duo-1 nicht gleich als Nahrung verwertet, als es den Befehl dazu erhielt? Es war zu neugierig gewesen, was für ein Wesen hinter dem halbtoten Individuum stand. Im Grunde will es immer noch genau das wissen. Die Duos machen es ihm bloß nicht leicht. Er wird sie bis zum Schluss verfolgen müssen, um darauf zu kommen. Liegt das bloß daran, dass sie schlichtweg fremd sind, oder haben sie eine fremdartige Vielschichtigkeit an sich, die ihre Erforschung erschwert?

Komm, It-ti. Es ist doch gar nicht so schwer. Die Angehörigen des Trios haben ihre Augen verdeckt, um sich ganz auf die Datensphäre konzentrieren zu können. Sie sehen nicht, dass It-ti sich genähert hat und nun seine Flügel um die ihm am nächsten befindliche Schwester legt. Wäre das Individuum wach, würde es seinen Griff bemerken und sich wehren, aber dafür ist es nun zu spät. It-ti zieht seine Flügel ruckartig zusammen. Der Leib und der Kopf des Wesens platzen unter seiner Anstrengung. Blauer Lebenssaft spritzt aus den Löchern, die die Dornen am Ende seiner Flügel geschlagen haben. Das Wesen vergeht. It-ti zerrt es nach oben und wirft es aus dem Korb, bevor es selbst seinen Platz einnimmt.

Die anderen beiden merken auf, als It-ti in ihren Gedankenkreis eintritt. Es hat Glück: Das Bewusstsein des toten Exemplars war das dominierende gewesen. It-ti platzt in die Runde und sichert den Raum. Die anderen beiden begehren kurz auf, aber da sie nicht auf die Idee kommen, sich zusammenzuschließen, haben sie keine Chance. Das kommandierende Trio gehört ihm. It-ti ist nun das Trio.

Zuerst reduziert es deshalb die Geschwindigkeit des Ballons, wozu es ihn absinken lässt, wo der Wind langsamer weht. Dann erhöht es die Empfindlichkeit des Messgeräts. Die Jagdgruppen sind nur an oberflächennaher Königsbeute interessiert, weil ihre Waffen nicht tiefer reichen. Der Sensor kann aber durchaus auch Signale aus bis zu fünfzig Flügellängen Tiefe auffangen. Vielleicht ist es sogar besser, wenn die Königsbeute den Ballon gar nicht bemerkt. It-ti will, wenn sie nah genug sind, seine Position hier oben verlassen und zu den Duos zurückkehren.

Aber noch ist es zu früh, darüber nachzudenken. Das einzige Hindernis, das der Magnetfeldsensor zeigt, sind drei kaum sichtbare Punkte auf der Meeresoberfläche, ein paar Flügellängen hinter ihnen.

»HABT IHR DAS GESEHEN?« DIEGO STOPPT SEINE Schwimmzüge und legt sich auf den Rücken.

»Ja«, antwortet Adriana. Etwas ist vom Himmel gefallen. Hoffentlich war es nicht die Motte. Sie würde es ihr ja gönnen, dass man ihr auch auf dem Luftschiff den Verrat übelgenommen hat, aber das könnte Diego seiner momentan ausgezeichneten Laune berauben.

»Sollen wir es ansehen?«, fragt George.

Sie dreht sich zu ihm um. Sein Gesicht ist rot. Eine zusätzliche Anstrengung mutet Adriana ihm besser nicht zu. Das Objekt ist lange in der Luft getrudelt und dann hinter ihnen ins Wasser gestürzt.

»Nein, schwimmt mal lieber langsam weiter«, sagt sie. »Ich sehe mir das an und hole dann wieder zu euch auf.«

»Ich komme mit, als dein Buddy«, sagt Diego.

»Bitte, Bruder, ich brauche dich bei George. Er ist der schwächste in der Gruppe. Wenn, dann benötigt er einen Buddy.«

Adriana hat recht und Diego weiß das. Diesmal verhält er sich auch erwachsen und protestiert nicht. Adriana dreht um. Das abgestürzte Objekt ist leicht zu entdecken, denn es taucht immer wieder auf den niedrigen Wellen auf. Selbst im roten Schein des Himmels erkennt Adriana sehr schnell, dass es weiße Flügel besessen hat.

Aus der Nähe wird dann völlig klar, dass es sich um eine Motte handelt. Aber ist es auch ihre? Adriana klappt einen der Flügel beiseite, dann noch einen. Sie will das Auge sehen. Irgendwie hat sie das Gefühl, die Motte an ihrem Auge erkennen zu können.

Nachdem sie den dritten Flügel zur Seite geschoben hat, kommt es zum Vorschein. Es wird sofort klar, dass es gebrochen ist. Die Facetten leuchten nicht mehr. Vor allem aber ist der Ansatz an verschiedenen Stellen aufgeritzt, und eine dicke, bläuliche Flüssigkeit dringt heraus, die intensiven Knoblauchgeruch verströmt. Dadurch scheint dem gesamten Organ ein gewisser Druck zu fehlen, sodass sich die einzelnen Facettenaugen wie Blüten an einem verblühten Strauß zu allen vier Seiten biegen.

»Bist du das, Motte?«, fragt sie.

Das Wesen antwortet nicht, und doch hat es eine Antwort für sie. Da sind zum einen die typischen Verletzungen. Sie hat gesehen, was die Motte mit den Söldnern gemacht hat. Ihre

Leichen waren ihr genauso verblüht vorgekommen wie dieses Auge. Hätte es sich um eine offizielle Verurteilung gehandelt, hätten die Wesen sie doch sicher mit ihren Waffen ausgeführt. Die Menschen drehen ihren zum Tode Verurteilten schließlich auch nicht mehr per Hand die Köpfe herum, sondern nutzen clevere Maschinen. Das scheint also eine Zivilisationstechnik zu sein.

Zum anderen ist da das Auge selbst. Adriana hat es oft genug betrachtet. Bei ihrer Motte war es größer und bestand aus mehreren einzelnen Facetten. Vielleicht, weil sie älter ist oder die Anzahl der Facetten sich genetisch bestimmt. Adriana prägt sich das Bild ein, um es Diego glaubhaft schildern zu können. Dann will sie umdrehen, bemerkt aber ein neues Detail. Weit hinter der toten Motte treibt eine Insel im Wasser. Dort, wo sie schwebt, sind sie vorhin entlang geschwommen. Es muss sich um die Insel handeln, auf der sie vorhin Pause gemacht haben. Sie kommt ihnen hinterher. Kann das ein Zufall sein, oder werden sie längst von einem Leviathan beobachtet, der heimlich Befehle erteilt?

»Es war nicht unsere Motte«, sagt Adriana und schüttelt den Kopf.

»Bist du ganz sicher? Ich hätte sie gern ...«

»Diego, ich hätte sie erkannt. Das Exemplar war deutlich kleiner. Anscheinend hat es sich It-ti in den Weg gestellt.«

»Das ist ... Ich hätte nicht gedacht, dass sie auch ihre eigenen Leute ...«

»Du hast gesehen, wie sie mit den Söldnern umgegangen ist.«

»Ja, aber das war doch etwas anderes. Was hat sie bloß vor?«

»Ich habe eine Ahnung«, sagt George. »Ist euch schon aufgefallen, dass der Ballon jetzt viel tiefer unterwegs ist und dabei auch den Kurs geändert hat?«

Adriana sieht zum Himmel. Am Horizont ziehen Wolken

auf. Hoffentlich ist das nicht der Sturm, den die Färbung des Zeniths vorhersagt.

»Vielleicht wollen sie einfach den Sturm vermeiden«, sagt sie.

»Indem sie langsamer werden?«, fragt George.

DA! DIE BEWEGUNG DES BALLONS HAT EIN PAAR PUNKTE über den Horizont gespült. Was ist das? It-ti sieht sich die Daten genauer an. Es ist begeistert, wie schnell seine Gedanken sind. Bilder entstehen viel schneller, Simulationen laufen fast in Echtzeit, auf das Ergebnis von Berechnungen muss es nicht lange warten. Es macht richtig Spaß, erste und zweite Ableitungen zu bilden und Differenzialgleichungen zu lösen.

Hätte es gewusst, dass das einer der Vorteile davon ist, Teil eines kommandierenden Trios zu sein, hätte es schon früher diesen Platz eingenommen. Aber es war gar nicht auf die Idee gekommen, sich mit Gewalt Zutritt zu verschaffen. Vermutlich kommt niemand auf solche Ideen, denn die Besatzung des Luftschiffes scheint sich nicht daran zu stören. Und wenn sich It-ti ganz grundlegend irrt? Was, wenn die Führungsrolle in so einem Trio generell demjenigen zufällt, der Initiative genug besitzt, sie sich zu nehmen?

Nein, eine solche Lüge kann eine Gesellschaft nicht dauerhaft leben. Oder ist es gar keine? Wäre es nicht sogar vorteilhaft, wenn Initiative auf diese Weise belohnt würde? It-ti würde jetzt gern sein Auge freilegen, um sich umzusehen. So, wie es seinen Vorgänger beseitigt hat, könnte schon sein Nachfolger auf dem Rand des Korbs sitzen. Wie oft ändert sich eigentlich die Zusammensetzung des kommandierenden Trios? Ständig Angst haben zu müssen, von einem Artgenossen getötet zu werden, schmälert seine Freude am geschmeidigeren Nachdenken dann doch. Und sobald es das Auge öffnet, könnte eines der beiden anderen Mitglieder des

Trios das Kommando übernehmen und sein Bewusstsein zurückdrängen.

Das wäre ungünstig, gerade jetzt, denn die Störungen im Magnetfeld, die es gerade erst bemerkt hat, sind deutlich gewachsen. Es sieht so aus, als würden sie das Feld nicht nur durch ihre Anwesenheit stören, sondern auch selbst aktiv Energie abgeben. It-ti könnte die Leistung genau berechnen, findet aber nicht heraus, was es mehr interessiert: Welcher Art die abgegebene Energie ist. Handelt es sich um Waffen, um Antriebe, oder um irgendwelche Messgeräte? Der Leistungswert gibt für eine Entscheidung darüber nicht genug Anhaltspunkte. Was aber klar ist: Das ist kein natürliches Phänomen dieses Planeten. Das heißt, sie müssen es mit Besuchern zu tun haben. Und da das einzige andere bekannte Portal hier in die Welt der Duos führt, wird es sich wohl um weitere Duos handeln. Wieso haben die anderen ihm das nicht mitgeteilt? It-ti spürt ein Gefühl, das ihm bisher unbekannt war – betrogen worden zu sein. Oder tut es denen unrecht, die es gerettet haben?

Heftige Impulse vom Magnetfeldsensor unterbrechen seine Gedankenkette, und es ist froh darüber. In der Nähe der Punkte zeigt sich ein starker Ausschlag, der sich über ein größeres Gebiet verteilt. Mindestens zwanzig Flügellängen in einer Dimension, zehn in der anderen. Das ist entweder eine besonders groß geratene Insel oder eine Königsbeute. Würde es sich um eine Insel handeln, dürfte sich die Intensität des Signals nur mit der Entfernung verändern. Aber es gibt eine zusätzliche Schwankung, die auf Ortsveränderungen in der dritten Dimension hindeutet. Das Objekt taucht, und momentan nähert es sich der Oberfläche des Wasserozeans. Jetzt durchstößt es sie, trifft dabei einen der Punkte und wirft ihn bestimmt zehn Flügellängen in die Luft. Danach lässt es sich fallen und versinkt erneut im Ozean, während sein Opfer bewegungslos auf der Oberfläche verharrt.

Wenn das wirklich ein Duo ist, sind sie beim Kontakt mit dem Wasser nicht sehr stabil. Das wundert It-ti, handelt es sich doch um ausgezeichnete Taucher. Offenbar haben sie ein

Problem mit dem Übergang zwischen Luft- und Wasser-Medium. Es sollte unbedingt herausfinden, ab welcher Höhe dieser Übergang problematisch wird, falls es mal im direkten Umgang mit den Duos zu einer kritischen Situation kommt.

Es ist seltsam. Gerade hatte es noch seine Freude daran, ein kommandierendes Trio zu leiten, und nun stellt es sich schon wieder vor, zu den Duos zurückzukehren. Die Exemplare in der Nähe des Horizonts interessieren es nicht. Sie sollen ihren Konflikt mit der Königsbeute selbst austragen, auch wenn It-ti ihnen zweifellos mit den Waffen des Luftschiffs helfen könnte. Aber bei den Duos da unten sieht es anders aus. An ihnen hat It-ti ein echtes Interesse entwickelt, das es sich gar nicht erklären kann. Evolutionär ergibt es jedenfalls keinen Sinn.

Nun ja. Es ist zu früh, das Luftschiff zu verlassen. It-ti muss den Weg der Königsbeute verfolgen, die der Magnetfeldsensor geortet hat.

»Nun komm schon hoch«, sagt Diego. »Die Insel bewegt sich schnell genug.«

Adriana seufzt. Ihr Bruder hat mal wieder recht. Aber wer sagt ihnen, dass diese lebende Insel es sich nicht wieder anders überlegt? Und ein bisschen schneller sind sie im Wasser durchaus. Das Luftschiff hat jedenfalls einen geringen Vorsprung gewonnen.

»Also gut.« Adriana zieht sich im Schlamm hoch. Diego reicht ihr die Hand, und sie steht auf.

»Kommt mal her«, sagt George, der neben der Kiste hockt und etwas ans Ohr hält.

»Was ist das?«, fragt Adriana.

»Das ist das Funkgerät, das ich bei El Flaco gefunden habe.«

»Und, sagt es etwas?« Adriana hat gar nicht mitbekommen, wie George es eingepackt hat.

»Ja, aber ich verstehe nichts.« Er hält ihr eine etwa handtellergroße Scheibe hin, die sie sich gegen das Ohr presst.

»Ha … Wu … Kch … Ta … Ta … Si … Bo …«, hört sie.

»Das sind nur abgehackte Töne.«

»Aber die Quelle ist menschlicher Natur, oder?«, fragt George.

»Ich glaube, es sind Männerstimmen«, sagt Adriana. »Vielleicht Tyler und Eddi oder El Flaco? Das sind die einzigen Männer, die Bescheid wissen.«

»Darf ich mal?«, fragt Diego.

Sie reicht ihm das Gerät.

»Nein, das sind weder Tyler noch Eddi. Ich bin aber sicher, dass diese Personen Englisch sprechen. Hast du das ›Si‹ gehört? Das klingt so weich, wie es die Gringos sagen.«

Adriana streckt die Hand aus und Diego gibt ihr das Gerät zurück. Sie versucht es noch einmal.

»Ko … Ko … Ta … Ka … Ki … Ko … Ti … Krch … Ha …«

»Tut mir leid, aber ich höre nur zusammenhangloses Gestammel. Das könnte meiner Meinung nach auch von einer Frau kommen. Ihr vergesst, dass die Leute, die uns gefangen haben, auch Tyler und Eddi in der Gewalt hatten. Was, wenn einer von ihnen geplaudert hat? Wir sollten uns lieber von dieser Gruppe fernhalten.«

Diego dreht sich um und zeigt zum roten Himmel, wo das Luftschiff ungerührt seine Bahn zieht. »Die Motte scheint andere Pläne zu haben.«

DAS IST DIE KÖNIGSBEUTE, DIE DIE DUOS GESUCHT HABEN. It-ti ist inzwischen völlig sicher. Aber seine Auftraggeber scheinen nicht zu ahnen, was sich dort abspielt. Die Duos, wenn es sich um solche handelt, verlieren offenbar gerade den Kampf mit dem riesigen Wesen. Sie sind wohl nicht adäquat bewaffnet. It-ti überprüft die Besatzung des Luftschiffs. Alle Jäger gemeinsam könnten zwei Königsbeuten gleichzeitig überwältigen. Und sie würden das gern erledigen. Dafür sind sie schließlich hier.

Aber ist es im Interesse von Duo-1 und Duo-2, wenn It-ti das Luftschiff gegen die Königsbeute einsetzt? Sie waren nicht darauf aus, das Wesen zu jagen, was zu dritt sowieso vergeblich gewesen wäre. Vermutlich wollten sie etwas versuchen, das bisher keine Jagdgruppe gewagt hat: mit der Königsbeute zu kommunizieren. Das mag es als sinnlos empfinden, doch klar ist: Ein vorheriger Kampf ist dafür erst recht keine gute Voraussetzung. Und wenn It-ti auch noch das Luftschiff ins Spiel bringt, wird es ganz schwierig. Dann bleiben von der Königsbeute ja bloß noch die für den Nachwuchs unverdaulichen Teile übrig, also höchstens ein Hundertstel der Gesamtmasse.

Es muss das Luftschiff loswerden. Aber dazu darf It-ti nicht einfach die Kontrolle abgeben. Das würde bloß dazu führen, dass jemand anderes das kommandierende Trio übernimmt. Sie würden die Königsbeute bemerken und angreifen, und der Plan der Duos wäre gescheitert. Und wenn es nun den Magnetfeldsensor sabotiert? Dadurch würde das Luftschiff zwar nicht völlig blind werden. Jedes Mitglied der Jagdgruppe bringt ja ein gut funktionierendes Auge mit. Aber weit entfernte Objekte, und das gilt für die kämpfende Königsbeute noch, könnte das Schiff dann nicht mehr entdecken.

Die Frage ist nur, wie viel Zeit It-ti hat. Wenn es sich aus dem kommandierenden Trio entfernt, werden die anderen beiden um die Vorherrschaft kämpfen, während sich parallel andere auf den Weg machen werden, um den leeren Platz zu füllen. It-ti hat das einmal miterlebt, als ein Mitglied des Trios an Bord gestorben ist. Bis die komplette Kommandoebene wieder wie zuvor funktioniert, vergeht auf jeden Fall eine gewisse Zeit. Wie lang sie ist, lässt sich jedoch unmöglich vorhersagen. Es muss sich einfach beeilen.

Also gut. Als It-ti sein Auge öffnet, sticht ihm die helle Umgebung schmerzhaft hinein. Es klammert sich stärker als zuvor an den Leinen fest, die die einzelnen Gondeln verbinden. Nach der Zeit im Trio braucht sein Bewusstsein einen

Moment, um sich an die vorherige Enge zu gewöhnen. Plötzlich scheinen seine Gedanken in einer zähen Masse gefangen zu sein. Und so soll It-ti nun bis an sein Lebensende denken? Diese Enttäuschung muss der Grund dafür sein, dass sich normalerweise niemand lebend aus einem Trio verabschiedet.

Der Magnetfeldsensor befindet sich ganz oben am Ballon. It-ti hat einen guten Blick auf die drei Duos, die es hergebracht haben. Irgendwie haben sie es geschafft, eine Insel dazu zu bringen, ihnen zu folgen. Sie müssen ein Talent für Kommunikation besitzen. Vielleicht schaffen sie es ja wirklich, mit der Königsbeute in Kontakt zu treten. Nicht sie. Wir. It-ti wird dabei sein. Sie wird eine Königsbeute lebendig beobachten können. Vorausgesetzt natürlich, das Exemplar tötet sie nicht. Müssen diese Wesen nicht eine furchtbare Wut auf alle Jagdgruppen entwickelt haben, deren einziges Ziel darin besteht, sie abzuschlachten?

It-ti hat den Sensor erreicht. Er ist in einem metallischen Behälter untergebracht. Das ist ungewöhnlich. Die meisten Komponenten des Luftschiffs bestehen aus flexiblen Materialien, die sich durch das Tor transportieren lassen. Diese Kiste hier ist dafür zu groß und zu schwer. It-ti betastet sie ehrfürchtig mit den Flügeln, denn sie muss schon viele Zyklen alt sein. Alles, was nicht durch das Tor passt, muss sich an Bord des Raumschiffes befunden haben, das von It-tis Urahnen gebaut wurde und das immer noch um diese Welt kreist. Es dient unter anderem auch als Genbank für den Nachwuchs.

So beeindruckend die metallene Hülle wirkt, hat sie doch einen großen Nachteil: It-ti ist nicht in der Lage, sie auch nur anzukratzen. Die Dornen auf seinen Flügelenden reichen zwar, um Löcher in seine Artgenossen oder die Duos zu stechen, aber auf dem Metall hinterlassen sie keinerlei Spuren. Sein Plan fällt krachend in sich zusammen. Und gleich wird das neue Trio das Kommando übernehmen.

Schade. Die Duos tun ihm leid. Sobald das Trio die Beute geortet hat, wird das Luftschiff sie angreifen. Es sei denn, It-ti verhindert das. Dafür gibt es einen Weg: Der Ballon selbst besteht aus einem weichen Material, wofür die Flügel Verstorbener genutzt werden. It-ti klettert an dem Magnetsensor vorbei. Die Haut des Ballons spannt sich unter ihm. Sie erinnert es an eine große Version des Rumpfes von Duo-3, dessen Haut ebenfalls über seinem Körper spannte. It-ti presst seine Dornen hinein. Der Ballon schreit nicht auf. Er empfindet keine Schmerzen. It-ti belässt die Dornen im Material und bewegt sich langsam vorwärts. Auf diese Weise reißt es die Haut des Ballons auf. Das Gasgemisch schießt heraus.

Der Ballon sinkt. Zunächst fängt er sich hier wegen des höheren Luftdrucks wieder. Aber die Pause geht schnell vorüber, während It-ti Bewegung wahrnimmt. Waffen richten sich auf seinen Körper. Es ist zu früh, den Ballon zu verlassen. Noch könnten ihn die anderen reparieren, indem sie die Schäden mit den Flügeln abdecken. Das muss It-ti verhindern.

Der erste Schuss löst sich. It-ti sieht es nur am Rückstoß der Waffe. Es springt blitzschnell zur Seite, und die Ladung reißt ein weiteres Loch in den Ballon.

»-- -- -- - - ---«, ruft jemand.

Nein, It-ti wird nicht aufgeben. Es erinnert sich, wie Duo-1 den Kopf mit den beiden winzigen Augen geschüttelt hat, wenn er mit etwas nicht einverstanden war. It-ti imitiert die Geste und muss im selben Moment dem nächsten Schuss ausweichen.

»- - --- --- -- ---«.

Ach, der Ballon ist empfindlich? Welche Überraschung. Das ist sein Vorteil. Die meisten Waffen senken sich nun. Dafür machen sich ein paar Jäger selbst auf den Weg. Es sind mindestens fünf. Die kann It-ti nicht alle ausschalten. Also reißt es dem Ballon noch so viele Wunden, wie es kann. Dann gibt es auf, löst sich vom Schiff und flattert davon.

Wie es geahnt hat, lassen es die anderen nicht dabei bewenden. Waffen richten sich auf It-ti und feuern, solange es sich noch in der Nähe befindet. Ein Treffer durchschlägt einen seiner Flügel und rettet ihm damit das Leben, weil It-ti plötzlich absackt und ein weiterer Schuss seinen Kopf verfehlt.

Noch ein Treffer. Schon zwei seiner Flügel sind durchlöchert. Da, der dritte. Bei der hohen Schwerkraft hier braucht es mindestens zwei Paare, um sich in der Luft zu halten.

Das Luftschiff taumelt, aber das hält die Jäger nicht davon ab, auf It-ti zu feuern. Sollten sie nicht lieber versuchen, den Ballon zu reparieren? Das kommandierende Trio scheint widersprüchliche Befehle zu geben. It-ti hört nur Bruchstücke. Es versucht, den Schüssen aus dem Weg zu gehen, indem es sich immer wieder fallen lässt, aber das kann es nicht ewig durchhalten. Das tödliche Wasser ist schon viel zu nahe.

Jetzt stürzt das Luftschiff endgültig ab. Es dreht sich immer schneller um die eigene Achse. It-ti kann sich nicht richtig darüber freuen, weil nicht nur es selbst sterben wird, sondern auch viele andere Jäger, selbst die, die nicht auf ihn geschossen haben. Im selben Moment zerfetzt ein Schuss sein vorletztes Flügelpaar. *Das ist eigentlich nur gerecht*, denkt es noch. Dann fällt es ungebremst und trudelnd ins Wasser, das den Tod bedeutet.

»DA PASSIERT ETWAS!«, RUFT DIEGO UND ZEIGT AUF DEN Ballon der Luftwesen.

Adriana bemerkt es ebenfalls. Dicht unter dem Gasbehälter sind Bewegungen zu sehen, und mit einem Mal sackt das ganze Schiff etwas ab. Ob It-ti dafür verantwortlich ist? Sie hat so eine Ahnung und schließt schon einmal ihren Tauchanzug. Wer weiß, ob das Wesen nicht plötzlich Hilfe braucht. Das Luftschiff kommt nun etwas vom Kurs ab und treibt seitlich nach Osten.

»Das sind Schüsse«, sagt Diego.

Adriana weiß, wie sich die Waffen der Luftwesen anhören. Dieses Gefecht hat zwar nichts mit ihnen zu tun. Sie tastet aber trotzdem nach der Waffe. Ein Objekt löst sich von dem Ballon, so weit oben, dass keine Details erkennbar sind, aber bald bemerkt Adriana, wie eine ganze Schar von Flügeln flattern. Da ihm niemand folgt, kann es sich eigentlich nur um It-ti handeln. Sie schätzt, wo es aufkommen wird. Oh, das wird knapp. Wie lange kann ein Luftwesen im Wasser überleben? Sie nimmt auf der Insel Anlauf und springt.

Schnell, schneller. Alle vier Schwimmzüge wagt sie einen Blick nach oben und jedes Mal fällt die Motte schneller als gedacht. Als sie ins Wasser stürzt, hat sie noch etwa hundert Meter vor sich. Adriana krault um It-tis Leben. Da, jetzt hat sie es. Aber wo packt man ein Luftwesen, um es über Wasser zu halten? Die Dornen an den Flügeln kratzen sie, aber schließlich entdeckt sie das Auge und drückt es so weit nach oben, dass die Wellen es nicht mehr erreichen können.

»Komm, wir ziehen es zur Insel«, sagt Diego, der ihr gefolgt sein muss.

DIE MOTTE IST TOT. DESSEN SCHEINT ADRIANA SICH FAST sicher zu sein. Diego lässt es sich trotzdem nicht nehmen, ihre klatschnassen Flügel auszuwringen.

»Sie hat überall Löcher«, sagt er. »Nur noch zwei sind komplett heil.«

Das hört sich gar nicht gut an. »Können wir sie irgendwie flicken?«

»Die Durchschüsse sind jeweils mindestens einen halben Meter groß. Dafür haben wir nicht genug Material, selbst wenn wir unsere Tauchanzüge opfern.«

»Vielleicht hat dieser Leviathan ein Heilmittel, nach dem wir suchen«, sagt George.

Adriana schüttelt den Kopf. »Du hast nicht gesehen, was diese Luftwesen mit einem Leviathan anstellen, wenn sie ihn erwischen. Wir können froh sein, wenn er die Motte am Leben lässt.«

Plötzlich bewegt sich das Wesen. Ein Flügel klappt zur Seite und legt das Auge frei. Es ist überraschend klar.

»He, du lebst!«, ruft Diego. »Seht ihr das? Sie lebt!«

Endlich mal wieder eine gute Nachricht. Ein warmes Gefühl macht sich in ihrer Brust breit. Die Motte hebt erneut den Flügel, sticht das Ende in den Schlamm, in dem sie sie platziert haben, und bewegt es.

»Sie zeichnet«, sagt Diego.

Es stimmt. Die Motte lässt im Schlamm einen großen Fisch entstehen. Die Flossen verraten es: Sie zeichnet nicht irgendein Tier, sondern einen Leviathan.

Adriana stellt sich daneben und wischt das Bild weg.

»Was tust du da?«, fragt Diego.

»Was glaubst du, was der Leviathan mit ihr anstellt? Wenn wir wollen, dass sie überlebt, müssen wir ihm fernbleiben.«

Der Flügel der Motte bewegt sich erneut und schiebt sie sanft beiseite. Dann erneuert er die Zeichnung.

»Siehst du, sie meint es ernst«, sagt Diego.

»Und was ist mit den Leuten, die wir gehört haben? Wenn die von der CIA sind, kommen wir vom Regen in die Traufe.«

»Der Leviathan wird uns helfen, da bin ich sicher«, sagt Diego.

»Was meinst du denn, George?«, fragt Adriana.

George verschränkt die Arme vor dem Bauch. »Ich habe keine Ahnung. Ich bin noch nie so einem Ding begegnet und weiß nicht, wozu es fähig ist.«

»Zu allem«, sagt Diego. »Zu allem.«

»Wenn alles möglich ist, ist der Leviathan vielleicht immer noch genau das, was wir jetzt brauchen«, sagt George.

Sie haben das abgestürzte Luftschiff hinter sich gelassen. Adriana hat lange mit sich gerungen, ob sie den Wesen dort helfen soll. Es gehört sich doch einfach, jedem Wesen zu helfen, das Hilfe braucht, selbst wenn es sich zuvor feindselig gezeigt hat. Sie hat sogar die Motte gefragt, aber die hat sie entweder nicht verstanden oder vehement dagegen argumentiert.

Leider ist ihre Kommunikation immer noch nicht so weit, dass sie zwischen den beiden Interpretationen entscheiden könnte. Hoffentlich war das keine verpasste Chance! Falls es ihnen nicht gelingt, die Tore zu schließen, werden sie auf der Welt der Luftwesen mehr Verbündete brauchen als nur die Motte.

»Da vorn ist etwas!«, ruft Diego.

»Könnte es sein, dass sich unsere Insel schneller bewegt?«, fragt Adriana, weil die Wellen am Bug höher auf den Schlamm schwappen.

George kniet sich am Rand hin und greift in die Strömung. »Du hast recht.«

Entweder, die Insel ist neugierig, oder sie hat einen unhörbaren Befehl erhalten. Die Lebewesen auf diesem Planeten überraschen sie doch immer wieder. Adriana schirmt mit der Hand das Sonnenlicht ab. Die Punkte vor ihnen haben Arme und Beine. Zwei von ihnen stehen, andere sitzen.

»Wie viele siehst du, Diego?«, fragt Adriana. Ihr Bruder hat von ihnen noch die schärfsten Augen.

»Ich zähle sieben.«

»So viele?«

Mist. Sie hat irgendwie gehofft, es könnten Tyler und Eddi sein, die sich wie sie aus den Fängen ihrer Häscher befreit haben. Es wäre nicht das erste Mal, dass sie die beiden hier treffen. Aber sieben Mann? Dann hat einer von ihnen geredet und eine Gruppe Uniformierter hierhergebracht. Und die tun, was Leute mit Waffen eben so tun. Also ob sie auch noch einen interplanetaren Krieg gebrauchen könnten!

Sie drehen besser ab. Aber wie soll sie die Insel davon überzeugen, die eher noch an Geschwindigkeit zulegt?

»Leute, wir müssen hier weg. Schnappt euch die Tauchanzüge.« Adriana schließt ihren, doch weder Diego noch George gehorchen. »Was ist?«

»Ich bleibe bei der Motte«, sagt Diego. Sie hat nichts anderes erwartet. Diego macht grundsätzlich nie, was sie von ihm erwartet. Aber George?

»Wir sollten auf der Insel bleiben«, sagt er. »Sie spürt bestimmt, was wir suchen.«

»Wenn uns die CIA in die Finger bekommt, haben wir nichts erreicht«, sagt Adriana.

»Zwei von ihnen winken!«, ruft Diego.

»Bist du sicher?« Und wenn schon. Warum sollten CIA-Leute nicht winken?

»Ja. Ich glaube, sie beobachten uns durch Ferngläser. Wenn du mich fragst, sind es Tyler und Eddi.«

»Und sie winken uns zu sich ran? Oder wollen sie nicht eher, dass wir uns zu unserem eigenen Besten entfernen?«

»Sie winken eben.«

Adriana seufzt. Vielleicht sollte sie Diego einfach deshalb vertrauen, weil alles andere zu anstrengend wäre. Es hat genug Arbeit gekostet, bis hierher zu gelangen. Sollte das in der Gewalt der CIA enden, dann hat die Motte eben Pech gehabt. Sehr lange hat sie wohl eh nicht mehr zu leben.

Es sind wirklich Tyler und Eddi. Die beiden scheinen sich tatsächlich zu freuen. Von den anderen fünf Männern kommt ihr bloß einer bekannt vor. Er wendet ihr allerdings den Rücken zu, sodass sie nicht sicher ist.

Die Insel schiebt sich unter das Floß der Männer. Diego rennt los, bleibt aber gleich wieder stehen, als hätte er ein Gespenst bemerkt.

»Du …«, sagt er.

Der Mann, der ihr den Rücken zugewendet hat, steht auf. Er ist groß, dünn und sieht uralt aus. El Flaco, der Dünne, unverkennbar.

»Es tut mir leid«, sagt er.

»Was tut dir leid?«, fragt Diego.

»All das hier. Ich dachte, ich sage es euch lieber gleich, bevor ihr mir um den Hals fallt. Das habe ich nicht verdient. Ich bin es, der dem Chef dieser ehrenwerten Herren hier einen Tipp gegeben hat.«

El Flaco ist für sie gestorben. Ein für alle Mal. Adriana sieht bewusst an ihm vorbei, geht zum Floß und grinst Eddi an.

»Schön, euch wiederzutreffen«, sagt sie und umarmt erst Eddi, dann seinen Freund Tyler. »Wie kommt ihr hierher?«

»Die Kurzversion ist: In Begleitung dieser Männer da«, sagt Tyler. »Du musst wissen, dass sie gerade ihren Anführer Ethan verloren haben. Deshalb sind sie etwas … geknickt. Er war wohl etwas zu ehrgeizig.«

»Dann hattet ihr ja viel gemeinsam«, sagt Adriana.

Eddi boxt sie leicht in die Seite. »Ja, gib's ihm.«

Tyler verzieht das Gesicht. »Ihr habt ja recht. Aber diesmal bin ich darum gebeten worden, diese Leute zu retten. Das habe ich wohl nicht ganz geschafft. Soll ich euch mal vorstellen?«

»Warte. Gleich. Wir können die Welt immer noch retten«, sagt Adriana.

»Wie?« Tyler sieht ernsthaft interessiert aus. Das hat sie sehr gehofft.

»Wir müssen das Portal aus der Welt der Flugwesen schließen. Sonst haben die Lebensformen hier nie ihre Ruhe.«

»Ich bin dabei.«

»Nun, wir müssen dazu eine über hundert Meter hohe Plattform erklimmen. Ohne Kletterhilfen und Fluggeräte. Oder habt ihr so etwas mitgebracht? Vielleicht einen Protimos Aqua?«

Tyler schüttelt den Kopf. Schade. Sie hatte wirklich auf ihn gehofft. Er plant doch immer alles perfekt.

»Wir haben zwar eine Drohne, aber die beobachtet nur. Einen Menschen kann sie nicht tragen.«

»Ich verstehe.«

Sie haben verloren. Ohne Technik erreichen sie das Portal nicht.

»Lass uns das doch mit dem Leviathan besprechen«, sagt Tyler.

»Mit dem Leviathan? Den suchen wir schon seit unserer Ankunft. Habt ihr ihn gefunden?«

Tyler deutet auf das Seil am Bug des Floßes. Es ist straff gespannt und verläuft schräg in die Tiefe.

»Ist er das? Zieht er euch etwa?«, fragt Adriana.

Xibalbá, 4. Juli 2045

»Komm, It-ti!«

Diego zieht die Motte vorsichtig an einem Flügel. Ihn kennt sie am längsten, also hofft Adriana, dass sie ihm eher folgt. Die Motte ziert sich schon die ganze Zeit, dabei hat Tyler im Namen des Leviathan versprochen, dass er ihre Verletzungen heilen würde. Adriana ist es immer noch ein Rätsel, wie der Gringo die bunten Symbole interpretiert, die sich in schneller Folge auf der Haut des riesigen Wesens bilden, doch er scheint sich da absolut sicher zu sein.

»Nun komm doch, It-ti. Der Leviathan wird dir helfen!«

Die Motte macht einen zaghaften Hüpfer. Sie schafft es nicht, sich in die Luft zu erheben, aber auch hüpfend kommt sie vorwärts. Immerhin hat sie sich bereits auf das Floß der CIA-Leute getraut. Nun soll sie auf den Rücken des Leviathans wechseln, der – wie Tyler es versprochen hat – dazu extra aufgetaucht ist.

»Noch ein Stück«, sagt Diego. »Bitte, It-ti.«

Der nächste Hüpfer, und noch einer. Adriana folgt dem seltsamen Paar. Der Rücken des Leviathans ist erstaunlich hart, aber glitschig, etwa wie eine Betonstufe, die die meiste Zeit vom Flusswasser überspült wird. Aber sollte sie stürzen, wird sie deshalb nicht gleich in den Ozean fallen. Dafür ist der Rücken viel zu breit.

»Noch ein Hüpfer, It-ti. Ja, das machst du sehr gut«, sagt Diego.

Er geht mit dem Wesen um wie mit einem Hund. Dabei ist es vermutlich intelligenter als ein Mensch. Allerdings spricht die Motte nicht mehr. Vermutlich liegt das auch an den Verletzungen.

»Noch ein bisschen, It-ti. Ist es noch weit, Tyler?«

»Ihr sollt an den Fuß dieser Flosse kommen«, sagt Tyler und zeigt auf ein dreieckiges Gebilde, das eher an eine seltsame Hecke erinnert als an eine Flosse.

»Okay, siehst du das, It-ti? Wenn du es bis zu mir schaffst, bist du erlöst.«

Hoffentlich verwirklicht sich Diegos Prognose nicht wortwörtlich. Der Leviathan muss doch einen tiefen Groll gegen die Luftwesen hegen? El Flaco hat sie bloß verraten, aber nicht ihre Verwandten umgebracht, und trotzdem wird sie nie wieder ein Wort mit ihm reden.

»Das ist sehr gut«, sagt Tyler. »Jetzt soll sie sich bitte auf den Boden legen.«

Diego setzt sich, und die Motte lässt sich neben ihm nieder. Ihr Auge ist zu zwei Dritteln von einem Flügel verdeckt.

»Sie sieht so harmlos aus. Und sie hat wirklich mehrere Leute getötet?«, fragt Tyler.

Adriana hat ihm vorhin von ihren Erlebnissen berichtet. Sie nickt. »Sie hat unglaublich viel Kraft in den Flügeln. Hättest du vermutlich auch, wenn du dich damit den ganzen Tag in der Luft halten müsstest.«

»Was passiert nun?«, fragt Diego.

»Sie muss Geduld haben. Vor allem nicht erschrecken vor dem, was nun passiert.«

»Was passiert denn, Tyler?«

»Ich habe keine Ahnung. Bisher war ich nicht Zeuge beim Heilen einer Motte.«

»Bleib ganz ruhig, It-ti«, sagt Diego. »Es ist alles zu deinem Besten.«

Aus dem Boden um die Motte herum sprießen grüne Fäden. Sie wachsen und wachsen und legen sich dabei zart um die Motte, bis sie auf allen Seiten wie von einem Netz eingesponnen ist.

»Und das soll helfen?«, fragt Adriana.

»Pssst«, sagt Tyler.

Die Fäden verstärken sich weiter. Als die Motte bemerkt, dass sie gefangen ist, wehrt sie sich. Sie zuckt. Adriana beißt sich auf die Lippe.

»Es tut ihr weh«, sagt Diego. »Hör lieber auf.«

»Ich steuere das nicht«, sagt Tyler. »Vertrau dem Leviathan. Er bekommt das schon hin. Operationen sind nicht immer angenehm. Das kennst du doch vom Zahnarzt.«

Zahnarzt? Das konnten sie sich früher nicht leisten, deshalb hat Diego damit wenig Erfahrung. Adriana steht auf, geht zu ihm und legt ihm den Arm um die Schultern.

»Tyler hat recht. Der Leviathan vollbringt Wunder.«

Zumindest aus menschlicher Sicht. Die Wesen hier haben Biologie und Biotechnik gründlicher gemeistert als die Menschen all ihre Technologien. Das sieht dann nach einem Wunder aus.

Diego seufzt. Adriana versteht das. Es ist schwer, Geduld zu haben, wenn ein Freund sichtbar leidet.

»It-ti! Timi!«, ruft die Motte, als sich die letzte Schale über ihr öffnet.

»He, sie spricht wieder!«, ruft Diego, geht zu ihr und streicht über einen der Flügel.

Adriana freut sich, ihren Bruder so fröhlich zu sehen. Er scheint noch nicht realisiert zu haben, dass damit auch der Zeitpunkt naht, an dem sie Abschied nehmen müssen. Die Motte wird auf ihren Planeten zurückkehren. Zumindest, wenn es ihnen gelingt, mit Hilfe des Leviathan einen Weg zu finden. Das ist der nächste Schritt.

»Tyler? Hast du eine Minute für mich?«, fragt sie möglichst beiläufig, denn sie will nicht, dass Diego aufmerkt.

Zumindest das gelingt ihr, dank der Motte, die jeden einzelnen ihrer Flügel aufspannt und damit Diego eine kleine Show liefert. Es ist beeindruckend, wie gut die Behandlung durch den Leviathan gewirkt hat. Wo vorhin noch Löcher klafften, glänzt das Material bloß noch ein bisschen.

Tyler winkt sie zu sich, und nebeneinander laufen sie zum Bug des Leviathan. Zu seinem Kopf, korrigiert sich Adriana in Gedanken.

»Geht es um die Motte?«, fragt Tyler.

»Indirekt. Das Portal auf ihrer Heimatwelt – ich habe es nicht fertiggebracht, es zu schließen. Die Flugwesen werden immer wieder auf Xibalbá erscheinen, um Leviathane zu jagen. Ich hätte es beenden können, aber …« Sie seufzt und verschränkt die Arme vor der Brust. »Ich habe geglaubt, Diego nicht alleinlassen zu können!«

Eigentlich glaubt sie das immer noch, obwohl sie es besser wissen müsste. Wie er das alles hinbekommen hat … Gemeinsam mit der Motte hat er sie aus dem Gefängnis befreit! Diego ist erwachsener, als sie glaubt. Er ist längst nicht mehr der kleine, naive Bruder, der jedem Schmetterling hinterherjagt. Sie betrachtet ihn, wie er die Kunststücke der Motte bewundert. Hm, vielleicht ist er doch nicht so reif. Sie schluckt. Es spielt auch keine Rolle. Wenn die Existenz eines ganzen Planeten auf dem Spiel steht, muss sie einfach handeln.

»Ich hätte es an deiner Stelle auch nicht geschafft«, sagt Tyler. »Ärgere dich nicht. Wir sind am Ende alle nur Menschen.«

Er legt ihr den Arm um die Schulter. Für einen Moment erscheint er ihr als Mann, nicht nur als Freund. Vermutlich könnte sie sich in ihn verlieben. Aber sie kommen aus Welten, die so verschieden sind wie die des Leviathan und der Motte.

Das hätte keine Zukunft. Sie will nicht bloß jemandes Anhängsel sein. Und wer sagt denn, dass Tyler überhaupt Interesse an ihr hätte? Sein Freund Eddi schwärmt gern von seiner Fatima, aber Drake hat womöglich an Frauen gar kein Interesse. Aber das ist ja auch seine Sache.

»Wir müssen einen Weg finden, das Portal zur Welt der Flugwesen zu erreichen«, unterbricht Tyler ihre Gedanken.

»Äh, ja. Darüber wollte ich mit dir sprechen. Meinst du, der Leviathan kann uns helfen? Bei seiner enormen Größe …«

»Er kann dich nicht über hundert Meter in die Höhe werfen, wenn du das meinst«, sagt Tyler.

»Ja, das hatte ich gehofft.«

Es war wohl eine naive Vorstellung. Aber das Lebenselement des Leviathan ist nun einmal das Wasser. Außerhalb dieses Mediums trocknet er vermutlich schnell ein.

»Komm noch ein Stück nach vorn«, sagt Tyler.

»Wieso?«

Adriana ist verwirrt. Sie stehen gerade etwa am höchsten Punkt des Leviathan, der so ruhig durch die meterhohen Wellen gleitet, als gäbe es sie gar nicht. Vor ihnen führt eine flache Rampe nach unten ins Wasser, die mit faustgroßen, pockenartigen Auswüchsen besetzt ist. In ihrer Mitte ist eine etwa zwei Meter durchmessende, freie Fläche zu sehen.

»Setz dich«, sagt Tyler, ohne ihre Frage zu beantworten.

»Hier?« Sie zeigt nach unten. »Ich will ihm nicht wehtun.« Die Auswüchse sehen empfindlich aus.

»Keine Sorge. Das sind optische Organe.«

»Augen?« Sie tritt einen Schritt zurück.

»Nein, damit kann man sie nicht vergleichen. Sie erzeugen kein Bild der Umgebung, dafür ist ihre Auflösung viel zu gering, sondern nehmen Muster wahr. So habe ich es mir jedenfalls erklärt.«

»Bist du Biologe?«

»Nein, ich hatte aber genug Zeit, darüber nachzudenken, und der Leviathan hat mir in seiner Sprache Hinweise gegeben. Diese Auswüchse enthalten chlorophyllartige Stoffe, die in mehreren Wellenlängen empfindlich sind. So können sie wohl Farben auseinanderhalten.«

Tyler greift in die Zubehörtasche seines Anzugs und nimmt etwas heraus, dessen Funktion Adriana erst errät, als er damit Farben erzeugt. Mit verschlungenen Bewegungen führt er eine Art Tanz auf, und plötzlich reagiert der Leviathan: Auf der scheinbar leeren Fläche leuchtet ein Symbol.

»Das heißt ›Freund‹ oder ›Familie‹«, erklärt Tyler. »Diese beiden Wörter sind hier wohl Synonyme.«

Drake beginnt eine neue Sequenz. Es sieht aus, als teste er eine spezielle Yoga-Technik. Auch diesmal antwortet der Leviathan mit einem Symbol. Es scheint nicht figürlicher Art zu sein. Die Wesen kommunizieren also in einer eigenen Bildsprache.

»Das bedeutet ›Unbekannter‹, und weißt du, was das Spannende daran ist?«

Tyler grinst. Er scheint Spaß daran zu haben, Wissen zu vermitteln. Sie könnte ihn sich gut als Lehrer vorstellen. Adriana schüttelt den Kopf.

»Dasselbe Symbol benutzen sie für ›neuer Freund‹. Verstehst du? Jeder Unbekannte …«

Sie nickt. Jeder Unbekannte ist ein potenzieller Freund. Die Leviathane sind echte Optimisten.

»Natürlich verstehst du. Entschuldige, ich habe manchmal die unangenehme Angewohnheit, alle anderen für dumm zu halten. Aber das bist du natürlich nicht. Im Gegenteil, du bist ziemlich klug.«

Adriana wird warm im Gesicht. Männer betonen gern ihre gute Figur oder die langen Haare, die sie ihrer Mutter zu verdanken hat. Aber ihre Intelligenz bemerken die wenigsten.

»Ich …« Sie muss das Thema wechseln. »Und wie hilft uns das bei unserem Problem?«

Tyler nickt, dann bewegt er erneut Arme und Beine. Es sieht wirklich lustig aus. Woher weiß er wohl, was die Symbole bedeuten? Haben es ihm die Würmer verraten? Die Antwort erscheint schnell. Adriana versucht, ihre Bedeutung zu erraten: Es handelt sich um eine wellenartige Struktur, an deren Spitze ein Knopf angebracht ist.

»Das ist interessant«, sagt Tyler. »Dieses Symbol ist figürlich. So etwas benutzen sie bloß, wenn sie …«

»… etwas ausdrücken wollen, für das sie kein abstraktes Zeichen besitzen«, unterbricht sie Tyler. Irgendwie hat Adriana das Bedürfnis, ihn mit ihrer Intelligenz zu beeindrucken.

Weitere Symbole erscheinen, die wohl abstrakter Natur sind.

»Diese Welle …«, sagt Tyler.

»Es ist die Gezeitenwelle, stimmt's?«

Er nickt.

»Und der Knopf an der Spitze?«, fragt sie.

»Das bist du.«

»Ich?«

»Ja, das war sehr spezifisch. Du hast hier einen eigenen Namen. Das hat mich auch überrascht.«

»Einen Namen?« Ihr läuft ein Schauer über den Rücken. Die Leviathane halten sie für wichtig genug, um ihr einen Namen zu geben?

»Ja, eine Zusammensetzung. Sie nennen dich ›Tochter der Verlorenen‹, wenn ich die Symbolkombination richtig übersetze.«

Tochter der Verlorenen – das muss sich auf ihre Mutter beziehen. Tränen schießen ihr in die Augen. Sie schluckt und wischt sie weg. Die Verlorene. Das trifft es wohl ziemlich gut. Plötzlich fällt ihr etwas auf, das ihr bei den Gedanken an ihre Mutter unwichtig erschienen war.

»Wieso sitzt mein Symbol auf der Spitze der Welle?«

Vermutlich hat sich Tyler geirrt. Das ist eine ganz normale Welle, auf der sie sich da bewegt.

»Ich muss noch nach den Details fragen. Aber für mich ergibt es Sinn«, sagt Tyler. »Die Welle ist so hoch, dass sie das Tor in die Welt der Luftwesen überflutet. Wenn jemand auf ihrem Kamm reitet und dann im richtigen Moment abspringt, müsste das Tor zu erreichen sein.«

Tyler führt mit seinen Lichtern neue Bewegungen aus. Sie beobachtet ihn gebannt. Was geht hier gerade vor, und gefällt ihr das? Sie wäre gerade doch lieber wieder ein kleiner Tauchguide aus Puerto Aventuras und nicht die Tochter der Verlorenen, die auf einer Riesenwelle reitend die Welt rettet.

Der Leviathan antwortet mit einer solchen Flut an Symbolen, dass ihn Tyler anscheinend mit ein paar schnellen Bewegungen unterbrechen muss. Adriana schweigt, um ihn nicht zu stören.

»So, ich glaube, ich habe es jetzt verstanden«, sagt Tyler.

»Was ist der Plan?«

»Der Leviathan gebärt uns ein kleines Schiff. Es wird in der Lage sein, auf dem Kamm der Gezeitenwelle zu schwimmen und sich im entscheidenden Moment so zu lösen, dass es die Plattform mit dem Tor erreicht.«

Uff. Adriana erinnert sich, wie sie die Welle nur dank Bobby überlebt hat, dem Panzertauchanzug. Und nun soll sie auf ihrem Kamm surfen? Und die Motte? Sie reagiert sehr empfindlich auf das Wasser.

»Das klingt zu fantastisch, um es Realität werden zu lassen«, sagt sie vorsichtig.

»Oh, der Leviathan ist schon dabei.«

Im selben Moment spürt Adriana eine tiefe Vibration, die sich über den Rücken des Wesens ausbreitet.

»Aber die Motte? Hat er auch an sie gedacht?«

Tyler nickt. »Die Passagiere werden gut geschützt sein, in einer Gelhülle, die sie auch vor dem harten Aufprall auf der Plattform schützt.«

»Und dann?«

»Dann stirbt das Schiff, öffnet sich dadurch und die Passagiere klettern heraus.«

»Es … stirbt?«

Tyler zuckt die Schultern. »Es ist organisch. Organische Wesen gehen nicht kaputt, sie sterben. Keine Sorge, diese Welt hier kann auf etwas Biomasse verzichten.«

»Ich …« Adriana seufzt. »Allein so ein Schiff zu steuern, kommt mir schon wie eine übermenschliche Aufgabe vor.«

»Keine Sorge. Der Gezeitenwellensurfer steuert sich selbst. Er hat eine feste Aufgabe, die er unter allen Umständen erfüllen wird.«

Gezeitenwellensurfer, ein schönes Wort. Adriana stellt sich vor, wie sie einsteigt. Wie hat es Tyler beschrieben? Die Gelhülle wird sich um sie legen. Sie wird das Gefühl haben, keine Luft mehr zu bekommen. Die Motte wird ängstlich nach ihr rufen. Ob sie das alles hinbekommt?

»Das ist … großartig«, sagt sie. »Wann geht es los?«

Tyler furcht die Stirn und sieht zum Himmel. Sie folgt seinem Blick. Die rote Sonne steht kurz davor, eine Schleife zu ziehen, ein Phänomen, das durch die Rotation von Xibalbá um seinen Planeten entsteht.

»Wenn sie die kleine Schleife beendet hat, wird die Gezeitenwelle eintreffen«, sagt Tyler.

Damit hat sie noch ungefähr eine Stunde. Adriana schluckt. Sie muss sich von Diego verabschieden. Das wird schwer, und es besteht die Gefahr, dass ihr Bruder es nicht akzeptiert. Dass er ihr sogar folgt und damit sein Leben aufs Spiel setzt. Das darf unter keinen Umständen passieren.

»Darf ich dich um etwas bitten, Tyler?«

Tyler nickt. »Klar.«

»Sprich mit niemandem über diesen Plan.«

»Wie soll das funktionieren? Die anderen werden wissen wollen, was wir vorhaben.«

»Ich weiß nicht. Hauptsache, Diego erfährt nicht, dass ich … Du weißt schon. Er wird es nicht akzeptieren und sich selbst in Gefahr bringen.«

»Oh.« Tyler grinst, wobei sein Lächeln aufgesetzt wirkt, als fürchte er sich. »Da besteht keine Gefahr.«

»Wie meinst du das? Du hast Diego doch selbst erlebt.«

Wieder laufen Schwingungen über den Rücken des Leviathan. Adriana muss sich breitbeinig hinstellen, um nicht zu stürzen.

»Ich werde an Bord des Gezeitenwellensurfers gehen«, sagt Tyler. »Ich dachte, das wäre sowieso klar.«

»Du? Aber ich habe den Fehler gemacht. Ich hätte beim letzten Mal …«

»Das war kein Fehler. Du hast Familie, genau wie mein Freund Eddi oder dein George, und sogar wie El Flaco. Ich bin allein. Niemand wird mich auf der Erde vermissen.«

»Aber Tyler, du …«

Adriana kann nicht anders. Sie umarmt den reichen Abenteurer, der ihr zum Freund geworden ist. Es ist pure Dankbarkeit, die nun feucht aus ihren Augen quillt. Sie muss Diego nicht im Stich lassen! Der Stein, der ihr vom Herzen fällt, ist gigantisch.

»Es ist gut so, Adriana. Das ist mein Leben. Ich wollte schon immer vor allem Abenteuer erleben. Xibalbá hat mir das gegeben, und hinter dem Tor wartet eine ganz neue Welt auf mich.«

Der Leviathan schüttelt sich. Adriana kniet sich sicherheitshalber hin.

»Wie willst du denn dort überleben?«

»Wir haben genügend Nahrung für die erste Zeit, dazu Werkzeuge und Waffen, da bin ich optimistisch. Die Motte ist auf der Erde nicht verhungert, also sind die Kohlenhydrate und Eiweiße kompatibel. Ich werde mir etwas suchen, das schmeckt.«

Eine heftige Bewegung des Untergrunds wirft sie beinahe um. Von hinten sind Rufe zu hören. Tyler zieht sie hoch. Gemeinsam laufen sie zum Schwanz des Leviathan. Dort warten die anderen und starren auf eine rundliche Öffnung im Gewebe des Wesens.

»Ist es krank?«, fragt Diego. »Was passiert da?«

»Der Leviathan gebärt«, sagt Tyler.

»Er bekommt Kinder? Kleine Leviathane?«, fragt Diego.

»Nein, er schenkt uns eine Art Schiff, mit dessen Hilfe ich das Tor zur Welt der Luftwesen schließen werde.«

»Wann?«

»Jetzt. In einer knappen Stunde erreicht uns die Gezeiten-welle. Ich werde sie reiten.«

»Wow, das klingt cool. Kann ich mitkommen?«

Tyler lacht. »Das kannst du deiner Schwester nicht antun. Aber im Ernst, es ist nur Platz für die Motte und mich. Du wirst gebraucht, um alle anderen Menschen von hier wieder sicher auf die andere Seite zu bringen.«

Xibalbá, 4. Juli 2045

WÄHREND SIE MIT DEN WASSERSCOOTERN UNTER DER Gezeitenwelle hindurchtauchen, angeführt vom Leviathan, treten Eddi Tränen in die Augen. Zum Glück trägt er eine Maske und niemand wird sie sehen.

Er kann immer noch nicht fassen, dass Tyler sich opfert, um das Tor der Luftwesen zu schließen. Sein Leben für Xibalbá.

Es ist reiner Wahnsinn! Eddi muss an seine Fatima zu Hause denken und ist froh, dass er das Tor nicht schließen muss. Allein in deren Welt zurückzubleiben ... Schon die Vorstellung bereitet ihm eine Gänsehaut. Allerdings hat Tyler niemanden, auf den er Rücksicht nehmen muss. Niemand wartet auf der Erde auf ihn. Außerdem ist er Abenteurer durch und durch. Vielleicht zu sehr Abenteurer für eine so gut erforschte Welt wie die Erde.

Vermutlich ist es für Tyler genau die richtige Entscheidung. Trotzdem fühlt es sich mehr als komisch an, ohne ihn unter der Gezeitenwand Richtung Tor zu tauchen.

Eddi blinzelt die Tränen weg. Vor ihm ist die Rückenflosse des Leviathan zu sehen, angestrahlt von den Lichtern der Scooter. Träge schlägt sie hin und her.

Außerdem sind die seltsamen Seilstränge zu sehen, die wie

gewebte Lianen aus dem Leviathan entspringen und ihre Scooter führen.

Der Leviathan wird sie sicher zum Tor bringen. Und er weiß auch, wann er die Gezeitenwand durchtaucht hat. Wie lange es wohl noch dauern wird?

Eddi könnte es egal sein. Zum dritten Mal hat er die Abenteuer Xibalbás überstanden und befindet sich auf dem Rückweg. Sie müssen nur noch das Portal erreichen und dann hindurchschreiten, aber mit der Hilfe des Leviathan sollte es kein Problem geben.

Er kann also ganz entspannt sein, und trotzdem kann er es kaum erwarten. Er will jetzt endlich zurück, zurück auf die Erde und zurück zu Fatima.

Sie haben mit den Tauchguides den Deal vereinbart, dass ihnen freies Geleit sicher ist. Benjamin hat dem zugestimmt, auch wenn fraglich ist, ob er diese Entscheidung überhaupt treffen kann. Aber immerhin haben sie Verbündete, die dafür sorgen werden, dass sie verschwinden können und nicht wieder direkt in Gefangenschaft geraten.

Früher hätte Eddi einer solchen Abmachung nicht getraut, aber dieses Mal spürt er eine tiefe Überzeugung, dass es so kommen wird. Ihm soll es recht sein. Jedes Problem, das aus der Welt geschafft ist, ist nicht mehr zu überwinden.

Noch einmal denkt er kurz an Tyler und wieder kommen ihm Tränen. Aber nur kurz, dann konzentriert er sich auf das, was auf ihn wartet: seine Fatima.

Nach einer gefühlten Ewigkeit taucht der Leviathan endlich auf. Eddi sieht es an den Tiefenmessgeräten des Scooters; sie steigen langsam in die Höhe.

Schließlich schimmert der rote Himmel Xibalbás über ihnen und sie stoßen durch die Oberfläche. Eddi zieht sich sofort die Maske vom Kopf und sieht sich um. Vor ihnen liegt in wenigen Metern Entfernung die Insel mit dem Tor.

Grinsend schüttelt er den Kopf.

Zum dritten Mal ist er nun hier und irgendwie fühlt es sich surreal an, in einem endlosen Ozean abermals die Insel erreicht zu haben. Er wendet sich zu den anderen um, die ebenfalls auftauchen. Juan, Adriana, Diego und die vier Taucher.

Für Letztere ist die Insel neu und er erklärt ihnen in Kürze, dass sie an Land gehen müssen. Sie beschließen, die Scooter einfach zurückzulassen. Sie wissen nicht, was passiert, wenn sie mit den Scootern in das Loch des Übergangs springen. Würden sie mit ihnen kollidieren? Würden sie sie überhaupt mitnehmen?

Sie haben immer noch keine Ahnung, wie das Portal überhaupt funktioniert, daher lassen sie sie einfach zurück. Die CIA wird es verkraften können, und die nächste Gezeitenwand wird sie davonspülen. Eddi hofft, dass die Wasserwesen ihnen den Müll nicht übel nehmen werden.

Nacheinander steigen sie also aus dem Ozean auf die schwarze Insel mit dem Hügel in der Mitte. El Flaco folgt direkt den Tauchern und führt die Gruppe zum eigentlichen Tor an. Seit Adriana und Diego zu ihnen gestoßen sind, ist er schweigsam geworden. Eddi ist gespannt, wie sich die Geschichte mit ihnen entwickeln wird, aber andererseits ist es nicht sein Bier. Sollen die Mexikaner das untereinander ausmachen.

Schließlich steigt auch Adriana aus dem Wasser. Sie reicht Diego die Hand. Der sieht sich noch mal nach dem Leviathan um, der neben der Insel im Wasser dümpelt, hebt die Hand zum Gruß und lässt sich dann von seiner Schwester an Land ziehen.

Nur noch Eddi befindet sich im Wasser. Er weiß auch nicht, warum er keine Anstalten macht, hinauszuklettern, aber es ist ein Bauchgefühl, das ihm zuflüstert, noch kurz zu bleiben.

»Kommst du?«, fragt Adriana.

»Sofort! Gib mir noch einen Augenblick.« Er nickt ihr zu, bevor er sich dem Leviathan zuwendet.

Ja, der Leviathan.

Eddi nimmt einen tiefen Atemzug, dann schwimmt er mit kräftigen Brustzügen zu dem riesigen Vieh im Wasser.

Das rührt sich kaum, dümpelt träge dahin. Die Tentakel, die sie gezogen haben, sind verschwunden, wieder zurückgekehrt in das Innere des Körpers. Wie das wohl funktioniert?

Eddi hätte es gern gewusst und muss an einen jahrzehntealten Film denken, in dem eine seltsame Biomasse aus dem All einen Typen befällt, der sich dann auch so seltsame Tentakel wachsen lassen kann. Das wäre eine nette Eigenschaft. Aber dann denkt Eddi wieder an Tyler und die Würmer in seinem Gesicht und ist doch froh, nichts von Xibalbá mitzunehmen als seine Erinnerungen.

Vor dem Leviathan stoppt er im Wasser und sagt dümmlich: »Es ist wohl Zeit, um Abschied zu nehmen.«

Ein blaues Funkeln wandert über die Außenhaut.

Eddi lächelt. »Ich habe keine Ahnung, was du da sagst. Ich verstehe dich nicht. Das konnte nur unser gemeinsamer Freund Tyler.«

Wieder das Glitzern. Es wirkt wie eine Zustimmung.

Eddi nickt. »Ja, gemeinsamer Freund.« Dabei legt er seine Hand auf den Kopf des Leviathan. Er spürt die glitschige Haut und die Wärme darunter.

Dann passiert etwas Seltsames. Aus der Haut des Leviathan bildet sich eine Delle. Sie drückt gegen seine Hand und seine Finger. Im nächsten Moment wird die Haut weich wie Knetgummi und es wachsen Formen hervor.

Eddi ist im ersten Moment überrascht, aber er zieht die Hand nicht weg. Vielleicht ist es ein Abschiedsritual, eine Art Geste.

Erstaunt und fasziniert zugleich betrachtet er, wie sich die Ausbuchtungen zu etwas formen, das fünf Finger hat. Eine Hand. Sie wirkt sehr menschlich, was ihm einen Schauer über den Rücken laufen lässt.

Aber es ist keine Hand aus der Hölle und auch keine menschliche, und sie will ihn auch nicht festhalten, sondern es sind einfach fünf Finger, die sich mit seinen verschränken.

Ein Gruß unter Freunden.

Eddi kommen wieder die Tränen, während er die seltsame Hand des Leviathan hält.

»Gute Freunde«, sagt er abermals. »Gute Freunde!« Dann löst er seine Finger und schwimmt mit kräftigen Zügen zurück zur Insel. Dort klettert er über den Rand und schiebt sich auf die Felsen. Die sind kantig und glitschig und erfordern seine volle Konzentration.

Als er das Ufer endlich erklommen hat, ist der Leviathan verschwunden. Einzig ein paar schäumende Strudel zeugen noch davon, wo ihr gemeinsamer Freund in die Tiefen abgetaucht ist.

ADRIANA MUSTERT IHN NEUGIERIG, ALS ER ZU DEN ANDEREN AN den Rand des Tors tritt. »Was war das noch?«, will sie wissen.

Eddi zuckt mit den Schultern. »Eine Art Verabschiedung.«

»Okay. Irgendetwas erfahren?« *Von Tyler?*

Eddi schüttelt den Kopf. »Es war einfach nur eine Geste, wie unter Freunden. Nonverbal, würde Tyler sagen.«

Adriana schürzt die Lippen und nickt. »Na, dann können wir, oder?«

»Ja.«

Gemeinsam gehen sie die letzten Meter zu den anderen. Dort stehen sie im Kreis, nicken sich zu und betrachten neugierig das Tor. Besonders die Taucher, die nicht verstehen, wie sie über einen leeren Brunnenschacht zurück zur Erde kommen sollen.

»Okay«, sagt Adriana, »es läuft wie folgt: Ich werde das Tor aktivieren und dann werden alle nacheinander hineingehen. Denkt daran, eure Masken *vorher* aufzusetzen und die Luftzufuhr einzuschalten. Wir werden in der Cenote erscheinen. Verstanden?«

Die Männer nicken und beginnen mit den Vorbereitungen. Eddi verfolgt, wie Adriana derweil um die niedrige Ummauerung herumtritt und vor den zwei glühenden Strängen, die aus dem Meer zum Portal führen, in die Knie sinkt. Kurz mustert sie die glimmende Biomasse, dann hantiert sie daran herum.

Tyler hat ihr verraten, was sie tun muss, aber es sieht recht wild aus. Eddi hofft, dass sie es richtig macht, aber auch in diesem Punkt spürt er eine Art Urvertrauen.

Dann hört er ein seltsames Knistern, als sich die schwarze Sphäre aus dem Brunnen aufbläht. Die Taucher rufen vor Erstaunen und treten zurück, aber als sie sehen, dass sich der Ballon einfach nur aufgebläht hat, treten sie wieder näher.

»Das also ist das Tor?«, fragt einer.

Adriana nickt. »Es bringt uns zuverlässig zurück.«

»Sind Sie da sicher?«

»Ja. Es hat uns schon zweimal hinübergebracht, also wird es auch ein drittes Mal klappen.«

Benjamin will mit den Fingern durch die ölig-schwarze Oberfläche streichen, doch Diego zischt: »Das würde ich nicht tun!«

Der Tauchguide zuckt zurück. »Warum? Ich dachte, wir sollen ...«

»Hineinspringen. Im Ganzen! Wir haben keine Ahnung, was passiert, wenn man nur einen Finger hineinhält. Nicht, dass er dir abgeschnitten wird.«

Diego sagt es so ernst, dass der Tauchguide erschaudert und argwöhnisch das Tor betrachtet.

Eddi hätte beinahe laut gelacht, aber er verkneift es sich. Schmunzeln muss er aber dann doch, als der gestandene Kampftaucher der Marines eine bittende Geste zu Diego, dem Jungspund, macht und meint: »Möchtest du es uns vormachen?«

Der junge Mexikaner reckt die Brust raus. »Aber klar! Sind alle bereit?«

Alle nicken, auch seine Schwester, die überraschenderweise keinen Kommentar dazu abgibt, dass ihr Bruder als Erster gehen will. Vermutlich ist es ihr sogar ganz recht, damit er nicht wieder abhaut.

Hat Diego aber diesmal wohl nicht vor. Er zieht sich die

Maske über, aktiviert den Sauerstoff, tritt auf den Rand des Brunnens, hebt den Daumen und lässt sich einfach nach vorn in die Sphäre fallen. Es blitzt kurz auf, ein Knistern ertönt, dann ist er verschwunden.

Als Nächster tritt El Flaco vor. Er sagt kein Wort. Die Maske hat er bereits auf. Auch er lässt sich in den Schacht fallen und verschwindet.

Dann folgen die vier Taucher, sichtlich gefordert und noch nicht so überzeugt. Aber wenn es ein Jugendlicher schafft, können sie das auch.

Einer nach dem anderen verschwindet also im Tor. Bei einem hört man einen entzückten Schrei, der schnell verklingt.

Zurück bleiben Eddi und Adriana. Sie nickt ihm zu, er ihr. »Dann gehe ich mal«, sagt er leise.

»Tu das! Ich stelle danach den Modus um und werde das Tor für einen allerletzten Durchgang nutzen und für immer verschließen.«

Eddi ist plötzlich ganz heiß. »Für immer«, sagt er und blickt noch einmal in die Ferne zum roten Himmel, dem schwarzen Horizont und schließlich hoch zum saturnähnlichen Planeten, der über ihnen am Himmel steht.

»Für immer«, sagt er, und: »Goodbye.«

Dann zieht er sich die Maske über, dreht die Sauerstoffzufuhr auf und stürzt sich ein letztes Mal in die Dunkelheit.

Xibalbá, 4. Juli 2045

ADRIANA GREIFT IN IHRE BAUCHTASCHE UND TASTET DARIN herum. Da ist es! Sie nimmt das Kettchen heraus. Der kunstvoll verzierte Anhänger ist etwa fünf Zentimeter lang und mit einem Namen versehen. Sie erkennt ihn, ohne das Schmuckstück anzusehen. Floriana, ihrer Mutter, hat es gehört. Diego hat es ihr noch auf dem Leviathan übergeben. *Du weißt besser, wohin es gehört*, hat er dazu gesagt.

Sie hatte es ihm zunächst zurückgeben wollen. Diego hat immer so unter der Abwesenheit seiner Mutter gelitten. *Du brauchst es doch*, hatte sie gesagt, aber er hatte nur gelacht und ihre Hand zur Faust verschlossen. *Sie ist tot. Wir leben.*

Das stimmt allerdings. Und dank Tylers Opfer werden sie die kommenden Jahre sogar gemeinsam verbringen können. Zumindest, bis ihr Bruder mal irgendwann eine eigene Familie gründet. Hoffentlich lässt er sich damit Zeit.

Adriana nimmt das Kettchen, holt weit aus und wirft es in den Ozean, der nach dem Durchgang der Gezeitenwelle immer noch aufgewühlt ist. Das Andenken gehört hierher. Floriana hat so lange gelebt, dass die Leviathane ihr sogar einen Namen gegeben haben, ein Symbol. Die Verlorene. Vielleicht war sie das. Wahrscheinlich. Aber Adriana ist mehr als nur die Tochter der Verlorenen. Ihre Mutter hat ihre

Vergangenheit definiert. Sie wird nicht ihre Zukunft bestimmen.

Sie kniet sich vor die Mauer und drückt gegen das Päckchen mit der lebhaft lumineszierenden Biomasse, das ihr der Leviathan übergeben hat. Es wird wissen, was zu tun ist. Der Leviathan hatte sich nur kryptisch geäußert. *Das Ende des Blutes. Der Anfang der Information.*

Was immer das bedeuten soll. Hauptsache, das Tor öffnet sich nicht mehr, nur weil jemand dort Blut vergießt. Eigentlich ist das doch eine schöne Entwicklung. Das Blutvergießen ist beendet. *Haha, da kennst du die Menschen aber schlecht,* würde jetzt vielleicht Eddi sagen. Hoffentlich ist er gut auf der anderen Seite angekommen. Es ist auch für sie an der Zeit. Diego wartet bestimmt schon.

Adriana dreht sich ein letztes Mal um. Die Sonne hat ihre Schleife am blutroten Himmel beendet. Xibalbá war diesmal netter zu ihnen. Kein Sturm hat sie gebeutelt. Da, war das ein Blinken, in der Tiefe des Ozeans? Adriana wischt sich eine Träne aus dem Augenwinkel, tastet nach hinten, steigt auf die Umrandung des Tors und lässt sich dann mit offenen Augen rückwärts in die Tiefe fallen.

Das Letzte, was sie sieht, ist ein besonders heller Stern. Vielleicht umkreist ihn der Planet, von dem die Motten kommen. Bestimmt. Er kann nur wenige Lichtjahre entfernt sein, und seine Bewohner verfügen über Raumschiffe. Tyler wird einen Weg zurück finden.

Xibalbá, 4. Juli 2045

TYLERS HERZ POCHT SCHNELL. ER SITZT HALB KAUERND IM Gezeitenwellensurfer und hält sich an der Gelhülle fest. Unter ihm sind seine Vorräte in einer flexiblen Hülle verstaut, die sie von der Erde mitgebracht haben. Es sind energiereiche Lebensmittel, Wasserfilter, Werkzeuge und sogar eine Waffe – eine Grundausstattung, mit der er hoffentlich auf der anderen Seite überleben wird.

Tyler ist jedoch zuversichtlich. Es hat sich richtig angefühlt, als er Adriana sagte, dass es sein Leben ist. Das Abenteuer.

Das stimmt auch. Und erst dieser Ritt!

Der Gezeitenwellensurfer erklimmt immer noch die Welle, reitet sie Stück für Stück weiter nach oben. Die rotierenden Flossen an seiner Unterseite sehen aus wie die Beine eines Tausendfüßlers, der eine Wand hochkrabbelt. Wie schnell sie sich wohl bewegen? Tyler kann es gar nicht abschätzen.

Es ist auch seltsam, diese enge Hülle mit der Motte zu teilen. Sie hat sich ebenfalls zusammengekauert, die Flügel um den Körper geschlungen und zittert. Womöglich hat sie Angst. Tyler kann es ihr nicht verdenken. Es muss für sie noch verrückter sein als für ihn, da er mit dem Leviathan kommuniziert und den Plan ersonnen hat. Vielleicht ist die Motte auch noch benommen von der Heilaktion.

Tyler soll es recht sein, dass er sich jetzt nicht auch noch mit der Motte auseinandersetzen muss. Ihm reichen seine eigenen Gedanken.

Bei der Erinnerung an den Abschied wird ihm ganz mulmig. Er denkt an die Umarmung mit Eddi, den Handschlag mit Diego, das feuchte Glitzern in Adrianas Augen, das unterkühlte Nicken gegenüber El Flaco und die Abschiedsworte zu den Tauchern. Dann hat er keine Zeit mehr verloren – schnell rein in den Gezeitensurfer, ein letztes: »Wir sehen uns!«, und dann hat sich schon die Hülle geschlossen.

Noch berührender war für ihn allerdings der Abschied von Diego und der Motte. Die beiden haben wohl eine innige Verbindung aufgebaut. Es ist interessant, dass es zwischen außerirdischen Spezies doch so etwas wie Freundschaft geben kann und nicht nur Krieg und Tod, wie Filme immer suggerieren.

Ein Vibrieren geht durch den Gezeitenwellensurfer und Tyler blickt hinaus durch die Gelhülle. Er sieht alles verschwommen, aber er erkennt, dass sie immer noch steigen. Die Gezeitenwelle schwillt weiter an, und sie klettern Stück für Stück empor.

»Es kann noch ein bisschen ruppig werden«, sagt er zur Motte.

Die gibt ein seltsam hohles Geräusch von sich, das für Tyler nach einem: »Ich ertrage es schon«, klingt. Auch das soll ihm recht sein.

Lange Sekunden mustert er trotzdem das Facettenauge der Motte. Dann lächelt er, nickt ihr zu und wendet den Blick wieder hinaus, um zu sehen, wie sie höher und höher steigen und die Gezeitenwelle reiten.

In seiner Hosentasche fühlt er dabei das warme Ei des Leviathan. Die Masse ist ein komplexer elektronischer Schaltkreis auf biologischer Basis, der irgendwie einen Teil des Bewusstseins der Intelligenz Xibalbás enthält und das Tor umprogrammieren wird – und zwar so, dass es nie wieder geöffnet werden kann.

Er muss es jetzt nur noch erreichen, den Aufschlag überleben, hindurchgehen und es dann von der anderen Seite schließen.

Ob er genug Mumm dafür hat oder am Ende auch kalte Füße bekommt wie Adriana?

Das kann er sich nicht vorstellen. Auf ihn wartet niemand, nur das Abenteuer, und das liegt direkt vor ihm.

Nein, er ist schon mittendrin!

SCHLIEßLICH SIND SIE OBEN ANGEKOMMEN. DER BLICK IN DIE Tiefe überzieht ihn mit einem Schwindelgefühl, obwohl die Gelhülle alles verschwommen erscheinen lässt. Es ist, als behindere eine dünne Schicht Kondenswasser die Sicht. Tyler dreht sich zur Seite. Das Gel gibt dabei nur zögernd nach, und er muss überraschend viel Kraft einsetzen. Aber vermutlich ist es besser so. Die zähe Masse soll ihn schließlich auch vor dem Aufprall auf der harten Plattform schützen.

Adriana hat ihm sein Ziel beschrieben. Wenn er die Erklärungen des Leviathan richtig verstanden hat, wird der Surfer kurz nach der Ankunft sterben, sodass die Motte und er sich ohne große Anstrengung befreien können. Schade ist es trotzdem. Der Leviathan hat eine faszinierende Lebensform geschaffen, und das binnen weniger Minuten. Wenn die Menschheit das lernen könnte, bräuchte sie keine Maschinen mehr. Doch sie ist ganz sicher nicht bereit dafür, von den Wesen dieser Welt zu lernen.

Vor seinen Augen entsteht ein schwarzer Fleck. Tyler konzentriert sich darauf. Er scheint sich von außen zu nähern. Was ist das? Jetzt hat er die Gelschicht schon beinahe durchdrungen. Tyler schafft sich etwas Platz, wo der Fleck an der Innenwand erscheinen wird. Da! Ein fingerdicker Huckel entsteht, aus dem eine wurmähnliche Kreatur kriecht. Auch dabei handelt es sich gewiss um eine Pflanze, aber zur Sicherheit schlägt Tyler darauf, und das Wesen stoppt seine Bewegungen, als es platt an der Innenwand hängt.

Aus purer Neugierde zieht Tyler es ganz aus seinem Loch heraus, was ein Fehler ist, denn nun läuft Wasser nach. Das war sicher nicht so geplant. Tyler quetscht das Gel zusammen, bis sich die Öffnung wieder verschließt. Im selben Moment bemerkt er den nächsten Fleck, den nächsten Wurm, der sich zu ihm durchgraben will. Verdammt! Der Leviathan ist offenbar auch nicht unfehlbar. Denn nun sieht Tyler, was ihm bisher entgangen ist: Sie sind nicht die Einzigen, die auf der Welle surfen. Eine ganze Kolonie dieser Würmer scheint sich auf den Surfer zu stürzen. Anscheinend warten sie bloß darauf, dass die Gezeitenwelle ihnen Beute heranspült. Lebewesen, die dem tosenden Fahrstuhl ganz nach oben ausgesetzt waren, sind vermutlich so benommen, dass sie sich leicht erlegen lassen.

Aber nicht mit ihm. Tyler nimmt die Herausforderung an. Die Innenwand des Surfers ist zum Glück so flexibel, dass er jede Öffnung sofort verschließen kann. Mit zunehmender Übung erwischt er die Würmer, wenn sie gerade ihre Köpfe herausstrecken. Seltsam kommt ihm bloß vor, dass die hinteren Rumpfelemente so ineinander verknäuelt sind. Dann aber fällt ihm auf, was die Ursache sein könnte: Diese Knäuel bewegen sich im heftigen Strom der Welle. Wahrscheinlich gewinnen die Würmer daraus Energie! Die Natur hat auf Xibalbá doch wirklich merkwürdige Ideen.

Er will gerade den nächsten Wurm erschlagen, als sich die Gelhülle fest um ihn zusammenzieht. Das kann nur eines bedeuten: Sie haben das Tor erreicht.

»Festhalten!«, stößt er hervor und hat keine Ahnung, ob die Motte ihn versteht. Irrsinnigerweise kommt ihm ein Crash-Sicherheits-Fahrtraining in den Sinn, das er mal zum Spaß absolvierte. Darin hatte er gelernt, wie er sich bei einem Unfall zusammenkauern soll. Also zieht er die Beine an den Körper, bettet den Kopf Richtung Knie und schützt seinen Nacken mit den Händen. Er muss dabei gegen die Gelhülle ankämpfen, aber so fühlt er sich noch sicherer.

Was mit den Würmern gerade vor sich geht, weiß er nicht, aber in seinem schmalen Blickfeld sieht er sie nicht mehr durch die zusammengezogene Hülle hindurchdringen. Er sieht nur einen als verschwommenen, schwarzen Punkte in der Außenhaut. Vermutlich schaffen sie es auch nicht gegen die Kontraktion.

Soll ihm recht sein. Die Hülle muss ihn nur noch für wenige Minuten schützen.

Mit Minuten täuscht er sich.

Keine zehn Sekunden später sieht er ein dunkles Huschen, dann wirbelt es ihn heftig herum. Ihm entweicht ein Schrei. Etwas knallt heftig gegen den Surfer. Der Schlag kommt von der Seite. Es fühlt sich an, als würde er aus großer Höhe auf eine Matte fallen.

Ihm entweicht ein weiteres Stöhnen, als es ihn in die Gegenrichtung wirbelt. Dann eine rollende Bewegung. Unten wird oben, oben wird unten.

Stillstand.

Tyler stöhnt und blinzelt in die verschwommene Helligkeit Xibalbás. Die Gelhülle ist noch intakt, aber ein heftiges Zittern läuft hindurch.

Im nächsten Moment fällt sie einfach auseinander. Es sieht wie ein Haufen Spaghetti aus, als die Hülle sich zurückzieht und auf den Boden platscht. Im Moment des Auflösens hört er auch das Rauschen der Gezeitenwelle.

Tyler hebt schwer atmend den Blick und sieht die gewaltige schwarze Wand wenige Meter entfernt davonrasen. Gischt hängt noch in der Luft, wird aber von einem unsichtbaren Sog davongetragen.

Er stemmt sich auf die Beine. Als er einen der Würmer sieht, der neben ihm auf dem Boden zuckt, tritt er ihn von der Plattform.

Hinter sich hört er die Motte. Auch sie richtet sich gerade auf und gibt surrende Geräusche von sich. »It-ti, It-ti.« Tyler sieht sich nach ihr um. Auch sie schlägt einen, zwei, drei der Würmer von sich. Dann scheint sie zufrieden zu sein. Und das kann sie auch, so wie Tyler. Sie haben das Portal unbeschadet erreicht.

Ein lautes Lachen dringt bei dem Anblick aus seiner Kehle. Es kommt von ganz unten und wird begleitet von der Zufriedenheit, dass sein Plan gelungen ist. »Ha!«, stößt er hervor. »Das hat mal funktioniert!«

Tatsächlich stehen sie auf der Plattform, die vom Wasser der Gezeitenwand feucht ist und in der Sonne Xibalbás schimmert. Die Gischt hat sich verflüchtigt. Die Luft ist frisch, gereinigt von der Welle. Die organische Masse des Gezeitenwellensurfers liegt ihnen zu Füßen und löst sich weiter auf, als würde sie schmelzen. Tyler muss an Butter denken, die in einem warmen Topf die Konsistenz ändert.

Es sind die Wunder Xibalbás. Es sind einfach so viele. Tyler kann sich gar nicht satt sehen.

Er tritt einen letzten Wurm von der Plattform, dann packt er seine Ausrüstung und schleppt sie zum Tor. Adriana hat ihm verraten, dass es auf der anderen Seite kalt sein könnte. Von Eis und eisigen Höhen hat sie gesprochen. Tyler hat deswegen einen weiteren Ersatzanzug angelegt. Erfrieren wird er so schnell nicht mit dem Neopren und den Spezialpolymeren, die in den Stoff gewoben sind. Alles andere wird er sehen. Er kann seine Entscheidung nicht mehr revidieren.

Will er auch gar nicht. Trotzdem packt ihn Aufregung. Jetzt ist er gespannt, was ihn auf der anderen Seite wirklich erwartet.

Er fühlt nach dem Biomasseei in seiner Tasche, wo es sicher verwahrt ist. Es ist warm und strahlt Hitze aus. Es spürt wohl das Tor.

Es kann also losgehen.

»Bereit?«, fragt Tyler die Motte.

»It-ti. It-ti.«

Tyler lächelt. »Ich interpretiere das mal als ja.«

Er sinkt in die Knie und streicht über eine Stelle an der Einfassung, die der Leviathan ihm gesagt hat. Es knistert und innerhalb des Portals schimmert die schwarze Masse des

Übergangs auf. Ob das Zeug Antimaterie ist? Tyler hat keine Ahnung. Er weiß nur, dass es ihn woanders hinbringen wird.

Er nickt der Motte zu und deutet einladend aufs Portal. Die Motte versteht seine Gesten, steigt hinauf und springt ohne zu Zögern in das Tor.

Tyler sieht ihr hinterher und wendet ein letztes Mal den Blick in die Ferne. Die Gezeitenwelle ist schon kilometerweit entfernt. Nur noch ein leises Rauschen ist zu hören. Vom Leviathan ist nichts zu sehen. Von der Biomasse sind Pfützen geblieben.

Alles ist im Fluss, so wie auch mein Leben.

Tyler seufzt. Damit ist das Kapitel Xibalbá abgeschlossen. Nun öffnet er ein neues. Was ihn erwarten wird?

Er ist gespannt und positiv. Tyler schultert seine Ausrüstung, zerrt die Gurte fest, steigt auf den Rand, überlegt, ob ihm noch irgendwelche pathetischen, tollen, erinnerungswürdigen Worte einfallen.

Aber sein Kopf ist ziemlich leer. Da ist einfach nur die Aufregung vor dem Betreten einer neuen Welt.

Und mit der Aufregung im Blut und Zuversicht im Herzen lässt sich Tyler Drake nach vorn in das Tor fallen.

Monate später

»HERZLICHEN GLÜCKWUNSCH! ES FREUT UNS SEHR, SIE ALS neue Abteilungsleiterin begrüßen zu dürfen.« Brooke Montgomery schüttelt die ihr dargebotene Hand und nickt emotionslos.

»Sie beerben einen wichtigen Posten«, sagt die Personalerin freudig. »Ethan Shaw hinterlässt große Fußstapfen, aber Sie sind eine erstklassige Führungskraft. Das werden Sie schon meistern.«

»Mit Sicherheit.«

Brooke lächelt nichtssagend. Sie weiß selbst noch nicht, ob es eine kluge Entscheidung war, den Posten anzunehmen.

Nach den Ereignissen und der Rückkehr der anderen aus Xibalbá und dem endgültigen Schließen des Tors stand generell die Frage im Raum, wie man nun mit dem Portal umgehen solle. Sollten sie publik machen, dass sie ein Tor zu einer anderen Welt gefunden haben, das es aber leider nicht mehr gibt?

Eine Lächerlichkeit, auch wenn sie seltsame Messwerte und einige Daten und Aufnahmen Xibalbás haben. Aber Daten können gefälscht sein und Videos computergeneriert.

Ethan hatte in diesem Punkt recht: Ohne ganz konkrete Beweise würde man die Geschichte niemals glauben. Man würde das Portal als schöne Story abtun, als gutes Storytelling. Etwas, das sich die CIA überlegt hat, um mal wieder in die Medien zu kommen.

Brooke schnaubt in sich hinein. Es wäre das Letzte, was sie will. Die Medien, ihr Erzfeind. Seit der Rückkehr hat sie alles getan, um die Vorfälle unter Verschluss zu halten. Sie haben auch ihr Lager abgebaut und sind schnellstmöglich aus Mexiko verschwunden.

Trotzdem hat der Fall hohe Wellen geschlagen; einige Politiker haben diskutiert, gemotzt, Anklage erhoben und sie wieder fallenlassen.

Was haben sie denn? Einen zweihundert Meter tiefen Brunnenschacht in einem längst vergangenen, vergessenen Maya-Tempel, der im Felsen endet.

Brooke soll es recht sein. Zum Glück ist das Kapitel Xibalbá abgeschlossen.

Allerdings hadert sie zum ersten Mal in ihrem Leben mit der Vergangenheit, mit Professor Tabarinsky, den sie beseitigte, und mit der Zeugin und dem Wärter in Mexiko. Lauter unschuldige Leben, die wegen nichts und wieder nichts starben.

Brooke hatte mit dem Gedanken gespielt, diese Aktionen publik zu machen, doch sich am Ende dagegen entschieden. Was würde es bringen? Es wäre nur ein großer Kieselstein im Teich, ein paar Wellen und dann würde jemand sie beerben und es genauso weiterführen, wie Ethan es getan hatte.

In jeder Krise liegt auch eine Chance.

Und das ist ihre: Nun kann sie es als Leiterin anders machen. Insofern war die Geschichte um Xibalbá für ihr Leben ein Wendepunkt. Ein Wendepunkt hin zum Guten oder zum Schlechten? Das muss sich noch zeigen, aber zum Glück hat jeder Mensch sein Leben selbst in der Hand, und es ist nie zu spät, einen anderen Weg einzuschlagen.

EDDI BLICKT HINAUS IN DIE DUNKELHEIT. EIN HEFTIGER Regenschauer ergießt sich über New York. Das Wasser rinnt an der Scheibe herab, während sich die Lichter der Stadt in den Regentropfen und Schlieren brechen.

Bei dem Anblick muss er an Xibalbá denken, an die funkelnden Lichter des Übergangs, an den weiten, dunklen Ozean, den roten Himmel mit dem Planeten und an Tyler Drake. Ob er wohl noch lebt?

Eddi spürt in sich hinein und kommt zu der Erkenntnis, dass Tyler noch leben muss. Sicherlich ist er gerade auf der Welt der Motte unterwegs. Vielleicht erklimmt er just in dem Moment irgendeinen kilometerhohen Berg. Oder er über-quert vielleicht auf einem selbstgebauten Floß einen See oder hat sich eine Hütte gebaut und sitzt am Lagerfeuer und sieht gerade ebenfalls hinauf in eine Dunkelheit, viele Lichtjahre entfernt und doch irgendwie verbunden mit Eddi und den anderen.

»Eddi.« Fatimas leise Stimme weht zu ihm heran.

Eddi hebt noch ein letztes Mal den Blick in den Himmel, dann wendet er sich vom Fenster ab und läuft zu ihr. Sie liegt auf dem Sofa, hat die Beine hochgelegt und sich mit einer Decke zugedeckt. Ihr Bauch ist in den letzten Wochen eine ganz schöne Kugel geworden. Sie ist im achten Monat schwanger.

Bei ihrem Anblick wird es Eddi wieder warm ums Herz und er setzt sich neben sie aufs Sofa. Seine Hand berührt vorsichtig ihren Bauch und streicht darüber. Er spürt sanfte Berührungen unter seinen Fingern.

»Er ist heute irgendwie aufgeregt«, sagt Fatima leise, doch ein Lächeln steht ihr im Gesicht, als sie ihre Hand auf Eddis legt.

Der lächelt voller Freude zurück. »Er spürt halt auch, dass demnächst die Zeit für ihn gekommen ist. Für sein großes Abenteuer.«

Fatimas Lächeln verschwindet. »Ich hoffe nicht, dass er in dieser Hinsicht zu sehr nach dir gerät. Wie soll eine Mutter das ertragen, wenn das Kind so ein Abenteurer wird?«

Eddi lacht. »Also meine Mutter hatte damit nie ein Problem. Sie hat mich immer unterstützt und wollte nur immer wissen, wo ich unterwegs bin. Ich habe ihr immer Nachrichten und Videos von allen Reisen geschickt. Von fast allen«, berichtigt er sich.

Fatima mustert ihn und drückt seine Hand fester. »Vermisst du deinen Kumpel?«

Eddi zuckt mit den Schultern. »Ich habe gerade am Fenster an ihn gedacht. Wie es ihm wohl geht?«

»Sicherlich gut.«

»Ja, hoffentlich. Trotz all seiner Fehler, die er hat, war er immer ein guter Freund.«

Fatima lässt das so stehen. Vielleicht ist es auch besser so, denn Eddi weiß, dass sie Tyler es nicht verziehen hätte, wäre er von der dritten Expedition nach Xibalbá nicht zurückgekommen.

Aber er ist wieder da, und seitdem hat er in der Bäckerei ausgeholfen. Er hat gebacken, er hat verkauft, er hat Kunden betreut, er hat gewischt und Dinge repariert. An diesen einfachen Arbeiten hat er viel Gefallen gefunden. Sie haben sogar Pläne geschmiedet, dass er mit in die Bäckerei einsteigt, jetzt, wo sie eigentlich genug Geld haben und durch das Kind so richtig verbunden sind.

Fatima seufzt wohlig, schließt die Augen und sieht zufrieden aus. Eddi bleibt neben ihr sitzen, schaut ihr beim Atmen zu und hält ihre Hand und ihren Bauch.

Der Junge ist ebenfalls ruhig geworden. Er boxt nicht mehr mit den Ellbogen, den Knien oder Füßen gegen die Bauchdecke. Er spürt auch, dass Ruhe eingekehrt ist – wie in Eddis Leben.

Vorsichtig legt er sich neben Fatima aufs Sofa, nimmt sie in den Arm und schließt selbst die Augen.

Ihre Atemzüge erfüllen das Wohnzimmer, während Regen leise gegen die Scheibe prasselt.

In die Stille hinein sagt Fatima plötzlich: »Wir könnten ihn Tyler nennen.«

Eddis Herz pocht schneller. Über den Namen des Kindes

haben sie bisher nie gesprochen. Beide hatten gespürt, dass es noch nicht an der Zeit war, diesen Punkt zu klären.

»Wirklich?«, fragt er kaum hörbar.

Sie nickt neben ihm. »Irgendwie wäre es passend. Auch wenn es jetzt nicht mein Wunschname ist, aber irgendwie fühlt es sich richtig an. Sehr richtig.«

Eddi verschränkt die Finger mit ihren. Gemeinsam legen sie die Hände wieder auf ihren Bauch.

»Hallo, Tyler«, wispert er ergriffen. »Herzlich willkommen in unserer kleinen Familie.«

Tatsächlich spürt er eine Berührung an der Handinnenfläche.

Eddi lacht. »Hast du das auch gespürt?«

Fatima nickt. »Das war eine Zustimmung. Ihm gefällt der Name wohl auch.«

»Ist auch ein guter Name.«

»Ja, da ist er.«

Wieder werden sie still, und kurz darauf spürt Eddi, wie Fatima eingeschlafen ist. Ihre Atemzüge sind dann noch regelmäßiger und tiefer.

Ist auch ein guter Name, wiederholt er in Gedanken.

Sein Blick geht kurz zum Fenster, wo immer noch der Regen gegen die Scheibe prasselt.

Ein guter Name – von einem guten Freund.

»Danke«, wispert Eddi. »Danke für alles.«

»TYLER-DRAKE-INSTITUT FÜR EXPERIMENTELLE ARCHÄOLOGIE, Sie sprechen mit Julia. Was kann ich für Sie tun?«

»Julia? Ich bin es«, sagt Adriana, die für einen Moment unsicher ist, ob sie wirklich die richtige Julia vor sich hat, die Archäologin, mit der sie zum ersten Mal Xibalbá erkundet haben.

»Ah, Adriana! Entschuldige, ich hätte es schon an deiner Nummer erkennen müssen. Aber neuerdings bekomme ich so viele Anrufe aus Mexiko … Geht es um die Neueröffnung?«

»Ganz genau. Ich wollte dich fragen, ob du meine Einladung erhalten hast.«

Adriana hat den Brief schon vor zwei Wochen abgeschickt, ganz altmodisch, per Post.

»Ja, habe ich dir noch nicht geantwortet? Sorry, meine Liebe.«

»Also kommst du nicht? Das wäre ja …«

»Nein, wo denkst du hin! Ihr seid immerhin das erste Projekt, das wir gefördert haben. Ich komme auf jeden Fall!«

Das ist gut. Eddi hat schon abgesagt, weil er mit seiner hochschwangeren Frau nicht mehr fliegen kann und sie auch nicht alleinlassen möchte. Das kann Adriana natürlich gut verstehen.

»Sollen wir dich dann irgendwo abholen, Julia?«

»Danke, das ist nicht nötig. Ich freue mich!«

DIE VÖGEL ZWITSCHERN, ALS HÄTTEN SIE EINE Meisterschaft zu gewinnen. Adriana öffnet die Tür von El Flacos altem Büro. Als sie das letzte Mal hier war, hatte die Motte gerade Leichen gestapelt. Nach ihrer Rückkehr hatte es keinerlei Spuren der Körper mehr gegeben. Das alte Büro ist kaum wiederzuerkennen. Die Arbeiter haben es in ein kleines Museum umgebaut – ein Museum des Höhlentauchens. Alles, was in die Chac Mool gehört, haben sie zurückgebracht. Alte Anzüge und sonstige Hardware hatte El Flaco zur Genüge besessen, und was fehlte, haben sie mit dem Geld der Stiftung besorgt.

Adriana verlässt das Büro über den Hinterausgang. Auf den folgenden Spaziergang hat sie sich lange gefreut. Sie hat zwar gemeinsam mit George die Pläne gemacht, aber für die Ausführung haben sie sich ein Unternehmen gesucht. Verschwunden ist zum Beispiel die Buckelpiste zur Höhle. Stattdessen führt ein schmaler, gewundener Weg dorthin, der nur zu Fuß zu bewältigen ist. Immer wieder bietet er schöne Ausblicke, und Schilder am Wegesrand beschreiben die wichtigsten Pflanzen.

Sie schwitzt, obwohl sie bloß ihren Bikini trägt. Auch so früh am Morgen ist es schon feuchtheiß. Umso mehr freut sich Adriana auf die Cenote. Der Weg endet beinahe abrupt an ihrem Eingang. Eine letzte Biegung, und der Blick fällt auf das satte Blaugrün des Wassers. Hinunter führt keine Stahltreppe mehr, sondern ein abenteuerlicher Pfad aus Steinen und Holzbohlen. Selbst Adriana, die im Klettern geübt ist, braucht zehn Minuten bis nach unten.

Sie haben die Chac Mool entschleunigt. Täglich werden unter diesen Bedingungen nicht mehr als fünfzig Menschen in der Höhle schnorcheln oder tauchen können, je zehn pro Stunde, von zehn Uhr bis Mittag und dann noch einmal von zwei bis fünf. Die Kosten übernimmt Tylers Stiftung. Die Tickets sind kostenlos und werden verlost.

Adriana hatte sogar überlegt, die Höhle nach dem Rückbau ganz zu schließen. Aber ein solches Wunder völlig vor den Augen der Menschheit zu verstecken, war ihr unfair vorgekommen. Sie will sich gerade in das Nass stürzen, als ihr Telefon klingelt.

»Ich bin es, Julia. Ich hoffe, ich habe dich nicht aus dem Bett geholt.«

»Doch nicht an so einem Tag. Was gibt es Dringendes?«

»Ich muss dir einen weiteren Gast ankündigen.«

»Du musst? Entscheidet das nicht die Stiftung, also du?«

»Nein, bei manchen Menschen kann ich nicht Nein sagen.«

Trotz der Wärme läuft ein Schauer über Adrianas Rücken. Sie ahnt, von wem Julia spricht.

»Die CIA-Agentin?«, fragt sie.

»Ich weiß nicht, von welcher Agentur sie kommt. Brooke Montgomery ist ihr Name. Aber sie meinte, sie wolle dich unbedingt kennenlernen, und es wäre auch in deinem Interesse.«

Adriana seufzt. Die Frau ist ein Teil der Vergangenheit, die sie längst abgeschüttelt zu haben glaubte.

»UND DAMIT ERKLÄRE ICH DAS MUSEUM CHAC MOOL FÜR eröffnet.«

Adriana drückt auf den symbolischen Knopf vor ihr, und im selben Moment aktiviert ein Ingenieur im Hintergrund das Holodisplay. Plötzlich werden alle Besucher aus einem turnhallenähnlichen Saal unter die Erde in eine wassergefüllte Höhle transportiert. Einige Gäste geben Laute der Überraschung von sich. Sogar Adriana greift schnell an ihre Hüfte, wo jedoch keine Atemmaske hängt. Jemand klopft ihr anerkennend auf die Schulter. Das muss George sein, der vorhin noch neben ihr stand.

Die Menschen beginnen, die Höhle zu erkunden. Adriana setzt die optionale Brille auf, und mit einem Mal ist sie ganz allein bis auf ein paar Fische, die ziellos umherschwimmen. Das System platziert sie überall dort, wo sich andere Besucher aufhalten, um Kollisionen zu vermeiden.

Wieder berührt sie jemand an der Schulter. Sie fährt herum und erkennt einen Hai, der aufrecht im Wasser schwebt. Sie muss mit den Programmierern sprechen. Haie gibt es in den Gewässern der Chac Mool nicht.

»George, bist du das?«, fragt sie.

»Total unrealistisch, oder?«, fragt eine weibliche Stimme zurück.

Sie klingt scheinbar belustigt, aber dahinter steckt mehr. Auf jeden Fall gehört sie einer Person, die etwas zu sagen hat. Adriana hat keine Lust auf Rätsel, also setzt sie ihre Brille einfach ab. Vor ihr steht die Frau, die Julia aus New York mitgebracht hat.

»Mrs. Montgomery, wie schön, dass Sie unser Museum besuchen.«

Die Frau lächelt. »Eine beeindruckende Anlage. Der

Tempel sieht wie echt aus. Man möchte ihn am liebsten berühren.«

»Danke. Wir haben auch wirklich keine Kosten gescheut.«

»Ich weiß, ich weiß. Ich habe die Gründung der Stiftung intensiv verfolgt. Wie es Julia Brown gelungen ist, das Kapital von Drakes Firma fast vollständig in Stiftungsvermögen zu überführen, ist beeindruckend.«

Da hat sich Julia wirklich selbst übertroffen, ganz besonders, nachdem Mordvorwürfe gegen Tyler aufkamen. Angeblich habe er seinen Arzt vergiftet, weil der ihn mit Insiderwissen erpresst habe. Seine DNA war an der Mordwaffe, einer Spritze, gefunden worden.

»Soll ich Ihnen eine kleine Führung geben?«, fragt Adriana.

Sie muss ganz ruhig bleiben. Brooke hat nichts gegen sie in der Hand, sonst wäre sie nicht allein hier.

»Herzlichen Dank, aber ich kenne die Daten bereits. Allerdings habe ich das Gefühl, dass der Bereich rund um den Brunnen nicht ganz originalgetreu gestaltet ist.«

Adrianas Herz stockt für eine Sekunde. Sie darf sich nichts anmerken lassen. Das wäre ein Zeichen von Schwäche.

»Wir haben allen Zivilisationsmüll entfernt«, erklärt sie. »Sie wissen ja, wie Menschen sind. Sehen sie irgendwo ein Loch, werfen sie ihre Abfälle hinein.«

»Ich verstehe«, sagt Brooke. »Nun ja, für heute möchte ich Sie nicht weiter stören. Ich soll Sie noch recht nett von Ihrem Onkel Juan grüßen.«

Adriana zuckt die Schultern. Die Agentin scheint zu glauben, dass er ihr wichtig ist. Aber El Flaco war es, der sie verkauft hat. Da geschieht es ihm gerade recht, dass er nun, wie sie gehört hat, nach Guantanamo umziehen musste.

»Einen guten Heimflug wünsche ich Ihnen«, sagt sie.

»Wir sprechen uns noch, Frau Flores Ramírez.« Brooke tritt ganz nah an sie heran und flüstert. »Ich werde herausfinden, wer unsere Leute hier auf dem Gewissen hat, das verspreche ich. Das bin ich ihren Familien schuldig.«

Auf einem anderen Planeten – Millionen Lichtjahre von der Erde entfernt – prasselt ebenfalls Regen aus einem violettfarbenen Himmel. Immer wieder leuchtet auch ein Blitz in der Ferne auf, türkisgrün und gekringelt statt gezackt.

Tyler Drake steht trotz des Unwetters auf einem Felsvorsprung und blickt hinab auf ein Tal. *Knochental* hat er es genannt. Knochenbleiche, fein verästelte Bäume erstrecken sich quer über die Hänge des Tals. Blätter tragen sie nicht, dafür verästeln die Zweige immer weiter und bilden natürliche, dreidimensionale Fraktale.

Tyler kennt die von der Erde, vom Romanesco-Gemüse, das er schon mal zubereitet hat. Offenbar liegt nicht nur der Erde, sondern dem Universum selbst Mathematik zugrunde. Er hat so etwas in der Art auch schon mal als Theorie gelesen. Alles sei Mathematik. Das ganze Leben sogar.

So weit will Tyler nicht gehen, er bleibt bei dem, was er sieht und anfassen kann.

Das Knochental.

Es sind die vorherrschenden Farben bisher. Grau, weiß, schwarz, violett und dunkles Türkis.

Offenbar fehlt auf der Welt der Luftwesen die Photosynthese, denn Chlorophyll und grüne Farben hat er bisher vergebens gesucht. Am Anfang hat ihn das fast in den Wahnsinn getrieben, denn Photosynthese bedeutet Leben, aber Tyler ist nicht verzweifelt, sondern hat seinen Weg gefunden.

Wieder erhellt ein Blitz das Panorama. Tyler erkennt sogar die gewundene Linie, die durchs Tal verläuft.

Es ist ein breiter Bach, der auf der anderen Seite aus dem Berg entspringt, wie er erkundet hat. Das Wasser ist klar, kühl und trinkbar. Den Magen hat es sich zumindest noch nicht verdorben. Auch zu essen findet er genug, denn am Rand der Uferböschung wachsen schwarze, saftige Beeren, die irgendwie nussig, aber auch nach Maronen schmecken.

Von It-ti und den anderen Luftwesen hat er kaum etwas gesehen. Sie scheinen das Tal nicht zu besuchen. Sie haben sich auf die höchsten Gipfel zurückgezogen und dort so etwas wie Nester gebaut, in denen sie leben.

Eines hat er bei einer Besteigung entdeckt, aber genug Abstand gehalten. Er wollte sie nicht stören, und sie lassen auch ihn in Ruhe.

Ab und an sieht er nur einen der Ballone über den Himmel schweben, aber näher sind sie ihm nicht gekommen. In ihren facettenreichen Augen ist er vermutlich keine ernstzunehmende Gefahr und auch keine Beute.

Tyler Drake soll es recht sein.

Wieder zuckt einer der gekringelten Blitze über den Himmel und erhellt das Tal vor ihm.

Sobald das Unwetter vorbei ist, will er wieder hinabsteigen und seine Vorräte an Beeren auffüllen. Er hat auch eine weitere Pflanze entdeckt, die so etwas wie Bohnen trägt, aber die Stangen waren zu faserig, um sie zu kauen. Er will sie kochen und so testen, ob sie genießbar sind.

Was ihn aber noch viel mehr interessiert, ist die Höhle, die er schon vor Wochen hinter dem Plateau entdeckt hat. Ein schmaler Durchgang im Fels führt hinein und öffnet sich zu einer überraschend großen Kaverne. Die Decke erstreckt sich mindestens in zehn Metern Höhe, und die Höhle ist mindestens einhundert Meter lang.

Tyler hat darin sein Lager aufgeschlagen, als er zu Beginn nach dem Übergang Schutz vor einem der Gewitter suchte, aber mittlerweile hat er gelernt, dass sie ungefährlich sind. Auch der Regen ist warm und fühlt sich seidig auf seiner Haut an, weswegen er herausgekommen ist.

Klamotten trägt er entsprechend auch keine, aber wer soll ihm auch was wegschauen hier auf dieser Welt, wo er sicherlich der erste und einzige Mensch seit Anbeginn der Zeit ist.

Als er dort so steht, wie Gott ihn geschaffen hat, und den lila-türkisblauen Himmel und das weiße Tal vor sich sieht, muss er an die anderen denken, an seinen Kumpel Eddi, an Adriana, Diego und George. Wie es ihnen wohl allen geht? Es interessiert ihn brennend, was nach ihrer Rückseite auf der Erde passiert ist.

Für einen kurzen Moment erfasst ihn Heimweh, aber Tyler ist viel zu viel Abenteurer, um sich davon niederdrücken zu lassen.

Er löst sich vom Anblick des Tals und betritt durch den Felsspalt die Höhle. Im Inneren schimmert blassblaues Licht. Es stammt von Pilzen, die die Wände überwuchern und einen süßlichen Geruch nach Flieder absondern. Er mag diesen Duft, denn er erinnert Tyler an einen Platz in New York, wo er im Frühjahr gern spazierengegangen ist.

Er durchquert die Höhle zu seinem Lager. Dort hat er sich ein Bett gezimmert und mit blassen Flechten aus dem Tal eine Art Matratze gebaut. Seine Ausrüstung steht ebenfalls dort. Er hat sie von der Felsenebene, auf der er nach dem Übergang herauskam, hierher geschleppt.

Aber das Lager ist es nicht, was ihn interessiert, sondern die Felswand auf der Rückseite der Höhle. Denn zwischen den zerklüfteten Steinen ist eine spiegelglatte dreieckige Fläche zu sehen, die so geometrisch anmutet, dass es kein Zufall sein kann. Es ist ein gleichschenkliges Dreieck, das mit der Spitze nach unten an der Wand prangt. Die horizontale Oberkante ist so in der Waage, dass Tyler beim Anblick der Form immer wieder erschaudert.

Als er sie das erste Mal entdeckte, hatte er die Assoziation, als hätte jemand einen riesigen, glühenden Stempel in den Fels gedrückt, der das Gestein wie Glas schmelzen ließ. Mittlerweile ist er sich aber sicher, dass das Dreieck weder aus Fels noch Glas besteht, sondern etwas anderes sein muss. Irgendein fremdartiges Material, oder sogar Technik.

Denn sobald er sich der Dreiecksfläche nähert, leuchtet sie in mattem, blassem Schein auf. Die Helligkeit korreliert sogar mit seinem Abstand.

Wenn er direkt davor steht, sieht sich Tyler darin wie in einem glatten Teich. Er sieht sein strubbeliges Haar und den wilden Bart. Ein wenig hager ist er geworden, aber ansonsten sieht er fit und vital aus. So gut hat er sich eigentlich noch nie gefühlt. Welcher Abenteurer kann schon behaupten, eine Welt ganz für sich allein zum Entdecken zu haben?

Und wer sagt denn, dass es nur eine Welt für ihn zu entdecken gibt?

Mit einem Lächeln auf den Lippen berührt Tyler mit beiden Handflächen die leuchtende Oberfläche des Dreiecks. Er spürt ein Kribbeln in den Fingern und einen sanften Sog an seinem Haar.

Mehr passiert nicht, aber das ist nicht schlimm. Er hat genug Zeit, um herauszufinden, was es mit dem Dreieck auf sich hat.

Am Lagerfeuer

Liebe Leserinnen und Leser,

die Motte ist zurück in ihrer Heimat, und auch unsere anderen Protagonisten haben ihre Probleme mehr oder weniger elegant lösen können. Es macht mich immer ein bisschen traurig, wenn ich mich verabschieden muss. Wahrscheinlich werden wir in dieser Runde – Timo Leibig als Co-Autor, Tyler und Freunde sowie Adriana mit ihrer erweiterten Familie – nicht so bald wieder gemeinsam um das Lagerfeuer sitzen. Also stoßen wir doch noch einmal an (Sie wählen das Getränk) und erinnern uns an unsere Erlebnisse.

Was war Ihre Lieblingsszene? Mir hat es ganz besonderen Spaß gemacht, mich in die Motte zu versetzen. Am Ende sind die Außerirdischen und wir doch gar nicht so verschieden. Ich denke, das liegt daran, dass für den Aufbau und das Überleben einer Zivilisation bestimmte soziale Qualifikationen unerlässlich sind, die dann natürlich auch beim Zusammentreffen mit anderen intelligenten Wesen eine wichtige Rolle spielen. Selbst dann, wenn eine Zivilisation der anderen technisch überlegen sein sollte.

Dabei hilft sicher, dass das Universum so groß und Leben doch relativ selten ist. Auf eine andere Zivilisation zu treffen, setzt also einen gewissen Fortschritt voraus, den die Menschheit im Moment wohl noch nicht erreicht hat (sonst würden wir unsere Probleme anders lösen). Aber ich bin sehr optimistisch, dass uns das in Zukunft gelingen wird.

In künftigen Büchern könnte es auch durchaus passieren, dass Ihnen einzelne Protagonisten erneut begegnen. Die in meinem Universum angesiedelten Geschichten berühren sich immer wieder. Der Protimos könnte Ihnen zum Beispiel aus »Krill« bekannt sein, und die Herstellerfirma RB spielt in der Eismond-Serie eine sehr wichtige Rolle.

Als nächstes darf ich Sie aber erst einmal zum Mond einladen. In »Die schwarze Stele« finden Raumfahrer dort etwas, das es eigentlich nicht geben dürfte, und das auf eine Weise interagiert, die unter den Nationen der Erde Schrecken verbreitet. Können die Forscher die Rätsel der geheimnisvollen Stele lösen? Hier erfahren Sie es: hardsf.de/links/4000412

Damit verabschiede ich mich für heute, oder, wie es die Motte ausdrücken würde: »- -- - --- --- - --« – oder auch: Möge das Ei dich schützen :-)

Dürfte ich als Schlusswort noch um eine kurze Einschätzung bitten? Niemand kauft gern die Katze im Sack. Sie kennen meine Bücher schon, also wäre es großartig, wenn Sie unter hardsf.de/links/3914897 ein paar Wörter schreiben könnten.

Herzliche Grüße
Ihr

Brandon Q. Morris

Tachyon

Erdmond, Großes Archiv: Die Chronistin Tsai Yini ist dafür zuständig, die Tachyonen-Kommunikation zu überwachen, mit der Datenübermittlung in Überlichtgeschwindigkeit möglich ist. Als ihr die Forschungsergebnisse eines Astrobiologen zugespielt werden, kann sie kaum glauben, was sie liest. Aus dem Bericht geht hervor, dass auf einem Tropenplaneten im Gliese-System intelligente Lebensformen existieren …

14,99 € – hardsf.de/links/2297867

Nachwort

Liebe Leserinnen und Leser,

damit ist das Abenteuer auf Xibalbá auch schon wieder vorbei. Unglaublich! Ich kann es kaum fassen, dass Brandon und ich gleich drei Romane gemeinsam geschrieben haben. Eine ganze Trilogie! Ich bin rückblickend echt baff. Die Zeit verging wie im Flug und das Schreiben war so erfrischend.

Dass Tyler am Ende nicht auf die Erde zurückkehrt, war irgendwie klar. Dazu ist er zu sehr Abenteurer. Ich denke aber, dass es für ihn ein Happy End ist. Er hat eine ganze Welt zu entdecken. Oder gleich mehrere? Wir werden sehen, ob Brandon und ich nochmals zu Tyler Drake zurückkehren werden.

Aktuell ist das nicht geplant, aber wer weiß ... Man sollte ja niemals nie sagen.

Nun bin ich sehr gespannt, wie Ihnen die gesamte Geschichte gefallen hat. Ich freue mich daher über eine entsprechende (hoffentlich gute) Bewertung auf Amazon. Als verlagsunabhängige Autoren sind wir besonders auf die Unterstützung unserer Fans angewiesen. Wenn Sie also die Abenteuer genossen haben, dann sagen Sie das bitte weiter – zum Beispiel hier: hardsf.de/links/3914897!

An dieser Stelle möchte ich auch wieder eine Leseempfehlung meinerseits aussprechen. Meine Bibliografie sieht ja doch sehr bunt und vielfältig aus. Dort finden Sie neben Science Fiction auch Thriller und Fantasy. Wirklich ähnlich zu Xibalbá ist mein Science-Fiction-Thriller *Die Sandmafia*. Wie sieht es auf der Erde im Jahr 2100 aus?

Das Buch finden Sie hier: www.timoleibig.de/links/sandmafia

Ebenfalls abenteuerlich und in ferner Zukunft spielt *Lost Moon: Erdenstürme*. Hier gehe ich der Frage nach, wie unsere Erde ohne Mond aussehen würde. Das Ganze ist natürlich extrem spannend aufbereitet. Das Buch war übrigens ebenfalls eine Kooperation mit Brandon, allerdings schrieb jeder einen eigenen Roman zu der Thematik.

Das Buch finden Sie hier: www.timoleibig.de/lost-moon-erdenstuerme/

Übrigens: Wenn Sie mehr über Tylers Vorgeschichte und seine Passion mit der Maya-Kultur erfahren wollen, habe ich eine exklusive Bonusgeschichte für Sie geschrieben. Melden Sie sich einfach unter www.timoleibig.de/newsletter/tor3/ für meinen kostenlosen Newsletter an, dann können Sie sie direkt downloaden. Monatlich informiere ich außerdem über Buchprojekte, Lesungen und Geschichten aus dem Schreiballtag. Probieren Sie es einfach aus. Abmelden können Sie sich jederzeit. Auch eine Vorgeschichte zur *Nanos*-Reihe sowie ein Interview mit Frau Dr. med. Saskia Schadow, mit der ich die *Evolution*-Reihe um Genmanipulation schrieb, gibt es exklusiv. Diese besonderen Inhalte werden bei jeder Neuerscheinung erweitert.

Und nun viel Spaß beim weiteren Stöbern in meinen Werken!

Ihr Timo Leibig